中国传统民居系列图册

U0202006

新疆民居

新疆土木建筑学会 编著

严大椿 主编

中国建筑工业出版社

总　序

　　20 世纪 80 年代，《中国传统民居系列图册》丛书出版，它包含了部分省（区）市的乡镇传统民居现存实物调查研究资料，其中文笔描述简炼，照片真实优美，作为初期民居资料丛书出版至今已有三十年了。

　　回顾当年，正是我国十一届三中全会之后，全国人民意气奋发，斗志昂扬，正掀起社会主义建设高潮。建筑界适应时代潮流，学赶先进，发扬优秀传统，努力创新。出版社正当其时，在全国进行调研传统民居时际，抓紧劳动人民在历史上所创造的优秀民居建筑资料，准备在全国各省（区）市组织出书，但因民居建筑属传统文化范围，当时在全国并不普及，只能在建筑科技教学人员进行调查资料较多的省市地区先行出版，如《浙江民居》、《吉林民居》、《云南民居》、《福建民居》、《窑洞民居》、《广东民居》、《苏州民居》、《上海里弄民居》、《陕西民居》、《新疆民居》等。

　　民居建筑是我国先民劳动创造最先的建筑类型，历数千年的实践和智慧，与天地斗，与环境斗，从而创造出既实用又经济美观的各族人民所喜爱的传统民居建筑。由于实物资料是各地劳动人民所亲自创造的民居建筑，如各种不同的类型和组合，式样众多，结构简洁，构造合理，形象朴实而丰富。所调查的资料，无论整体和局部，都非常翔实、丰富。插图绘制清晰，照片黑白分明而简朴精美。出版时，由于数量不多，有些省市难于买到。

　　《中国传统民居系列图册》出版后，引起了建筑界、教育界、学术界的注意和重视。在学校，过去中国古代建筑史教材中，内容偏向于宫殿、坛庙、陵寝、苑囿，现在增加了劳动人民创造的民居建筑内容。在学术界，研究建筑的单纯建筑学观念已被打破，调查民居建筑必须与社会、历史、人文学、民族、民俗、考古学、艺术、美学和气象、地理、环境学等学科联系起来，共同进行研究，才能比较全面、深入地理解传统民居的历史、文化、

经济和建筑全貌。

其后，传统民居也已从建筑的单体向群体、聚落、村落、街镇、里弄、场所等族群规模更大的范围进行研究。

当前，我国正处于一个伟大的时代，是习近平主席提出的中华民族要实现伟大复兴的中国梦时代。我国社会主义政治、经济、文化建设正在全面发展和提高。建筑事业在总目标下要创造出有国家、民族特色的社会主义新建筑，以满足各族人民的需求。

优秀的建筑是时代的产物，是一个国家、民族在该时代社会、政治、经济、文化的反映。建筑创作表现有国家、民族的特色，这是国家、民族尊严、独立、自信的象征和表现，也是一个国家、一个民族在政治、经济和文化上成熟、富强的标帜。

优秀的建筑创作要表现时代的、先进的技艺，同时，要传承国家、民族的传统文化精华。在建筑中，中国古建筑蕴藏着优秀的文化精华是举世闻名的，但是，各族人民自己创造的民居建筑，同样也是我国民间建筑中不可忽视和宝贵的文化财富。过去已发现民居建筑的价值，如因地制宜、就地取材、合理布局、组合模数化的经验，结合气候、地貌、山水、绿化等自然条件的创作规律与手法。由于自然、人文、资源等基础条件的差异，形成各地民居组成的风貌和特色的不同，把规律、经验总结下来加以归纳整理，为今天建筑创新提供参考和借鉴。

今天在这大好时际，中国建筑工业出版社出版《中国传统民居系列图册》，实属传承优秀建筑文化的一件有益大事。愿为建筑创新贡献一份心意，也为实现中华民族伟大复兴的中国梦贡献一份力量。

陆元鼎

2017 年 7 月

前　言

　　民居犹如一面镜子，它可以忠实地反映出当地人民依照自己的生活习俗和生产需要，适应自然环境、经济条件、因地制宜地构筑起适合于当时当地当人的家庭氛围和居住环境，忠实地反映出他们在历史沿革中对建筑技术和建筑艺术的理解、探求、创造和发展的进程。研究民居对挖掘历史遗产、展示当地的建筑风格、继承和发扬具有民族传统的建筑文化，为创造出今天更具强烈的时代气息、地方风貌和民族特色的居住生活环境，无疑有着重要作用。

　　新疆地处祖国西北边陲，古称西域。这里聚居着维吾尔族、汉族、哈萨克族、回族、柯尔克孜族、蒙古族、锡伯族等13个民族。新疆地区各族人民在这块土地上生息、繁衍、开拓、发展和壮大，至今已有数千年的历史。世界瞩目的古丝绸之路的中段就横贯在新疆境内，它曾联结和交流了古老黄河流域文化、恒河流域文化、古希腊文化和波斯文化，促进了西域经济、文化的发展，在宗教、艺术、建筑等方面都产生了极为重要的影响。新疆各族人民由于长期生活在古代东西方文化交流的联结地带，又基于新疆地区特殊的地理和气候条件，因而在语言、宗教信仰、性格爱好、生活习俗等方面形成了多种传统。与此相应，新疆民居也具有丰富多彩、风格迥异的独特风格；它是我国建筑文化的重要组成部分。

　　本书从历史、地理、环境、民族、宗教、习俗、经济、文化等方面分析了新疆民居的布局、形态及其空间构图和装饰艺术，反映了新疆地区独特的建筑艺术风格，可供建筑设计工作者借鉴和建筑历史研究者参考。由于我们水平有限，收集资料的广度和深度不足，对问题的分析如有谬误之处希读者批评指正。

目　录

第一章

绪　论

新疆，是祖国西北边陲辽阔富饶的宝地。它地处亚洲中部，古称西域，意即西部的疆域。这里的各族人民在这块土地上生息、繁衍、开拓、发展和壮大，距今已有数千年的历史。新疆自古以来就是伟大祖国不可分割的一部分，新疆各族人民是中华民族的组成部分。

远古时代，新疆和内地就有着经济和文化上密不可分的联系。出土的公元前三、四千年的南部绿洲原始部落使用过的陶器，即与甘肃东部的沙井文化有着一定的关系。新石器时代的文化遗址，遍布天山南北和伊犁河谷等地，那时在水草丰美的河流、湖泊周围，雪山脚下的绿洲，就有着不同的氏族部落在生活。①

约距今三千年前，天山南部的部分地区的经济已是以农业为主、畜牧业为副。遗址考古中出现不少彩陶器及泥质夹砂红陶器的打水、盛物和饮食用具，那时人们已经是定居和半定居生活，墓葬考古可知，以血缘为纽带氏族内部的联系还很紧密②。

在公元前 3 世纪后，秦统一中原，内地过渡到封建制国家，西域经济发展稍迟，地域间经济不平衡，有的处在原始社会阶段，有的开始向阶级社会过渡。天山以北主要是游牧的塞种人，天山以南绿洲上主要是定居的羌人。羌族本无君长，到战国时期开始称王③，即在公元前三、四世纪出现了政权的标志。

相传在公元前 12 世纪前后，周族始祖古公亶父封赤乌氏首领於舂山（帕米尔高原）之侧，即在西域建赤乌国。后周穆王西巡登上昆仑山，并拜访了其国④”。春秋战国时代的很多文献，如《禹贡》、《天地》和《山海经》等，对新疆地区的山川、地理、物产、风俗及其同中原地区的往来都有记载。

秦汉时期，天山南北的氏族部落大致处于奴隶占有制的发展阶段，一些氏族部落由酋长向奴隶主贵族政权转化，

---

① 《新疆简史》第一册 P7。
② 《新疆简史》第一册 P9～11。
③ 《后汉书·西域传》标点本 P2869～2975。
④ 见《穆天子传》。

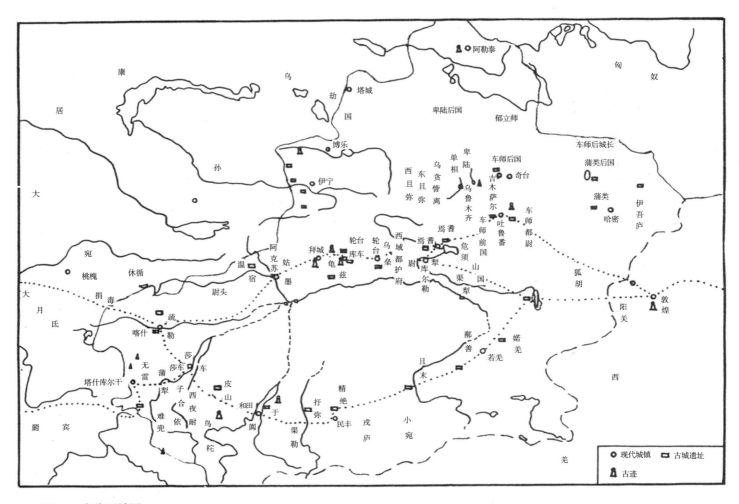

图1-1 古代西域图

逐渐建立了城邦之国。西汉初"本三十六国，其后稍分至五十余"①。从昆仑山北麓的且末（今且末县境）、于阗（今和田县境）到疏勒（今喀什）、龟兹（今库车县境）、车师（今吐鲁番地区）和天山北麓蒲类（今巴里坤县境）等十多个以农业为主的绿洲城"国"；罗布淖尔附近的楼兰和若羌（今若羌县境）以及西部的蒲犁（今塔什库尔干境）等则以畜牧业为主。这些城郭为中心，以地域部落而分割的领地，古人云"不足言国也"，是奴隶主或封建主的地方性割据政权（图1-1）。公元前2世纪后，天山北部是匈奴族、乌孙人和其他部落氏族的游牧地，"率其种族逐水草为居，不田作而事游牧，随畜以屯其部落，古号称行国"。汉初

匈奴奴隶主对西域和内地不断侵扰，东西方联系受阻，汉武帝建元三年始派张骞到西域联络各民族共抗匈奴，在取得军事胜利后，各地方政权归属汉朝，史称"凿空"。在公元前101年，设立使者校尉率领士卒在轮台、渠犁一带屯田。这是西汉政府在西域正式设置政权的开始。到公元前59年（宣帝神爵三年）西汉在乌垒（今轮台县策大雅）设"西域都护府"，"汉元号令班西域矣"。西域地区即正式列入汉朝版图，三十余地方政权纳入西域都护府管辖，任命各级地方官吏，"皆佩汉印授，凡三百七十六人"②。

① 见《汉书·西域传》。
② 《汉书·郑吉传》。

注：图1-2　引自中国地图出版社根据1989年出版的1：400万《中华人民共和国地形图》编绘的《中华人民共和国地图》　书号：ISBN7-5031-0585-2/K·266　1993年4月第8版　北京第37次印刷　编辑：傅马利　编清：邰向荣　审校：沈桂娣　重版修订：朱大仁　何红艳

　　"丝绸之路"的日益兴旺，汉朝在西域屯田计划的实施等，使农业和水利建设取得了较快的发展。西域与内地人员来往甚密，更促进了经济、文化和政治的交流。

　　从东汉到北魏的近六个世纪的岁月中，中央政权出现了多次更迭，西域地方政权也经历了民族间的纷争、侵扰、迁徙和"城国"的离合，但西域各地与内地政权始终保持着从属关系。两汉时西域长史下设二十"道"，前凉时仿照内地设高昌郡。

　　唐代中央政权在西域实行了州县乡里制和羁縻州制，即都护府、都督府、州制。7世纪中叶，在天山北设庭州（今吉木萨尔），天山南设西州（高昌），在龟兹设安西大都护府，8世纪初又设北庭大都护府。此后，西域形成的喀喇汗、于阗、高昌等地方政权，也先后臣属于宋、辽等王朝。到13世纪中叶曾分别设立别失八里（今吉木萨尔）和阿力麻里（今霍城县境）两行尚书省，管理天山南北两地。

　　明、清时期对西域的行政关系更趋完臻。1690年清政府设"总统伊犁等处将军"统新疆大部分地区，将西域更名为新疆；乌鲁木齐、哈密等地由甘肃布政司管辖。1884年新疆建省，省会迪化（今乌鲁木齐）。1911年建立民国政府，到新中国成立前夕新疆省共计有79县。

　　"一唱雄鸡天下白，万方乐奏有于阗"。1949年9月新疆解放，1955年10月成立"新疆维吾尔自治区"，实行民族区域自治，现今全自治区共设自治州5个，行署8个，自治区辖市3个，州和行署辖市11个，县、自治县73个。

（一）自然地理与气候条件

1. 地理环境

新疆地处西北边疆，是我国最大的省区，面积160多万平方公里，约占全国总面积的六分之一，其西北与东北面与独联体和蒙古人民共和国接壤，西南部和阿富汗、巴基斯坦、印度为邻。境内四周高山环绕，有三山两盆地而闻名。

横亘中部的天山山脉，平均高度四千多米，最高峰托木尔峰海拔7435米，终年白雪皑皑。其开阔的山地之间分布着哈密、吐鲁番、焉耆和拜城等盆地与伊犁河谷地。天山把新疆分为南疆和北疆两部分。

南缘为昆仑山和喀喇昆仑山，号称"万山之祖"，平均海拔6000米左右，主峰慕士塔格峰高7546米，誉为"冰山之父"。

北边为阿尔泰山，大部分山峰高度在2500～3500米左右，主峰奎屯山海拔4350米。

帕米尔高原是闻名于世的"世界屋脊"，史称"葱岭"，纵横数百里，其间山峰与谷地交错，地势高耸，一般在海拔4000米以上。

天山南部的塔里木盆地，为世界最大的内陆盆地，面积70多万平方公里。盆地中央为著名的塔克拉玛干世界第二大流动沙漠，其周围分布着许多大小不等的绿洲。天山北部为准噶尔盆地，面积约38万平方公里，中间为我国第二大沙漠，古尔班通古特沙漠，盆地边缘为山麓绿洲，有大片草原。

塔里木河全长2100多公里，为我国最大的内陆河，东流注入罗布泊。源于天山的伊犁河是天山北部最著名的河流，向西注入巴尔喀什湖，两岸水草丰美向有"塞外江南"之称。阿尔泰山西南麓的额尔齐斯河，沿准噶尔盆地北缘从东向西流，最后进入北冰洋。

博斯腾湖位于焉耆盆地内，是境内最大的淡水湖，面积980平方公里。罗布泊是世界著名的湖泊，为我国第二大咸水湖，面积约2400～3000多平方公里，史称泑泽，由于注入河流的变化，给罗布泊罩上了神秘的面纱。

2. 气候特征

由于天山阻隔，南北疆气候有着十分明显的差异。南疆气候干燥炎热，年降雨量约为50毫米，蒸发量为降水量的30～40倍，风沙大，夏季气温有时高达40℃以上，冬季最低不超过－25℃。北疆气候凉爽，年降雨量可达200毫米，一月份平均气温－22℃～－14℃，最低可低于－40℃。高山、盆地、河谷、沙漠的地形地貌，使各地形成了特殊的气候环境。吐鲁番盆地内有比海平面尚低150多米的艾丁湖，夏季气温常处在40℃以上，风口多，八级以上大风日年可达120天；伊犁河谷地最低气温为－43℃，无霜期150天。

地理与气候特征，把人们的生存活动区域分成了差异甚大的山地、沙漠（戈壁）、草原和农业绿洲的各种环境。新疆干热少雨，日照时间长，日温差大，是典型的大陆性气候，民谚称"早穿皮袄午穿纱，围着火炉吃西瓜"，是新疆气候的写照。

（二）经济概况与交通联系

1. 经济概况

大约三千年前，西域就因环境不同而分为游牧为主的草原牧业经济和以农业为主的原始绿洲型经济。牧区饲养牛、羊、马、骆驼等；农区种植五谷、产葡萄、苜蓿及瓜果、药材等。秦汉时冶铜冶铁业已有一定发展，现境内仍可见不少冶炼遗址，其他如酿酒、纺织、皮毛加工等手工业已从农业中分离出来，"丝绸之路"开通后，商业运输业有了一定的发展。屯田的成就，中原技艺匠人的西进，对农业、手工业有了更大的促进，东汉时经济较为发达，"西域殷富，多珍宝"。出产金、银、香、罽（毛织物）、玉石、马、骆驼等，公元4世纪前后，龟兹的毛毡、氍毹，疏勒的铜、铁、铅、锡，于阗的铜器制造等已很有名，城市建设更有发展，佛教建筑甚为壮丽。至唐代，农业、园艺业、铁、铜、金、银等金属的开采，冶炼与加工，尤其是纺织等手工业发展甚快，产品销往内地与中亚。

近代，由于长期黑暗政治的统治和剥削阶级的压榨，经济发展缓慢，到新中国成立前，新疆的经济、文化处在十分落后的状态。

新中国成立后在党的民族政策的光辉照耀下，已经建立发展了以中小企业为主，包括现代化大企业在内的，规模门类比较齐全的纺织、石油、煤炭、钢铁、有色金属、电力、机械、化工、制糖、皮革、食品和建材等一大批工业企业，布局日趋合理，并有一定的技术水平。新疆土地肥沃，草原茂盛，能源矿产资源储量丰富，山岳冰川很多，光热资源充足，具有巨大的经济潜力。

2. 丝绸之路

举世瞩目的古代丝绸之路，从公元前 2 世纪开通以后，作为东西方陆地通道曾繁荣兴旺了 1600 多年。丝路东起长安，向西通达里海沿岸、地中海沿岸和南亚广大地区，把占世界陆地总面积三分之一的亚欧大陆的各国各族人民联系了起来。丝路促进了东西方的经济交流，把中国的丝绸、火药、造纸、印刷术等传到了西方，也曾经把古老的黄河流域文化、恒河流域文化以及古希腊文化、波斯文化联结了起来。这条"丝绸之路"的中间路段正在新疆境内。

西汉时，丝路在境内分为南、北道，"自玉门阳关出西域有两道，从鄯善傍南山北波河西行，至沙车为南道。南道西踰葱岭，则出大月氏安息；自车师前王庭，随北山波河西行，至疏勒为北道，北道西踰葱岭，则出大宛、康居、奄察"[1]。东汉时丝绸之路繁忙"驰命走驿，不绝于时月；商胡贩客，日款于塞下。"[2]到隋唐时代又开辟了沿天山北麓，经伊吾、蒲类海、车师后王庭，西渡伊犁河、楚河，过碎叶抵东罗马帝国之君士坦丁堡的新北道。后将新疆境内之三道，称为南道、中道和北道（图1-2）。到 15 世纪中叶，海上交通有了发展，陆地丝绸之路才渐趋衰落。古"丝绸之路"促进了西域的经济、文化的发展，在宗教、艺术、城镇建设和建筑业方面都带来了甚为重要的影响。

新中国成立后，陇海铁路、兰新铁路及北疆铁路的建成，使陆地丝绸之路上驼队马邦的交通，被现代铁路交通所代替，这条连通太平洋、大西洋，横跨亚欧两洲，全长一万多公里的钢铁轨道，被称为第二条亚欧大陆桥。在新疆境内也初步建成了一个公路、铁路、航空、管道四种运输方式组成的综合运输网，这将对新疆的各项事业带来新的发展。新疆作为亚欧陆路交通的咽喉，更被赋予了新的地位。

（三）民族分布与宗教信仰

1. 民族的形成

远在公元前三、四千年的新石器时代，在塔里木绿洲上居住着的原始部族，史书称为西戎或戎人。公元前 2000 年前后，游牧于天山以北的主要是原甘肃西部允戎之后的塞种人（萨迦），并有部分迁入天山以南。

秦汉时期，西域已居住着许多民族，其分布也发生过重大变化。北方匈奴民族的强大，在公元前 3 世纪末西进大破月氏，迫其向南部和西部迁移。月氏人即进入天山以北和以南部分地区。塞种人南迁或越帕米尔西去。西域大部分地方为匈奴所据，其间由敦煌地方西入伊犁河以南的乌孙人也日渐强大。

公元 6 世纪中叶后，活动在天山以北的主要是突厥人，塔里木东南缘曾被吐蕃人所据。9 世纪中叶后漠北回鹘西迁到西域大部分地区，并融合了天山以北的突厥各部和两汉以来移居西域的汉人及天山以南各土著部族，逐渐形成了现代维吾尔族。之后，葱岭西操印欧语的居民和西亚居民的迁入，又增加了新的成分。

伊犁河谷的乌逊人及部分月氏和塞种人、突厥人，与迁入的克烈、乃蛮、钦察及蒙古人相融合。到 13 世纪蒙古人西进时他们又被迫西迁，直到 15 世纪中叶，其中一部分摆脱当地统治者而东返西域地，而得名"哈萨克"，意为"避难者"，在与其他部族融合壮大中逐渐形成了哈萨克民族。

13 世纪初叶，蒙古大汗国在分封诸小汗国时，几个

---

① 《汉书·西域传》补注，卷上 P6。
② 《后汉书·西域传》。

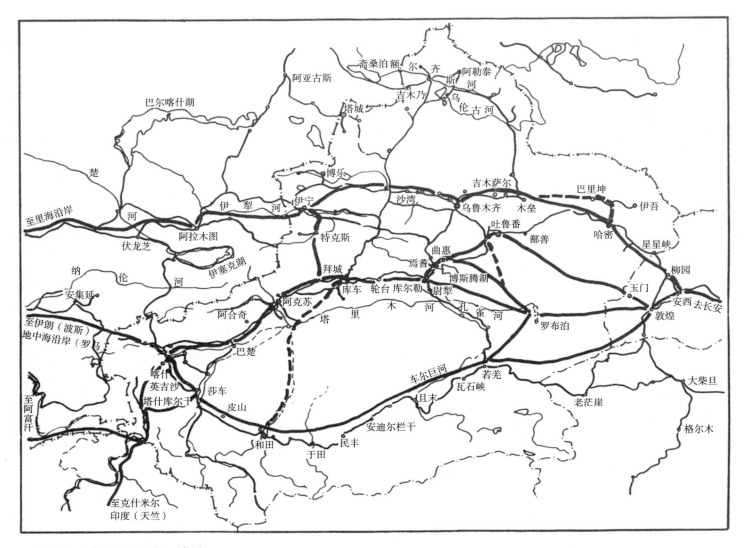

图1-2　古代"丝绸之路"示意图

部落留居西域形成了后来西域的蒙古族。其间中亚、西亚信仰伊斯兰教的人东迁时留驻西域的回民和18世纪后内地西迁的回民，形成了西域的回族。

　　汉族来到西域已有几千年的历史，西域道路开通以后日趋增多，汉族与西域各族人民，共同经营、保卫了西域疆土。

　　中华民族是在漫长的历史进程中形成的。在西域境内的古代民族如乌孙、月氏、塞人、匈奴、羌、鲜卑、柔然、哒哒、突厥、回纥、黠戛斯、蒙古、吐蕃、汉族等以及由此形成的现代新疆境内的维吾尔、汉、哈萨克、回、柯尔克孜、蒙古、乌孜别克、塔吉克、塔塔尔、锡伯、达斡尔、满、俄罗斯等民族，也是中华民族的缔造者，是新疆的物质文明与文化的共同创建者，新疆的历史就是各族人民团结、和睦、奋斗、创业的历史。

2. 民族的分布

新疆主要有 13 个民族，20 世纪 90 年代中期人口约有 1498 余万人，少数民族约占总人口的 62.3%。

维吾尔族约 700 多万人，占全疆人口的 46.7%，主要分布在南疆和北疆部分地方。汉族约有 564 多万人，分居在全疆各地，尤以北疆为多。哈萨克族约 111 万人，主要聚居在伊犁哈萨克自治州和北疆沿天山一带，从事畜牧业为主。回族约 67.4 万人，聚居在昌吉回族自治州和焉耆等地，其他地区亦有散居。蒙古族约 13 万人，主要分布在南疆巴音郭楞和北疆博尔塔拉两自治州等地。柯尔克孜族约 14.1 万人，主要聚居在南疆克孜勒苏自治州和邻县。锡伯族约 3.3 万人，聚居在察布查尔自治县及邻近县。塔吉克族约 3.3 万人，主要聚居在塔什库尔干。乌孜别克族约 1.1 万人，居住在伊宁、喀什等地。满族约 1.6 万人，散居各地。塔塔尔族约 4000 余人，达斡尔族约 5500 人，俄罗斯族约 7300 人，大部分散居在伊犁、阿勒泰、塔城一带。

3. 宗教信仰

西域各部族很早以前只是信仰原始的宗教。公元前 1 世纪中叶，佛教从印度传入后，到东汉时期已普遍为人们所信仰，公元 4 世纪前后，于阗、龟兹成了西域佛教的中心。9 世纪中叶，信奉摩尼教的回鹘人西迁后在形成现代维吾尔族过程中，也曾改宗佛教。在此前后，西域各民族还信仰过萨满教、摩尼教和景教。到 10 世纪中叶，伊斯兰教由陆地传入喀什，经哈喇汗朝致力传布，到 11 世纪初和田首先改宗，以后向北推进，到 16 世纪伊斯兰教成为新疆地区主要的宗教。16 世纪以后，新疆的蒙古族也传入了喇嘛教。

新疆的 13 个民族中，有维吾尔、哈萨克、回、柯尔克孜、乌孜别克、塔吉克和塔塔尔 7 个民族的群众信仰伊斯兰教。蒙古族群众信仰喇嘛教，锡伯、达斡尔和满族群众中保留有萨满教，俄罗斯群众信东正教，部分汉族群众保留着对佛教的信仰。

（四）城镇分布与村落布局

1. 古代城镇的形成

大约在距今六、七千年前的新石器时代，西域社会处于母系氏族公社发展阶段，到距今约五千年前，男子在生产上地位发生变化而成为父系氏族社会[①]。人们为了生存必须结合成群，这种原始群是最初的社会组织，其居住方式有流动的有半定居或定居的，此聚居点即原始村落，新石器时代村落的遗址在新疆天山南北均有许多发现[②]。

到距今约 3000 年前，天山以北即为游牧经济区；天山以南大多以农业为主，人们过着一种被氏族纽带联系很紧密的定居生活，父权完全确立，接近进入阶级社会[③]，如天山东北部的木垒县四道沟和伊吾县卡尔桑的原始村落，至少已是半定居点[④]，南疆西部疏附县阿克塔拉遗址中，已有石纺轮和陶器具，则是新石器时代后期较稳定的定居村落。[⑤]

天山北部的游牧生活历史是漫长的。3000 年前即开始的阿尔泰山区的岩画群，反映了牧业为主的经济区人们"无定居"的生活。天山南部库鲁克山兴地岩画，可见到车辆和驮运，并有建筑图像，充分展示了农业区定居村落稳定的状况。[⑥]

新疆的村落、集镇从萌芽到形成，始终因天山南北两种生产和生活方式的不同而各异。先秦时期，天山以北因"畜牧逐水草"，以毡帐为宅史称"行屋"，匈奴氏族部落防止"种姓之失"，在土地（牧场）占有关系上为"各有地分"，氏族的帐房群是流动的村落，其驻地夏季为水草丰盛之地，冬季则为温暖之所。天山以南农业区居民，由于河流引水

① 《新疆简史》P7～9。
② 吴震《关于新疆石器时代文化的初步探讨》《考古三十年》P181。
③ 《新疆简史》P12。
④ 吴震《新疆东部的几处新石器时代遗址》《考古》1964 年第 7 期。
⑤ 《新疆疏附阿克塔拉等新石器时代遗址调查》《考古》1977 年第 2 期。
⑥ 汪宁生《中国考古发现中的大房子》《考古学报》1983 年第 3 期。

较稳定，农作地以水定播，人畜以水定居，人们以水系与可耕地连线成片地形成早期的绿洲农业，人民散居，而呈现出星罗棋布的村落。经济的发展、交换的扩大、阶级的产生，氏族制的"管理"逐渐趋向"政权"的形式，统治集团的形成和统治机构的组成而出现"王室"，居民聚居点的村落中成为集镇，而"王室所在地人口日益集中，成为本地区政治、经济的中心，于是设防的城市出现了，它统治着农村和牧区"[1]。由于西域特殊的地理环境，绿洲间受沙漠戈壁之阻隔，集镇和城市一开始即以众多的"城郭诸国"的形态出现。

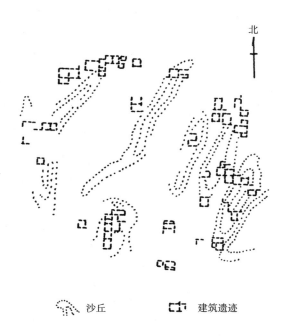

图1-3　古代精绝（尼雅）村落遗址

到西汉初，天山以南以城国王者的治城为中心的、绿洲型城镇村体系大体形成，图1-3为古代精绝之村落[2]。天山北部以"单于"为首领，"二十四长"分别统治的大部落体系确立，史称"行国"的帐篷部落是游动着的城镇。

史料、游记和遗址考古均说明西汉时之三十六国，其治城应是具有一定规模的城市，（清）徐松《汉书西域传补注》卷上所载，这些城国有：婼羌、楼兰、且末、小宛、精绝、戎卢、扜弥、渠勒、于阗、皮山、乌秏、西夜、子合、蒲犁、依耐、无雷、难兜、大宛、桃槐、休循、捐毒、莎车、疏勒、尉头、姑墨、温宿、龟兹、尉犁、危须、焉耆、姑师、墨山、劫、狐胡、渠犁、乌垒。"西域诸国，大率土著，有城、郭、田、畜"[3]。唐代初（7世纪中）西域州县乡里制的建立，对城镇的稳固起了一定的作用。唐代后期绿洲城镇村落群大体稳定，城市已呈现一定的模式与规模，是近代城镇体系的基础。

天山以北的城镇到元代仍进展缓慢。蒙古族西进时，西域草原地是其军队的牧马围场和后勤地，1269年蒙古贵族的诸王会议上决议，"仍旧要生活在草原上，不能到城市地区去"[4]，以防止草原人民的定居。到16世纪，哈萨克族在天山地区仍然是"既无花园，亦无房屋建筑。察合台蒙兀儿人"不建城郭，居无定向……故所居随处设帐房铺毡罽"[5]。但沿天山北麓的丝绸之路北道上，一系列城镇已日渐形成，到18世纪中叶，清朝在北疆大兴城镇建设，置衙设防，著名者有"伊犁九城"。北疆的城镇体系才趋完臻。

2. 古代城镇概貌

西域城镇多、变化大，由于地方政权的离合，经济等基础条件的改变，自然环境的变化和战争等原因，有些城镇则发育完成，如近代城镇的所在，有些则退化、废弃、消失或湮没在沙漠之中。

① 《新疆简史》P25。
② 据（英）斯坦因《ANCIENT KHOTAN》。
③ 《汉书·西域传》。
④ 《新疆简史》。
⑤ 陈诚《使西域记》。

沙丘　建筑遗迹

图1-4　交河古城废址

（本图引自刘禾田主编《新疆丝路古迹》）

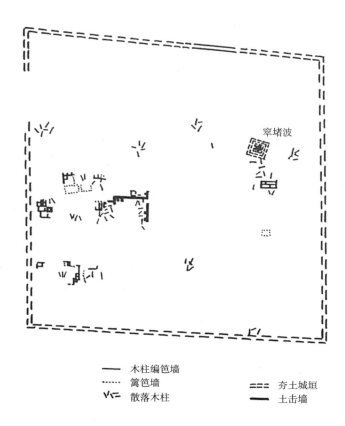

窣堵波

———— 木柱编笆墙　　　　　＝＝＝ 夯土城垣

········ 篱笆墙　　　　　———— 土击墙

∨⊏ 散落木柱

图1-5　楼兰古城遗迹平面图

吐鲁番境内，公元前 6 世纪即有高昌等八城，后发展成十八城，至唐代"其国有二十一城"[①]；公元五、六世纪焉耆有九城，疏勒"大城十二，小城数十"[②]；而于阗有大城五座小城几十座[③]。天山以北的北庭古城区和伊犁九城外，清代又建有绥定属下的"西六城"等，乌鲁木齐也在明、清时期发展扩大。

古代著名城镇如高昌和交河城，大约在公元前 1 世纪以前即已形成，交河布局明确，有集中的居住区，仿里坊制。两城因政权变化约在 14 世纪末废弃（图1-4）。楼兰与精绝（尼雅遗址）古国，均是 2000 多年前即建立的名城，楼兰古城遗迹中的官府、宅邸和居民区尚可辨识[④]，古城遗迹如图1-5[⑤]。"尼雅"遗址中村庄房舍沿古河散落达 20 多平方公里，民居之果园树林和木构架结构尚历历在目，大概因战乱和自然环境恶化过早地于五、六世纪逐渐废弃。绿洲区内的古代城市，如于阗、莎车、疏勒和龟兹等，建城年代均在西汉以前，汉时已较繁盛，人口较多的龟兹城居民达 81317 人。大多数城有三重，仿内地城制，有商业"市井"或"市列"，佛教建筑极盛，

这些城市在历史演变中也有过城址的迁移，但均延续了下来发展成近代的城市。而处在塔克拉玛干大沙漠南缘的十多个城镇至今仍湮没在沙漠中。天山北部的吉木萨尔古城和较晚的伊犁附近的阿力麻里和惠远城等，在经历了政权的变迁后而渐被废弃。

3. 城镇形成的基础

城镇形成的根本原因是经济发展的结果。西域古代城镇在其起点时尚建立在某种基础之上。（1）政治要

① 《唐书》。
② 《隋书》。
③ 《魏书》。
④ 穆舜炎《楼兰考古》。
⑤ 林海村《楼兰尼雅出土文书》。

地。如城国的王都和后期行政建制的长官驻地为起点的城市，有些也因政权的更迭而消失；（2）军事要塞；（3）屯垦和储粮草据点；（4）交通要地，为丝绸之路商旅人员及驮畜作补给、驻息和换货之地；（5）开采矿产的集居地；（6）宗教圣地或寺院所在地。

4. 城镇、村落分布与布局的特点

新疆城镇与村落的布局和构成，由于经济的、文化的、自然的因素和民族状况不同而有一定的特点。

（1）农区居民逐水而居沿渠星布，聚合点布置自由。注重庭院绿化，村落结构依水系而构成，如图1-6所示。村落间以绿洲经济的特点按交通距离形成集市，称为"巴扎"，如图1-7示意。牧区以毡帐为行屋，以"阿吾勒"为基层生产单位，少部分有半定居村落，结构松散。

（2）受汉地城市模式影响甚深，居住区集中设置，佛教寺庙建筑占有很重要的地位。

（3）引水入城，以水成路沿水建宅，居住区街坊组织

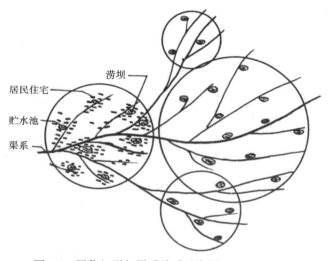

图1-6　居住组群与渠系关系示意图

1. 绿洲范围
2. 居民点
3. 绿洲集市点（小巴扎）
4. 小贸易圈
5. 大巴扎服务圈

图1-7　农村集市结构示意图

自由，巷里迂回曲折。

（4）伊斯兰教传入后，城市系统无多大改变，但受中亚影响贫富分区更明显。以清真寺为中心的伊斯兰建筑形成城市建筑的主体。

（5）18世纪以后，由于统治阶级政策的影响，城内大多按民族与宗教而分别聚居，设两"城"，曰汉城曰维（回）城。

（6）古代城镇中的城垣及官衙、民宅均为生土或木构架用生土材料围护，故数百年前的古建筑几乎无存。但埋于沙漠的古城又得到了保存。

新中国成立后的城市集镇，随着生产的蓬勃发展而展现了新的面貌。四十年来城镇人口已增加到670多万人。出现了一批以工业生产为主的新型工业城，如克拉玛依、独山子、奎屯和马兰等和以农垦为起点发展而成的综合型的农垦城，如石河子、五家渠、北屯和阿拉尔等，全自治区共有县级以上城镇86个。一个初步适应物质生产和人民文化生活需要的新的城镇体系已经形成。

（五）新疆民居建筑发展沿革

建筑是一种社会物质产品，它体现着一定的社会生产力和经济水平，并有着一定的文化渊源。它的内容与形式必然受到自然、经济、文化心理、生活习俗乃至意识形态的影响。各个民族由于历史的原因，有着包括语言、信仰、性格、爱好、习惯等不同心理素质和生活方式的传统，因此民居建筑在新疆不同民族、不同地区和不同时期有着不尽相同的特点，可称之为建筑的民族特点、地方特点和时代特点。

民居的渊源

新疆主要有13个民族，大多具有二三千年的历史，又处在以天山划分的南北两个气候区域和畜牧经济与农业经济两种相差甚远的生产方式之下，在既有共同点的情况下，又使新疆民居具有不同内容、不同形式，使用不同材料的多种多样、丰富多彩的类别。

三四千年前，原始氏族西戎人的文化就有着沙井文化的影响，陶器图案纹样具有农耕定居部落和游牧民族的文化特点，古民族在迁徙中其文化在新疆留下过文化艺术的痕迹[①]。西域的地理条件又决定着其文化具有东西方交会影响的特点。

新疆的民居可分为两大类，即定居的建筑和游动的毡帐。其历史可追溯到几千年前，在漫长的历史过程中不断进行调整与充实，同时吸收各民族之间尤其汉民族地区，以及中亚、南亚和阿拉伯地区的文化影响与工艺技巧。

（1）定居建筑

在薪石器时代，定居区的居住"建筑"就有了几种类型。昆仑山北麓绿洲区起先应是以树杆（或立杆）为支柱（或支架），围以枝叶或植物杆的原始窝棚式住宅，如图1-8所示。稍后即出现了悬搁在立杆上的双坡或平

图1-8 树杆窝棚

---

① 《丝绸之路造型艺术》。

顶的窝棚，如图1-9。在潮湿的地段和为了满足起居卧榻的需要，人们开始用木材搭成低架后，再以窝棚围成居住空间，下部似干阑式建筑，上部则为悬搁式窝棚，如图1-10。这可与库鲁克山的兴地岩画中的建筑图像相引证，见图1-11[①]。其中"牌楼式"建筑应是悬搁于树杆（或埋杆）间的窝棚；图像中的"长房"即"大房子"，为稍晚期的住房，是氏族社会组织供居民共同居住而建，已是一种原始木构架的房屋，似还保留着有半干阑式和悬挂窝棚的样式。这些初期的雏形建筑与古代南部绿洲密布着原始胡杨林和野生红柳、芦苇等荆条材料有关，这些都是原始居住建筑的易采易搭而又能满足干热少雨处栖身要求的材料。

到距今两千多年前的汉代，已有了完整的木构架编笆墙的建筑，是楼兰、精绝到于阗（今和田）、皮山一带沙土地区古今共有的结构方式。最古典的"墙倒屋不塌"的构造，各种材料"编笆墙"，是原始围护"墙"的发展，

这在后来形成了新疆木构架密梁平屋顶结构体系。汉初民居的平面布局已有着独特的形式，精绝古址住宅即有多种形态，布置自由灵活，均有大房间作共用起居室，而1号住宅中具有近代"阿以旺"建筑的式样，图1-12[②]。

图1-9　悬搁式窝棚

图1-10　干阑式窝棚

①　汪宁生《中国考古发现中的大房子》《考古学报》1983年第3期。
②　据（英）斯坦因《ANCIENT KHOTAN》。

长房　　　　　　　　　　　干阑式窝棚　　　　　　　牌楼式建筑

图1-11　库鲁克山兴地岩画建筑图像

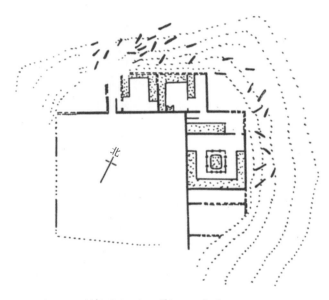

北

图1-12　精绝古址（尼雅）No.1住宅

在土质较好的莎车、喀什、阿克苏等地，早期以湿筑和夯（版）筑土墙作围护和承重墙体，汉代以后以生土制品如土墼、砖坯和"卡玛"土块（英吉沙一带在耕地上直接切出的土块）砌筑。东部的哈密以及奇台等地，自古以来其建筑与陇西一带甚为相似，最早受西迁来的允戎等影响，早期建筑中汉文化反映极深。在吐鲁番地区新石器时

代车师人即有"穴洞"，2000多年前以交河为代表的挖土或半穴居，发展为下沉式窑洞建筑，演变为近代生土建筑的"下窑上屋"土坯砌拱顶的防酷暑型住宅，是地面建筑与半穴居的结合体。唐时高昌住宅与汉地类似，宅院的凉亭和"普廊"（来源于汉文的庑廊）为汉建筑的引渡。山地和河流上游地段起初的墙体是以漂石垒成，汉代即记有"累石为室"[1]。新疆古代形成的平顶泥屋面，主要是少雨或无雨地区的产物，史书即记且末以西房屋为"平头"[2]，高昌"架木为屋，土覆期上"[3]，密梁平屋顶是新疆各地的共有形式，只是南疆坡度甚小北疆作单向或双向小坡。在接近森林地带的居民均有"井干"式木构住房，有方（矩）形和多角形（近似圆形）平面，这在近代的哈萨克、蒙古和柯尔克孜族的林区居民都可见到，史料称为"累木为井栏，桦皮盖以为屋"[4]。

建筑的构造形式主要决定于气候和材料，民族的迁移、宗教的改宗，未能改变在一定经济条件下的地方特点，如绿洲的木构密梁平顶，酷暑区生土半穴居窑洞，森林区井干式木屋以及草原的毡帐等，不论民族和宗教都有着共同的类型。不同的文化心理只在平面的某些方面和装饰艺术上具有各民族的特色。

---

① 《汉书·西域传》。
② 《汉书·西域传》。
③ 《梁书》。
④ 《太平寰宇记·驳马》。

（2）装饰艺术

建筑的装饰，古代民居便有了墙面压印花纹及木雕等手法，并利用木构件图案化取得装饰效果，如木柱顶上托梁造型，这可在约弃于5世纪后的精绝（尼雅）遗址中的构件上见到。其图案纹样略有犍陀罗艺术影响。公元1世纪后佛教在西域流行，二、三世纪佛教建筑大兴，其建筑艺术影响到了民居建筑，由于西域佛教建筑本身是以西域为主体，汉地建筑构造加佛教文化影响的结果，给民居建筑带来了丰富的养分，装饰艺术呈现多彩景象，各种装饰手段和纹样趋于完善。西汉中期后，汉文化包括文字、礼制、习俗、艺术和建筑术的影响不断扩大，至唐代时尤甚。东西方文化的交会中，汉文化得到地域与政治的优势成为主要的方面，从历史而言也更易为西域居民所接受。像龟兹王治宫室"如汉家仪"，这期间汉地建筑中的庑廊、栏杆、花棂木格扇、藻井式天棚以及木作与圬工技术在西域广为流行。9世纪中叶回鹘西迁，又带来了漠北建城时汉式建筑的影响，形成了早期西域建筑的特点。尽管如此外来影响只是一些细部和构件，其平面布局和基本构造仍具有原来独特的形式。公元10世纪以后伊斯兰教传入西域，阿拉伯建筑文化为西域建筑首先是维吾尔族建筑开始了新的篇章，图案、纹样、色彩和一些构件的构图起了很大的变化。新材料在宗教建筑和陵墓上的使用，穹顶结构的传播，伊斯兰文化在装饰上的成就，阿拉伯建筑风格在城市中的突出形象，改变了原来的建筑风貌。就广泛的住宅建筑而言，主要强烈地表现在文化心理方面的装饰艺术上，原来的平面布局、结构方案、建筑工艺和材料使用并无重大变化。

汉民族建筑的基本风格和特点，主要在新疆东部和天山以北广为流行，汉代时宫室建筑主要仿内地都城形式，民居则大多为陕西甘肃一带的样式。从境外叶塞尼河上游汉式瓦顶大宅到清代伊犁将军府花园住宅的"环碧轩"[①]和乌鲁木齐的"书楼"与"木雕牌坊隔断的四合院"[②]，以及大量的民居住宅，都是汉族建筑的布局和构造方法。

在古城交河、奇台和吉木萨尔遗址中，考古发现有云纹瓦当、绳纹板瓦、莲花瓦当、荷花瓦当和方砖等汉建筑的材料。汉族建筑进入西域后，也采用了本地的构造方式，此类建筑也都为回族居民所接受。

（3）毡帐建筑

游牧区居民从古代即以毡帐式的"建筑"作为住房，圆形的毡帐形式是经过了千百年的实践而最终形成的，是一种与游牧生活结合最佳，就地取材结构最省、装拆方便的流动式住宅。其最早的形式大概是一种术柱支撑，以草类编排的扉扇或兽皮作围护的简易棚架，与当时人口较少流动距离短的游牧相适应的。新石器时代较晚时期，兽骨纺锤（或纺轮）的使用而出现毛绳和擀毛毡手工业的兴起，促使了原始毡房的实现，最初毡房式样是圆锥形或覆钟形。2000多年前柯尔克孜族曾居住过的叶尼塞河上游的岩画中，就有钟形的毡子帐篷，四周围有山羊群和鹿群[③]。而近代在哈萨克族聚居区尚可见到称为"阔斯"的简易小毡房，以数十根木杆斜撑而成骨架，外围毛毡并留有通气小窗，其外形为圆锥形，此种小毡房作为转场临时住房和临时贫穷户之居室[④]，是原始毡房的写照。

草原地区的材料特点，古代原始民族对太阳、星、月和天穹的崇拜，或者受最早穴居的天然穹顶的启发，使所有游牧部落共同采用毡房，并以圆形穹房顶作为共同的式样。这是以最少的材料获得最大的面积与空间、以最轻的结构获得最强的刚度、最有利减轻大风的影响和能迅速排除积水的最佳造型。利用畜牧业的原料，便于人力拆装、适合牲畜驮运，这是毡房建筑久盛不衰的生命力之所在。细君公主在《黄鹄歌》中对哈萨克族祖先乌孙人的毡房叹道"穹庐为室兮旃为墙"，已经有2000多年历史了。

① 《新疆简史》。
② 书楼在今乌鲁木齐人民公园内；四合院在乌鲁木齐民主路6号。
③ 《克尔克孜族简史》。
④ 《哈萨克族简史》。

各民族的毡房其构造基本相同，外形稍有差别。哈萨克和柯尔克孜的毡房转角处呈圆弧形，而蒙古包则较平直；哈萨克毡门朝东，柯尔克孜毡门则向东南；毡房内外的图案、纹样、色彩和内部布置，各民族均有其特点。

（六）民居建筑风格与构造特点

民居建筑的特点与风格，是源自于客观的环境与条件、在人们长期实践中，在一个地域或一个民族范围内，对建筑的形式和反映的文化心理取得的共同认识与承认，并使之在建筑上具体的表现。

1. 厚围护、少窗、注重室外空间，布局自由

干热、少雨、温差大是新疆的主要气象特征。这些特征使人们有户外活动的习惯，民居建筑必然有户外活动乃至户外起居的场所。南疆民居建筑即有以户外活动场所为中心的特点。"阿以旺"、"阿克赛乃"是住宅建筑内部有户外场所特点的部分，外廊成为新疆各族固定式民居共有的特色，庭院和平屋顶的利用也极普遍。为防止夏热冬寒，以厚生土墙和厚草泥屋面保温，窗面积小，不注重空气的对流，同时居室则深藏，这种"恒温式"建筑，适应了气温变化和防风沙的需要。这些居住小环境的特性，是民居平面布局自由灵活的基础。

2. 水、绿化、庭院、宅院的内向性

沙漠、戈壁、干旱、风沙是新疆的大自然环境。对这种环境人们几千年来希望给予改变而又无法摆脱，人们只得致力营造村落或家庭的小环境，以获取生活的条件。水是生命的根本，以水定居、引水入院，视水为民居的第一要素，南北疆各民族无一例外。"绿色庭院"是新疆一大特点，也为居民提供了荫凉之所，土地较多的地区则为田园式，渠水穿越而过。绿色环境不仅是展示的点缀，而是居住建筑内不可分割的组成部分，这就形成了宅院的内向性格。

3. 装饰、织物、艳丽的色彩

自然景色的单调，人们心理上总想得到补偿，黄色戈壁的冷漠，辽阔的草地、冬天的雪原总缺少色彩的变幻，这种共有的心态在建筑上以多种装饰手段和色彩来调整。在房间和毡房内的墙饰（"壁衣"），炕上用品，家具以及服饰、鞍具都十分艳丽。

4. 客室，民居的中心

旧时新疆地广人稀、交通不便，气候突变，抗御自然灾害适应能力弱，在生活上互相帮助，解救危难，认为是神圣的职责。牧区居民如在傍晚不给客人留食宿，当作是无地自容的大耻辱，热情好客是新疆各民族的传统习惯，这在民居建筑和毡房内布置上得到了充分的体现，在牧民定居的房屋建筑中更为突出。

5. 构造的统一、民族的个性、伊斯兰文化的影响

新疆民居由于共同的环境，建筑构造基本上一致。其外形浑重、粗犷，内向的性格，注意组织庭院空间，使室内外互相渗透交融。村落具有塞外风光。而各民族建筑在布局、装饰、纹样和色彩上又具有明显的民族特点，尤其是维吾尔民族的民居建筑的装饰艺术上，伊斯兰文化的影响更为突出。

就地取材是民居构造方式的决定性因素，有些也决定着建筑的形式。新疆民居各部分构造有简单易作、费用低廉的特点。

基础的做法主要有砌卵石、戈壁料（砾石与砂）夯填和砖基础，南疆以卵石基础为多。墙体构造分生土湿筑和夯（版）筑墙、砖墙和木构架编笆或插坯墙三类，少数林区有井干式木构墙和山区有垒石墙；木构架编笆墙至少已有 2000 年以上的历史，系在木构（框）架上加密支柱和水平撑挡，以树枝条、红柳、芦苇束在构架上编成笆子然后抹泥而成；插坯墙是以土坯斜插在立柱间然后抹泥，这两种做法在昆仑山北麓广为应用。民居的檐头分木作檐头，即在外廊部分以挑出檩条加封檐板组成；木板檐头，即以木板（常用胶合板）做成较高大的凹曲线封檐，常在高级民居中应用；砖砌檐头，常可见到以花式砖砌成图案。

6. 新疆民居建筑结构可分为三类

（1）木构架密梁平屋顶体系

这种结构形式是中国古建筑木构体系之一，具有西部特点，构造系统有底部卧梁和上部顶梁（圈梁），以立柱支承构成框架式，屋盖部分为密置小梁，大多为密铺小椽条上作草泥屋面，围护墙做法如前所述；结构受力明确，布柱和置梁灵活，取材方便，抗震性能好，围护材料适应性强。

（2）生土墙土坯拱顶体系

墙体以土坯砌筑或为版筑墙，侧墙承重，墙厚50～80厘米，拱跨3米左右，以土坯砌成筒拱。就地取材、造价低廉、冬暖夏凉，但开间较小，空间适应性差。

（3）土木（砖木）结构体系

墙体以土坯墙、夯筑墙为主，个别地方为卡玛土墼墙（或砖墙）。屋面梁直接搁在木垫梁（板）上，硬山做法。墙体内有些加木柱支撑垫梁（卧梁）。施工简单、平面灵活。

第二章
维吾尔族民居概论

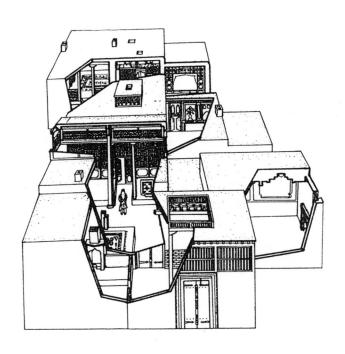

（一）维吾尔族形成的历史

　　维吾尔族是新疆的主体民族，是中国历史悠久的民族之一。"维吾尔"是其民族的自称，意为"团结"、"联合"的意思。维吾尔族的族源，可追溯到公元前3世纪游牧于中国北方和西方的"丁令人"，后来"丁令人"又被称为"铁勒"、"赤乐"、高车等。其中"袁纥"部在5世纪时成为"高车"诸部之首，也就是7世纪时"铁勒"诸部中的韦纥。"仆固"、"同罗"、韦纥"、"拨野古"等部因抵抗突厥的压迫，组成了"回纥"部落联盟，并在公元744年以鄂尔浑河为中心，建立了游牧的"回纥"封建汗国，受唐朝政府册封，成为唐朝的一级地方政权。公元788年，回纥可汗上书唐朝将"回纥"名称改为"回鹘"。始终与唐朝保持着十分密切的友好关系和从属关系。唐朝先后把三个公主嫁给回鹘可汗，同时带去大批汉族工匠和随从人员，把汉族的先进文化和生产技术带入回鹘地区，促进了回鹘社会的发展。在营建城市中，依照汉族的建筑技术和艺术先后建筑了"可汗城"、"富贵城"、

"可敦城"、"公主城"等。回鹘人在雕塑艺术方面也深受汉族的影响，如在鄂尔浑河一带发现的"九姓回鹘可汗碑"、"磨延啜可汉碑"等，不仅刻有工整的汉字，而且碑座式样和雕刻的花纹也都是汉式的。

　　公元840年，"回鹘汗国"被黠戛斯所破，回鹘诸部有的南迁至内地，大部分迁到西域（新疆的古称），进入安西都护府辖境和于阗以西的地方，还有一些到达甘肃西部。西迁后定居西域的回鹘人即融合了早就分布在天山以北和西部草原游牧的突厥语各部，又融合了西汉以来移居西域的汉人，他们同原来就居住南疆广大地区操焉耆、龟兹、于阗语的人民，以及后来的吐蕃人、契丹人、蒙古人等长期相处繁衍发展，逐步形成现代维吾尔族。回鹘人西迁和西域各地原居民的大融合，在新疆历史发展中具有重要意义。此后，经济获得了空前的发展。天山北部和西部地区，水草丰美宜于放牧，回鹘人的畜牧业经济得到进一步发展。天山南北各绿洲以及吐鲁番盆地，原来就是发达的农业地区，回鹘人迁来后受当地发达的农业经济的影响，也逐步转入农业生产，由游牧的畜牧业经济逐步转为定居

的农业经济。公元9世纪中期~12世纪，由于和西域从事农业的各民族长期相处，回鹘社会、经济、文化、商业贸易，手工业乃至族体本身都获得了迅速的发展。

由于新疆地区自汉唐以来，一直是中西交通要冲，回鹘商人又具有善于贸易的传统，因而10~12世纪回鹘地区和内地的贸易活动便空前繁荣起来。在五代、两宋、辽、金各代，回鹘与内地的贸易一直没有中断过。

新疆地区也是中西文化荟萃之地，回鹘人继承了这一优秀的文化传统，吸收了原有文化中的优秀成分，这就大大丰富和发展了自己的文化。9~12世纪的回鹘文化，具有汉族文化与西域文化混成的特色。《福乐智慧》与《突厥语大词典》两本巨著的出现，是回鹘文化发展的重要成果。《福乐智慧》是11世纪时回鹘著名学者玉素甫·哈斯哈吉甫写的一部叙事长诗，全书共72章，13290行，内容包括政治、社会、经济、哲学、宗教、文学等方面，在回鹘文学史上占有重要地位。《突厥语大词典》是喀什噶尔人马赫穆德·喀什噶里在同一时期完成的一部巨著，著者曾深入民间进行了广泛深入的调查研究，搜集了大量极其珍贵的资料，是研究古代突厥人的历史、语言、文化等方面极其有价值的作品。

元朝在中国建立了统一的军事、政治、政权，加强了各民族政治、经济和文化联系，便利了中西交通，从而促进了维吾尔文化的发展，汉族使用的活字印刷术，大约在这一时期传入维吾尔地区。同时，随着大批维吾尔人进入内地，越来越多的维吾尔人直接受到汉族先进文化的教育，出现了许多优秀的文学家、诗人、艺术家、史学家和翻译大师。

明朝时的新疆为察合台汗国所统治。16世纪初，吐蕃的势力也达到肃州一带，不断地侵扰居民和商旅。这时期维吾尔地区在政治、经济和文化方面仍然与内地保持联系。

清朝时期，16世纪末新疆建成为一个地域辽阔的喀什噶尔汗国，后来汗国迁都于叶尔羌，又称叶尔羌汗国，领域南起子阗，东达哈密，包括天山以南的整个维吾尔地区，它的统治者仍然是察合台的后裔——已经维吾尔化的蒙古贵族，与清朝政府建立了友好的朝贡、通商关系，使维吾尔地区和内地各族人民的友好往来正常化。政治上的统一对维吾尔社会的发展起了有力的推动作用，生产迅速地恢复和发展起来，生产技术有了显著的提高。17世纪以来，与内地经济联系有了进一步加强。维吾尔商人络绎不绝地前往内地，不少人甚至长期留居不返。在中亚、印度以及中国西藏喀尔喀等地，维吾尔商人的活动也很频繁。他们结成庞大的骆驼商队，由可汗任命的商头统领，进行大规模的有组织的贸易活动。

1883年清廷批准在新疆建立行省，省会设在迪化（乌鲁木齐）。新疆建省后，清政府还采取了一些有助于经济发展的措施。兴办实业，推广汉族地区的先进生产技术，以促进新疆地区生产的发展，兴修农田水利、开荒造田、发展蚕丝生产、开办采矿、冶炼业、发展交通、创设邮电、复兴商业鼓励贸易。上述措施的实行促进了新疆各族人民经济、文化的发展。特别是加强了内地与边疆、汉族和新疆各族人民之间的经济联系，巩固了祖国的统一和边疆的稳定与安全。

1949年新疆获得和平解放，保证了各民族一律平等和各族人民当家做主人的权利。维吾尔族和新疆各族人民从此在中国共产党的领导下，进入了一个新的历史发展时期①。

维吾尔族人民历代的发展和新中国成立以来40年的繁衍生息到1991年已发展到721.66万人，分布全疆各地。其中，绝大部分聚居在天山以南的喀什、阿克苏、和田、库尔勒、吐鲁番地区和北疆的伊犁地区。

（二）维吾尔族的经济与文化

维吾尔族主要聚居在物产丰富的南疆地区，以经营农业为主，由于南疆的绿洲地带有充沛的水源，优良的土质，这就为维吾尔族和其他各族人民提供了发展农业的优异条

---

① 维吾尔族形成及发展据《维吾尔简史简志合编》编写。

件。粮食作物以小麦、玉米、水稻、高粱为主，次有燕麦等；经济作物以棉花为主，次为油料、甜菜、蚕丝等。盛产多种瓜果是南疆的一大优势，库尔勒的香梨负有盛誉，叶城的石榴、库车的杏干、喀什的樱桃、阿图什的无花果、和田的核桃以及伽师的"王中王"甜瓜都是有名的特产。地下资源也极为丰富，主要有石油、煤、铁和各种有色及稀有金属。和田的玉石，古今中外驰名。此外，还产各种野生的经济植物与药用植物，如罗布麻、蘑菇、芦苇、当归、红花、雪莲、贝母、甘草等。野生动物有大盘羊、雪豹、雪鸡、旱獭、野骆驼、野马、野牛、棕熊、天鹅、野鸭、野鸡等。家畜家禽有牛、马、驴、羊、鸡、鸭、鹅、鸽、兔等。

回鹘民族在鄂尔浑河时代，曾信萨满教和摩尼教，9世纪西迁以后，又信奉过祆教、景教、佛教。这些宗教对维吾尔族人民的精神生活，都曾起过重大的影响。到公元10世纪中期以后，中亚地区伊斯兰教的萨曼尼王朝，把伊斯兰教传入新疆，喀什成为伊斯兰教在新疆传播的中心，后来伴随着萨曼尼王朝向外不断扩张伊斯兰教势力，于阗（现和田）也成了伊斯兰教的又一基地。到公元13世纪，伊斯兰教逐渐传到阿克苏、库车、焉耆、伊犁等地区，15世纪又传到吐鲁番、哈密地区并占据重要地位，成为维吾尔族主要信仰的宗教。

为适应地理与自然环境，受宗教信仰及所崇尚的礼仪道德影响，形成本民族特有的风俗习惯。

维吾尔族主要以面、米为主食，常吃主食有馕、抓饭、拉面、薄皮包子、烤包子、油塔子、汤面等。其中馕是由小麦面或玉米面做成的一种烤饼，是维吾尔族最主要的食物。维吾尔族喜爱喝奶茶和伏茶，较少吃蔬菜，夏秋季节多伴食瓜果，有许多食物用手抓食。维吾尔族只吃牛、羊、鸡、鸭以及骆驼、马、鱼等肉食。禁食猪肉、驴肉、狗肉以及食肉动物，禁食一切动物的血。

维吾尔族是一个好客的民族，崇尚礼仪。待人讲究礼貌，在路上遇到尊长或朋友，习惯于把右手放在胸部，然后身体前倾行礼连连问好，妇女中还有长者亲吻晚辈的礼节，对老人十分尊敬，家里来客热情招待。

维吾尔族男女老幼都戴四楞小花帽，男子普遍喜穿对襟过膝的"祫袢"，内穿绣有花纹的短衫。女子喜穿色彩鲜艳的连衣裙，外套对襟背心，戴耳环、手镯、戒指、项链等装饰品，农村姑娘梳多条小辫，并讲究画眉、染指甲。

维吾尔族的主要节日有肉孜节和古尔邦节。肉孜节，在封斋一个月以后开斋的那一天举行，因而也叫开斋节。在封斋期间每日两餐，必须在日出前和日落后进餐，白天禁止任何饮食，一月斋期满后，伊斯兰教徒聚集礼拜，然后开始热闹的节日活动，家家户户都备有丰盛的节日食品，互相登门贺节，走亲访友。古尔邦节，是在肉孜节后七十天举行，家境稍好一点的都要宰羊，因而也叫宰牲节，节前家家户户都要打扫卫生，炸制多种节日食品，如炸馓子、果子等，过节时互相登门贺节、食肉，热闹程度超过肉孜节。

维吾尔族的丧葬礼仪是实行快葬、土葬。一般是晨死午葬，晚亡次晨出葬，停尸至多不超过一天，入殓前，灵僧或伊麻木（均系宗教职业者）为死者净身，然后缠以白布，男性包三块，女性包五块。再将尸体放在"吉那孜"上（清真寺里公用抬尸木架）。由男性亲友抬到清真寺里举行殡礼，旋即送往墓地，由"伊麻木"念经祈祷，然后葬于墓穴中，墓穴多呈长方形，尸体面朝西方。安葬后和第七天，四十天和一周年都要做"乃孜尔"举行悼念活动，逢年过节，亲人要去上坟。

维吾尔族素有歌舞民族的称号。多少世纪以来，音乐和舞蹈一直是维吾尔族人民生活中的一项重要内容，人人能歌善舞，不论是欢乐的节日，还是劳动的空闲，人们常用音乐和舞蹈来抒发感情，表现生活，以及对美好生活的追求。

维吾尔族民间音乐很多，其中以歌曲音乐和舞蹈音乐最为发达。在这当中，又以"富乃姆"流行最广。在维吾尔族传统音乐上，俗称维吾尔族人民"花王之冠"的古典音乐《十二木卡姆》是一部由古典叙事歌曲、民间叙事组歌、舞蹈组歌和即兴乐曲等多种体裁内容的大组曲，是一部巨大而完整的，几乎概括了维吾尔族数百年的历史斗争生活及其所有的民族艺术形式的音乐史诗。

维吾尔族乐器丰富多彩，种类繁多，常见的有独他尔、热瓦甫、弹布尔、沙塔尔、唢呐、手鼓等。用于独奏、合奏、伴奏及伴舞。

维吾尔族人民能歌善舞，酷爱舞蹈又是其民族传统风俗。舞蹈艺术是以健美、轻柔和富有变化著称，尤以颈部动作和旋转动作最为出色，以稳健雄沉刚毅奔放的"多郎舞"、狂热深沉的"萨玛舞"流行于南疆维吾尔族聚居一带。民间舞蹈以歌舞和纯舞为主，可分为单人舞、双人舞、集体舞等，流行最广的舞蹈有顶碗舞、普塔舞、大鼓舞、铁环舞、赛乃姆等。

维吾尔族文学具有悠久的历史传统，在维吾尔族文化中占有重要地位，它主要以口头文学和文学创作的形式组成。

口头文学是维吾尔文学的重要组成部分，体裁多种多样、有故事、诗歌、神话、传说、寓言、笑话、童话、谜语、谚语等，内容丰富多彩，表现手法独特。广泛流传于民间的"阿凡提的故事"，以表现技巧上的幽默、含蓄和语言运用上的大胆、夸张反映了这些特点。

维吾尔族的文学书面创作有久远的历史，主要形式是诗歌，体裁多为四行和六行，十分讲求韵律，叙事长诗"福乐智慧"完全用韵文体裁写成的巨著，是维吾尔族文学宝库中的珍品。"突厥语辞典"广泛采集民间的故事、传说、谚语、歌谣等，是维吾尔族最古老的一部百科全书。在玉素甫·哈斯哈吉甫的诗风格的影响下，相继出现了不少优秀作品，其中18世纪杰出的维吾尔族诗人阿布都卡依木·都扎尔著的"热比亚——赛丁"是维吾尔族文学中永不凋谢的鲜花。至今还被维吾尔族人民所喜爱。

由于伊斯兰教反对偶像崇拜，维吾尔族自信仰伊斯兰教以来，美术形式有了很大变化，因此美术和建筑装饰多为植物花卉和几何纹样，不画人物和动物。逐渐形成了一种独特的形式。在民居或寺院、陵墓等建筑的墙壁、天棚、房檐和外廊顶棚，都绘有色彩明朗鲜艳的图案花纹。

雕刻艺术较广泛用于建筑装饰，多为木雕和石膏花饰，精工细致的雕刻艺术将建筑装修得富丽堂皇。

民间实用的编织物和刺绣品，如地毯、壁毯、四楞小花帽、衣裙、窗帘、桌巾等，都是艺术性较高的手工艺品，这些手工艺品，都是由严正的几何纹、花卉、物品等图案构成的，其色彩鲜艳，工艺精细，给人以明快而和谐的感觉。特别是和田地毯，数百年来一直以其图案花纹的特有风格，色彩的艳丽和织作精美而誉满国内外，深受人们喜爱。

南疆气候干燥、少雨，日照时间长，夏天炎热。自古以来人们就习惯于室外活动。2000年前的民居宅旁植树蔽荫防风沙，或利用果园作为室外活动场所。民居建筑小的三、五间，大的数十间，多数民居房间较多，面积大，并与畜棚牛厩相连。这与当时社会尚保有一定的氏族血缘关系的大家庭，和定居农业区畜牧业还占相当比重有关。一单元住宅建筑面积多在200平方米以上，有特别房间（厅堂）作为议事或婚丧庆事、拜神等使用。如在楼兰、尼雅古城遗址中看到的民居残迹仍可分辨出民居中的大厅平面

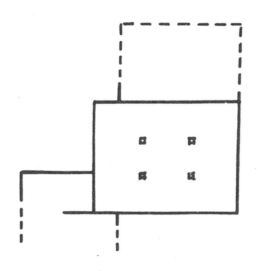

图2-1　民居内大厅平面示意图

图2-2 转角形民居平面示意图

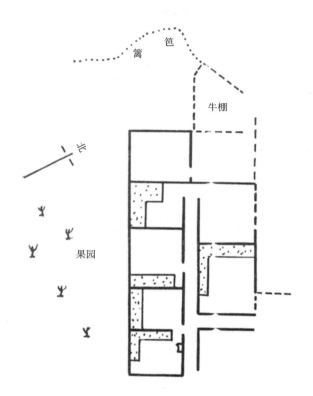

图2-4 内走道分列式民居平面示意图

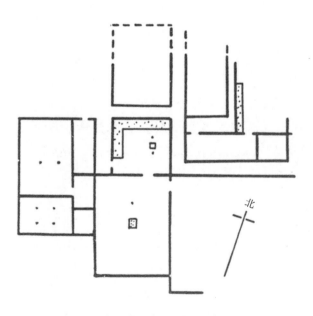

图2-3 集合式布局民居平面示意图

（图2-1）、转角形民居平面（图2-2）、集合式布局的民居平面（图2-3）、内走道分列式的民居平面（图2-4）、组团式民居平面（图2-5）等，与近代民居平面十分相似。大小房间内沿墙筑有土炕，是人们晚眠和起居作息之处[1]。

汉、唐时代尼雅河一带和楼兰等地简单的民居平面布置也是套间串接方式，很少见到并列横套的"一明两暗"、"一明一暗"之类，组合十分自由。从外间到内室一般采用贯穿或由后侧部开门进入，这对防止风沙侵扰是十分必要的。室内除纯为过道的部分，一般均设土炕[2]。城内住户

---

① 斯坦因《西域考古记》P56。
② 《新疆民丰大沙漠中的古代遗址》原载《考古》1961年3期。

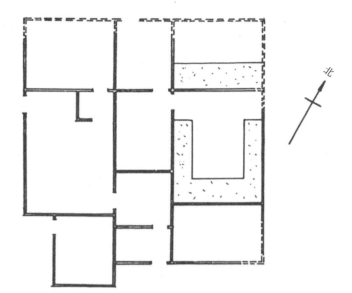

北

图2-5　组团式民居平面示意图

只有富贵人家建有花园，贫困之户则无绿化庭院，这在楼兰遗址甚为明显[1]。外廊式建筑从出土的雕花木托梁说明在精绝古国早已有之，至少有1000年以上的历史。

汉、唐时代，新疆与内地交往甚密，兵士与屯垦驻地的住宅影响也必然会传至官员宅邸类居住建筑上来。库车附近唐代苏巴什古城遗址，住宅散布在四周，在坎崖处有半穴居式窑洞。

10世纪以后，伊斯兰教传入，宗教信仰必然地影响着建筑业和民居建筑。从古建筑情况可见，喀拉汗王朝在建筑材料的使用，如砖和釉彩陶的推广，宗教和陵墓建筑的阿拉伯风格的崛起，在新疆建筑史上开创了新的一页。在城市建筑方面，住宅的外貌上贫富之差异更显突出。带内院的建筑形式在原有基础上得到完善和推广。以高墙围成四合院式的住宅，只设一院门出入，向外基本上不设窗，使之与外界隔绝的封闭式庭院布局多了起来[2]。这是防干热防风沙的需要，（如交河住宅区院落亦属此种形式）和伊斯兰教对住宅私秘性的重视相结合下，此种庭院一直延续到20世纪上半叶仍为不少民居所采用。

富余住户，在总平面中设置小礼拜寺，在室内布局方面逐渐尊重西方圣地方向，在西向墙上设龛供家人祈祷，主炕睡眠方向避免脚向西，以及按教义要在主要居室内设净身小室等，使住宅平面布置稍有变化。但由于没有封建礼教程式（礼制）和严格的家庭成员长幼尊卑之限制，并未改变平面的灵活自由的传统。新疆东部哈密、吐鲁番一带到15世纪末才伊斯兰化，宗教对民居建筑的影响更小些。

清代，维吾尔族民居建筑的传统形式已完全定型，林则徐在"回疆竹枝词"中写道："厦屋垒成片瓦无，两头檐桷总平铺；天窗开处名通留，穴洞偏工作壁橱。亦有高楼百尺夸，四周多被百杨遮；圆形爱学穹庐样，石粉团成满壁花"。对当时民居建筑作了十分贴切的叙述，也是近代民居做法的写照。

（三）维吾尔族民居平面布局与特点

维吾尔族民居建筑的平面布局十分自由而丰富，因各地气候条件，建筑材料，传统生活方式和外来文化影响不同也表现出一定的差异，各地大体具有如下几种平面布局形式：

---

[1]　穆舜英《楼兰考古》。
[2]　《喇喇汗王朝史稿》P204。

1."阿以旺"式民居

以南疆于田为代表，这是一种古代即在昆仑山北麓的东部地方盛行的形式，是一种由敞开的室外活动场所，向室内过渡的半封闭式"庭院"建筑，其有新疆维吾尔族的特色。是家庭共用的起居室和接待客人的重要场所，是住宅建筑的中心。其他功能的用房围绕这个中心自由布置(图2-6)。

图2-6 "阿以旺"式民居

2. 外廊式民居

可以喀什与和田地区的民居为代表。这种外廊较宽在2米以上，廊下设炕并无"走廊"的功能，是居家户外活动场所和休息、家务、炊事用餐，夏天夜晚住宿之处。外廊是建筑入口的重要装饰点，各种柱式、柱头、檐板集维吾尔木构件装饰的精华所在，使民居建筑具有了独特的外貌，设在廊后的用房，根据家庭人口多少向纵深发展。较大的住宅则发展成回廊式建筑（图2-7）。

图2-7 外廊式民居

3. 封闭小庭院式住宅

可以喀什地方的民居为代表，是喀什市内令人赞叹不已的形式。灵巧的小楼，曲折的回廊，庭院内树丛花卉，黄砖楼梯，为住户创造了一个封闭、内向、私秘性和安全感极强的居住环境。小庭院与居室内外交融，相互渗透，加之院内半地下室的储藏面积，屋面平台的利用，借用巷道上空建过街楼来增加居室等，是一种建筑的"超空间"的创举（图2-8、图2-9）。

图2-8　封闭小庭院式民居

图2-9　巷道上空的过街楼

4. 花园式住宅

以伊犁地方的民居为代表,民居总平面布置以花园(果园)为主体,其住房本身则是受汉式建筑和中亚地方建筑影响较深的形式。平面形式通常是一字形、曲尺形和组团形。由于天气寒冷室外活动少,"外廊"成了纯建筑功能的"走廊",或一种建筑形式的符号。外廊台基升高,外侧设置栏杆,走廊也较窄,成了室内功能的补充场所。一般住宅面积200平方米左右,而果园面积较大在1~2亩或更多,引水入园。园内有畜厩、鸡舍、杂物棚,种各种果木蔬菜花卉颇具田园风光。果园是家庭的重要场所,其院墙门"门头"成了伊犁民居的一大特色。住宅内部布置大多为串套式,以前室缓冲,通过侧面窗与外廊和花园相呼应(图2-10)。

图2-10 花园式民居

5. 窑洞式住宅

以吐鲁番地方的民居为代表。住宅建筑与有绿化的庭院紧接。庭院分前后两院者为多，结合地形十分灵活地划分功能区域。前院以起居待客、观赏、休息为主；后院则为杂务饲养之地，空间组合较好。为适应干热气候，民居一般建成"下窑上屋的二层楼，底层窑洞半入地下，墙体甚厚，前墙设窗。楼面（或屋面）以土坯砌券，常为三、四跨多跨拱式，冬暖夏凉。"上屋"为土木结构，平面形式为并列式加套间，用室外土台（或砖砌）楼梯上下。吐鲁番号称"葡萄之乡"，各家各户都晾葡萄干，有些住户在房顶建有带风眼的晾房，地方风貌甚浓（图2-11）。

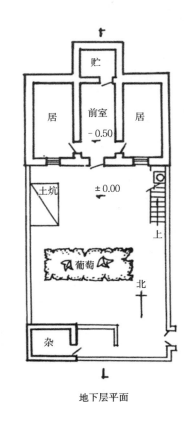

剖面

地下层平面

上层平面

图2-11 半地下窑洞式民居剖面图、平面图

6. 并列式民居

北疆和库尔勒、阿克苏、哈密、吐鲁番一带较为近代的民居形式,与内地尤其是河西走廊一带的民居甚为相似,挑出檐头的外柱廊,"一明二暗三开间",半截花棂木格扇门,带两侧花棂木格扇大窗(或玻璃窗),这种形式遍布我国西藏、青海、河南和西北各省。这是长期交流互相吸收的结果。当然其细部构造和装饰又各具特点,其扩展形式为增至五开间的短外廊式,平面形式演化为曲尺式,凹字形但都面向花园(庭院)(图2-12)。

维吾尔族民居的平面布置形式,因地区的不同而各有差异,已如前述,但与其他民族的民居相比较,维吾尔族民居有着自己共同的特性。

图2-12 并列式住宅

（1）庭院是维吾尔住宅的组成部分

庭院这一传统形式可追溯到2000多年前，直到近代维吾尔民族民居，地不论南北，天不管暑寒均需设置。其面积大者，则引水入院、流水潺潺，果木繁茂面积2~3亩；小者可只10多平方米，则以花卉为主，布置玲珑。庭院植树、育花，更多的是搭设葡萄架，是夏天纳凉待客作息夜宿之处。

（2）屋顶平台，住宅的第二庭院

利用平屋面作庭院，一般以木梯通行，喀什则有砖砌楼梯上下。吐鲁番地区以底层窑洞顶作为平台，二层房间与之相接，葡萄架下的平台成了各居室共有的"起居室"。南疆的平屋面有些加建小房子称儿房（耳房）作为储藏，屋顶四周设以木栅栏杆或编笆墙，使屋顶成为半封闭，作为晒场、柴草场、手工作业场，也有冬日晒太阳取暖、夏夜露宿等用途。其功能主要是当作杂务院，充分利用了空间。喀什地区有利用房顶设厕所，吐鲁番也有利用房顶建晾房。

（3）平面布局自由灵活

这是维吾尔族民居的特点，除少量有中轴线、对称、并列等受内地影响的建筑外，尤其在南疆难以找到其规律性，平面布局只是围绕某一个户外活动中心，根据地形、主人爱好，自由地或一间间、一组组地向外延伸，空间组织错落曲折，外形轮廓灵活多样，平面、立面虚实相间，处理手法丰富多样。

（4）土炕和壁龛

土炕，在维吾尔族民居中是主要附属构筑物。不分地域，住房、客室和户外活动场所都有设置。土炕是室内的功能分区的界定场所。炕面上是住宿、休息、待客、饮食的起居之地，把通道与作息处明确地区别开来。炕上铺地毯、毛毡，十分富丽。壁龛在土坯砌墙和夯土墙均有设置，大小不同形式各异，用以放置器具用品，有些已成为墙面的装饰。土炕、壁龛，在新疆至少已有2000多年的历史。

（5）民居建筑的内向和封闭性

内陆气候干热、风沙大，沙暴日多，旧时经济也属绿洲型封闭经济，尤其在伊斯兰教对居住生活的私秘性更较重视的心理作用，形成了民居的内向和封闭性。这在南疆和东疆更为突出。表现在民居的卧室放在建筑物最深处，一般以小天窗或小高侧窗采光，更感幽深。建筑物外表为生土型，简朴甚至简陋，但庭院内外廊和室内装饰与布置较讲究，藏巧于拙。整个民居围以高大外墙且不设窗户，作成封闭的宅院空间，或隐于树林之中，"性格"内向。

（6）客室的重要地位和冬夏分室

维吾尔族热情好客，因此各地区民居中客室是必不可少的，其平面位置适中，与室外空间联系紧密，而且面积大，又是装饰的重点。客室平时可做起居室或长辈人的卧室，又可供招待宾客、欢庆节日和家人团聚歌舞欢乐之用。

南疆和东疆的民居大多有冬夏用房之分，为客室、卧室、厨房。冬室密闭性好，夏室较敞开，夏厨房一般分设在庭院或果园内，吐鲁番地区住宅内的窑洞与土木结构用房也分在冬、夏季使用。

（四）维吾尔族民居的建筑艺术与装饰

维吾尔族民居的建筑艺术风格，带有东西方文化交汇的明显影响。在历代新疆与内地密切来往的过程中，内地工匠随着官吏、屯卒和商人的到来，直接带来了东方建筑文化和建筑技艺。大约公元2世纪前后，由于佛教在新疆的传播，佛教盛行的图案及西方的犍陀罗美术（雕刻、绘画等）和建筑影响也进入了天山以南地区，并较长期地流行，这在古代千佛洞遗址和古城考古中可证实。公元11世纪喀拉汗王朝建立，伊斯兰文化经过数百年逐渐在全疆传播，在大举兴建寺院建筑和陵墓的过程中，阿拉伯的建筑文化无疑也影响到广大的民居建筑中来。在此过程中，佛教图案中部分主题仍被沿用着，如宝相花形，忍冬纹、莲花纹、云头如意纹。尤其是佛教上称为"瑞相"的"卍"字纹，维吾尔艺人仍广为应用，称为"歇坦库鲁甫"意为魔鬼的锁子"（没有头解不开），其他拜物教的纹样如"火"的变形图案也被保留着[1]。这

---

[1] 李安宁：《新疆维吾尔建筑图案》。

种文化水乳交融的过程，孕育了维吾尔民族的建筑艺术风格。在特殊的自然条件下，创建了独特的平面形式空间构成和结构体系，其装饰图案既吸取伊斯兰艺术的精华，又继承掺杂了佛教、基督教、祆教、摩尼教等某些特殊的纹样；是具有维吾尔族固有的传统纹样组织形式；同时也融有汉、回、哈萨克等民族的纹样特点。[①]

作为一个历史阶段，伊斯兰宗教使维吾尔民族的社会、经济、思想、文化及生活面貌发生了深刻的变化，这种变化离不开其原有的根深蒂固的传统基础，这种文化心理和习惯反映在民居建筑上所呈现出的一定的艺术规律，就是建筑的地方特点，民族形式的主要构成部分，可称之为新疆维吾尔民居建筑的艺术风格。这在南疆和吐鲁番地区表现尤为强烈。

维吾尔族民居建筑所凝固着的传统特点，如对地理环境气候特征的适应，而作成厚草泥屋顶，以生土或生土制品筑成厚实的外墙和拱券，使室内小气候具有冬暖夏凉之特点。在适应就地取材方面，形成的木构架编笆抹泥墙，密梁满铺椽子平屋面的固有结构形式。平面布局庭院绿化是弥补大自然沙漠戈壁的空旷，以造成良好的居住小环境。在囿于绿洲局限的自然空间中，在人们意志可以支配的家园空间内，形成一个浑重、刚毅、简朴的住宅外廊，而刻意寻求家庭气息甚浓、内向、封闭的、舒适幽静的室内空间。丰富的色彩、优美的图形、富丽的装饰，把稍纵即逝的自然景色、提炼、凝聚在自我的环境中，在居住环境的装饰中，享受自然的情趣。把对大社会的美好希望和人与人的善良交往给予应有的地位，客室安排妥帖是家庭心理上的满足。这些正是维吾尔族民居的内涵与外延，使住宅具有自由、幽静、简朴、亲切、舒适的风格。

在建筑造型和装饰上的特点是大量使用尖拱形，维语中叫"米合拉甫"（源于伊朗语），民间亦称"拱拜子"（广义词）。这种造型并非伊斯兰文化所独有，凡是生土建筑自然留洞（不加附加构件如过梁、拱券），由土壤结构力学原理所决定，必须做成拱形（圆弧的或尖拱的），但其式样确由各地文化因素所决定。约于公元4世纪开始奠定基础的高昌古城内，夯土或土坯筑墙上残留的门窗顶部多作拱形。[②]"米合拉甫"之造型，在我国中原地区及中亚、欧洲许多建筑中多为采用，是较好的门式结构，它两边对称、中间高起，有神圣而庄严之感，象征"神"的至高无上。伊斯兰教由于起源地的特点，将拱门式造型用作阿訇颂经宣礼处，将"米哈拉甫"作为祈祷神圣的象征。这一造型在宗教上的认定和程式化后，即转角处作小弧线，像"哈里发"的王冠，体现了神权的尊严，这种造型形成了宗教建筑的符号。成为一种风格，同时也移植到民居建筑上来，由于住宅体型较小，主要在小构件和装饰上有强烈的体现。如走廊拱券、壁龛、壁炉、门框套、窗外廊、檐头装饰，木框托梁和图案轮廓，石膏饰件等。在使用中不断地发展，形成多种多样的变化，如二重拱、摺角拱、二心拱、多心拱等。

维吾尔民居的装饰重点突出，在建筑外观上，以外廊和大门为重点，外墙面几乎是表露无遗的原生土特性。室内以客室和主要室内外过渡性空间的户外活动处为重点，在具体构件或部位上，亦是有重点地区分繁简，如墙面和柱等，则将装饰放在视线最集中的位置。装饰中以几何线条和植物蔓、叶、花、果等纹样为主，组合灵活、手法奇妙，色彩的运用或素净或富丽，则以环境不同，部位各异，而应用自如，亲切协调令人赏心悦目。

1. 装饰手段及其历史

印模压花，以木板刻成图案，在未干的墙面上压印，为新疆古老的装饰手段。在高昌城和柏孜克里克千佛洞内均可见到，直到现代吐鲁番、和田等地的农村建筑中仍沿用。

石膏雕花，以石膏抹在基底上后雕出各式花卉、几何图形或文字，构图和雕刻技术独具一格，以南疆喀什为最著名。石膏花可在墙面、壁龛、壁炉等任何场所使用。可在带状、方（矩）形、多角形、圆形、拱形等任何外框内

---

①、②参见《新疆维吾尔建筑图案》。

组织精美的图案。雕刻刀法因图案要求而不同。喀什地区的石膏雕花构图精密、刻工细致，和田地区则图案简单而粗犷。新疆的石膏雕花，至少在公元10世纪已经在吐鲁番地方广为使用，"都城火州……居室覆以白垩[1]。

石膏雕花的雕刻手法以浅雕为主，在边框上有时作深刻，在壁和门窗亮子上有时作镂空雕。断面形状有多种。这些不同的断面光影效果各异，立体感强，在涂色花饰时则以墨绿、天蓝、米黄打底突出白色花纹。

彩画，以天然植物或矿物染料在墙面顶棚和木材面上作彩画，在新疆是古已有之，公元6世纪于阗"王所居室加以朱画"，龟兹则"屋室壮丽，饰以琅玕金玉"[2]，后来以各色油漆作画，使色泽更为鲜艳。除直接着色外，有些部位也用与退晕做法相类似的绘法。用色常以蓝、绿为主，以相对的补色红、黄作配色，有变化而又和谐，底色较深线条则较浅。

木雕，在汉代建筑中已使用，精绝出土文物中有丰富的建筑上的木制雕刻件（柱头托梁和装饰性圆柱形花式构件）其图案和刻工已相当精美[3]。5世纪的龟兹城"王宫雕镂，高楼层阁，金银雕饰"[4]。

木雕件使用范围甚广，凡木门、窗、柱、梁、檩均可用，南疆地区后来发展到饱线、镶贴等。花式随构件而异，梁枋上简练，柱裙处作几何形和花叶。木雕以本色为主，少部分略施彩色。

通常雕刻手法有平面阴纹线雕（最早的雕刻法），浅浮雕（视图案花纹状况，手法可硬可软，刚柔有别）和透雕等。

砖饰，拼砖在砌筑墙面、台基、楼梯等，以磨砖型砖拼砌成平面图案，主要是几何图形和线条变化。尤其喀什一带米黄色的砖，配以白黑等色的灰缝甚为悦目。

叠砌花式，以砖的顶、顺、侧立和墙平面的挑出、收进形成一定韵律和节奏，主要用于檐头和台基等边框处。

型砖，一种是在烧制时，将条砖一端作成几何形，砌筑时以各种型砖以连续、相间、组合排列等以达到装饰效果。第二种将普通条砖的一边磨出曲线，在砌筑时砌出曲

面线脚。

花式砖，将条砖或方砖的大面上，在烧制前刻上线雕或花纹图案，或立体几何图案，砌墙时有规律地排入墙面。

琉璃砖、花瓷砖。民居建筑上偶尔可见。

2. 装饰图案

几何图形。由各种方形、菱形、三角形、多角形等与线条组合而成。著名的有一种连续的带形几何纹称"谢唐库鲁甫"纹。

单体花纹或卷草纹。以二方连续、重复、异向、对称、交错、循环的手法组合，这主要在带状和镶边图案中使用。

花卉及果形纹。花有牡丹、玫瑰、葵花，菊花、梅花、荷花等，果形有石榴、桃、葡萄等。

叶纹蔓纹及芽蕾。是使用最多的图案之一，线条流畅，安排灵活自如、简朴、亲切。

特有纹样。为维吾尔传统纹样具有鲜明的特点，如连续交错的蔓纹图样叶伊斯力玛纹，常作为图案边界，含有拱式构思的花纹称谢德纹；名贵植物巴旦姆花程式化图案的巴旦姆纹等[5]。

器具图案。如洗手盆、瓷茶壶、铜水壶、花瓶等。

山水、建筑物和文字图案（主要是维吾尔文和阿拉伯文）。

以上种种图案，经常是两种以上组合使用，构图清晰，布局灵活饱满、均匀，有重点，曲折自然，疏密适度，花纹细腻别致、色彩富丽堂皇。尤其在彩色天棚和"米合拉甫"的使用上最为典型。

最早的图案可寻源至石器时代。源于自然的山峰拱形线状纹样，以后发展为太阳、月亮、星辰等天体图像，其图形一直到近代民居中尚可见到。上述诸种图案种类的大

---

① 王延德《使高昌记》。
② 《梁书》。
③ 斯坦因《ANCIENT KHOTAN》。
④ 《新学记》。
⑤ 《维吾尔建筑艺术装饰》。

部分在古遗址中可见，精绝古地的木托梁和木构件之雕刻有几何网状纹，四瓣双层花作方形组合，四瓣双层花作三角形和方形复合组合，卷草纹、植物叶纹和花瓶等纹样，这种较原始纹样，是现代维吾尔族建筑装饰纹样的基础。古代雕刻中的人物和动物已废除但植物纹样承袭至今。

3. 建筑主要部位装饰技巧

墙面装饰。维吾尔建筑的墙面，是艺术装饰的重点，民间俗语有称"哈萨克人的财富放在马鞍上，维吾人的财富贴在墙上"。作壁龛：通过壁龛的艺术处理，丰富墙面造型；墙面雕饰：简称壁雕。主要是石膏雕花和印模压花。于田一带以天棚脚为重点，喀什在客室墙面则满布雕花、彩画：旧时和田地区高级民居中常有，近代的普通住宅室内以粗线条石膏浅刻几何图案和花卉上著以色彩，是雕刻和彩画的结合；挂毯：历史悠久的和田毯挂于墙面，与炕上的床毯交相辉映，色彩鲜艳富丽堂皇。在和田、喀什、伊犁、乌鲁木齐尤为突出的围墙，以印花布在墙四周下部围挂，具有民族特色的印花图案和色彩，使室内更具地方色调。

天棚装饰。密梁檩满铺椽结构性装饰，维吾尔木结构传统屋面体系，全疆各地盛行。在方檩上满铺尺寸基本一致的小木椽，排列时对称斜置或纵横交错，在沿墙或大梁四周椽子下降作成周边，全部露明本色，在和田、喀什、库车一带更为普遍；藻井式：亦为结构性装饰，屋顶由四周向中间逐层升高，形成藻井式天棚，中间有时垂挂"霸王拳"式的饰物。构造方式有密檩满铺椽和板式"望板"；彩画与雕刻：在梁底梁侧的端部、中部作重点装饰。

外廊装饰。外廊包括三部分；柱身、柱头和檐部，三者协调和谐，有些建筑三者是一个整体，从部位上难于区分。柱：木柱断面形状有圆、方、八角、变截面和花式柱，以雕刻为主，其次是镶贴（图2-13）。

和田地区的装饰以柱头为重点，托梁较短图式刚毅，托梁与柱端以装饰件浑为一体构成主体图案。近期以镶花板装饰为多。喀什、莎车等地则注意对柱子视线高度作重点雕刻；托梁较长图式轻巧，已部分失去结构的功能，装饰性强。

图2-13　拱券式外廊柱子

柱头。托梁是柱头的主要部分，较早期的托梁为简单曲线形三面雕刻，如尼雅出土之托梁，这种装饰件已使用了千年以上。托梁主要以几何弧形和卷叶形曲线为主，各地风格稍有差异。南疆盛行的拱券式做法形式多样，有单拱券、连续拱券，拱式有半圆拱、尖拱、深拱（长脚拱）、垂花拱和复合型拱。手法上南疆地区主要以木构件作成支撑式，并起一定的支撑作用，然后在拱肩部作镂空花板装饰，其次是以镶板作彩画。砖柱，用抹灰装饰柱子时，则作石膏雕花，这种做法柱头已经隐没。伊犁地区的做法是托梁长短均有，所作拱券式檐部，不少以木板包成平面，上涂彩色或作彩画。

檐部。应包括檐头梁、檩条端部和压檐砖三部分。檐头梁各地以梁侧雕刻贴花板装饰；檩条端部做法一是挑出檐头梁的端部作成花式图案，一是在檩头钉花式封檐板。在檩间空隙大多作花板镶嵌。压檐分为叠涩式3～5皮砖压顶。南疆以木构件为主，压檐砖2～3层较轻巧，北疆以花式砖为主檐头较高砌法多样、浑重。

壁龛。单体壁龛或壁龛群是住宅内的艺术品。一是单体的壁龛，有各种拱式造型；二是组合式壁龛，其一是龛内套龛，以大小不同形式各异的小龛组成一个大龛，其二各种龛或同一龛式在墙面上组成壁龛群。装饰手法上以石膏雕花、镂空雕花为主，喀什、和田地区的做法最为讲究。大壁龛即"米合拉甫"的装饰更为精致。

木门。木门的风格是古代民居的传统和内地文化影响以及阿拉伯、南亚的特点综合的缩影。南疆古代遗址和近代民居建筑中的院墙门大体有两种，一种为木构架半截木栅门，这与汉地的乌头门（初唐时敦煌石窟壁画中的）相仿。另一种为带门斗的院门，外形似古建筑的屋式门，但门顶仍用平顶，有时在门顶两端筑"土墩"，形似翘起的屋脊，而门边的花饰有与中、西亚地区相仿的装饰。伊犁地区的院门"门头"，则与内地无甚差异，只是檐部与主体建筑相似。

图2-14　南疆地区民居院门

木门的装饰，于田和田一带以横披部分和门框顶部为重点，横披部分饰以镂空花板、花式木栅、门框顶部以木雕为主，重点突出，构图简洁。喀什、莎车等地，则在全门框、门扇面和门压条上通体作成木雕，西亚和宗教影响较重。较近代的贴花板门，也施以雕刻和彩画。北疆地区除保留一部分传统式样外，主要是近代的板式门为主（图2-14）。

木窗。维吾尔民居的总做法和装饰甚为古老，其发展由简到繁再转到实用方面。

小天窗。是一种仅给居室以光照和换气的窗洞，南疆地区旧时使用最多。在平屋面上用木框镶埋在屋面上，以活动木板或翻板启闭，在框上作些构件性装饰。

整体镂空窗。在整块木板上按图案凿成镂空花板，这是较古老的方式。

密拼花板窗。以花式木板镶嵌拼成扇，其镂空部分较少，是较早期的，使室内保持光线较暗淡的窗式。

花棂木格窗。这是维吾尔窗式的一大特点，南北疆各地均有使用，图案花式很多，用于窗扇，门扇、阿以旺竖向天窗和木隔断上。和田一带这种窗花棂较密、显得古拙，喀什、库车一的则带花棂较疏、轻巧明朗。哈密、吐鲁番一带的窗格花棂则与内地之程式很相近了。

板窗。是一种在开设墙面窗的过程中，为防风沙防寒冷采用的窗式。与木门一样，在外来影响下有鼓板扇，贴花板（主体几何块）扇等做法。

玻璃窗。近代建筑的产物，常在窗扇、窗亮子、亮框上作木装饰件，以保留传统的符号。

第三章

喀什维吾尔族民居

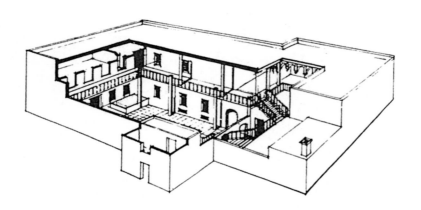

喀什地区位于新疆的西南部，西倚帕米尔高原，东临塔克拉玛干大沙漠，昆仑山与天山雄峙于平原南北。地理位置为东经73°20′~79°57′，北纬35°20′~40°18′之间，全区面积16.20万平方公里。地形分为平原、沙漠、高山和高原区。高原山区面积占57%，海拔高度平均4000米以上。平原地区海拔高度在1000~1500米之间。平原地区属暖温带大陆性气候，年平均气温在11℃以上，年降水量40~60毫米，夏季炎热酷暑期短，冬无严寒低温期长，春夏多风浮尘天气，光热资源充足，水土条件好，无霜期长，昼夜温差大，蒸发强，气候干燥。高原年平均气温在0°以下，山峰终年积雪。喀什地区地域广大、物产、矿藏和旅游资源丰富，有发展农业、工业、商业贸易和旅游的良好条件。

喀什是以维吾尔族为主的多民族聚居的地区，居住着维、汉、回、满、蒙、塔吉克、柯尔克孜、乌孜别克、哈萨克、锡伯、塔塔尔、俄罗斯、达斡尔等民族。1991年底全区人口为287.52万人，其中少数民族266.39万人。汉族21.13万人。地区辖1市11个县，26个建制镇，141个乡。城镇人口41.75万人占16.68%。

喀什历史悠久，古称"疏勒"，远自汉、唐这里已是中外商人云集的国际市场。喀什市为"丝路明珠"，全国历史文化名城。现为乙级对外开放城市。这里是我国最早信仰佛教的地区之一。自北宋乾德三年（965年）伊斯兰教由中亚传入本区遂取代佛教，至今绝大多数的少数民族群众仍信仰伊斯兰教。自古与中原和西亚各国在贸易、文化、宗教等方面有着密切的交往，是中外文化荟萃之地。西汉张骞通使西域以后疏勒即归属于西汉政权，曾设西域都护府。东汉初班超再通西域，这儿曾经是他的大本营。东汉以后喀什噶尔仍然是我国的西域重镇，唐代的"安西四镇"疏勒即为其中之一。"疏勒都督府"的府治就设在这里。唐末，"喀喇罕"王朝的第二首都（或称冬都）也设在这里。这里自古以来就有十分发达的文化，音乐、舞蹈、雕刻图案、手工制作等尤其出名。喀什又称歌舞之乡，远在1000多年以前，它的歌舞就已经传到中原，随唐时代的疏勒乐和舞蹈已名满长安。现在还流行的"十二姆卡木"等乐曲，"赛乃姆"等舞蹈，都是我国艺术百花中极为鲜艳的花朵。

喀什地区的维吾尔建筑受地理环境和自然条件的影响，适应维吾尔族人民热情好客，能歌善舞生活习惯的需要。在长期的历史发展过程中，吸收综合了中原汉族建筑和阿拉伯伊斯兰教建筑风格。历代民族工匠在建设实践中，把民族文化艺术与建筑艺术融为一体，不断发展创新，逐渐形成了有着浓郁的民族风格和地方风貌的维吾尔族建筑体系。喀什地区城镇风貌独特，古建筑造型美观雄伟大方，新建筑继承创新具有时代特征，民居布局自由灵活装修精致。有许多古建筑和民居是维吾尔建筑艺术瑰宝，在中国城镇建设史、建筑艺术史上有着重要地位。

（一）村镇民居

1.村镇

喀什地区农村住宅，新中国成立初为分散在田间的自然村落。每户庭院周围多种植杨树、沙枣树为防风林带，住宅庭院与果园连在一起，周围是自家的农田，有着浓郁的田园风光。这是历史延续下来的适应自给自足的小农经济的自然村庄。村庄规模由3~5户到十几户、几十户不等。有水渠通到每户庭院和果园。大小村均有涝坝作为公用的水源（图3-1）。

图3-1 田间的自然村落

自农业合作化和进行农村五好建设以来，为有利农业生产和方便生活，进行条田和水利灌溉工程建设，实行并村定点建设新农村。每户规划5~7分地，最多为1亩地，作为宅院和果园用地。村庄小的30~50户，大的上百户，乡政府所在地的集镇在200户左右。村庄规划布局成街坊组团式，沿周边为每户住宅庭院，中间为果园。布局多为沿田间道排列，靠近道路为庭院，里边为果园。集镇又多为沿过境公路组成十字路为干道、次要道路为街坊的布局。村庄和集镇道路两边均设水渠，在水渠两边种植杨树。白杨参天、绿树成荫，农户掩映在白杨树下（图3-2~图3-6）。

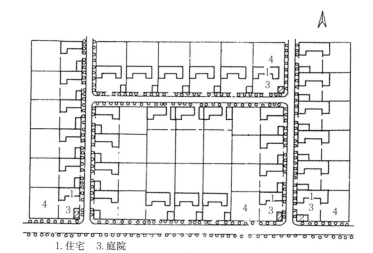

1.住宅　3.庭院
2.畜圈　4.果园

图3-2 夏马力巴克乡某村庄布局

图3-3 夏马力巴克乡某村庄西边入口巷道

图3-5 羊大曼乡镇中心街景

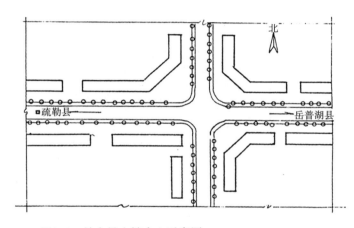

图3-4 羊大曼乡镇中心示意图

图3-6 羊大曼乡镇街景

2. 庭院

民居庭院和果园连在一起，有的果园在庭院前面，有的果园在一侧，均用木栏杆或花格墙与庭院相隔。庭院以住户建筑为主，院内种植葡萄、搭设凉棚供夏日乘凉，或种植数株桑树等果树，有的种植各种花卉。庭院宽敞可供凉晒粮棉。牲畜圈在庭院一边，厕所多在果园一角。果园内种植各种果树。庭院和果园的树木枝繁叶茂，夏季气候凉爽宜人。从夏初到深秋均有应季水果挂满枝头，每家水果自给有余，晒制各种干果出售和自己冬春食用。民居院墙较高、院门宽大利于进出畜力车和牲畜（图3-7～图3-9）。

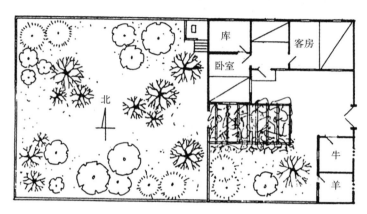

图3-7　东为庭院西为果园

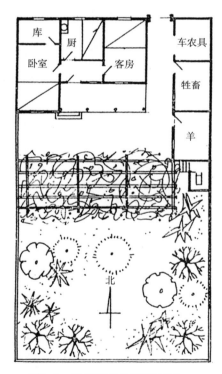

图3-9　户门朝北的院落布局

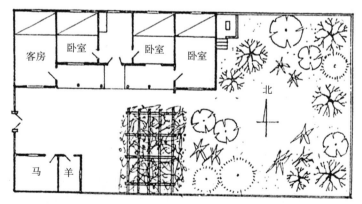

图3-8　户门向西的庭院布局

4. 农村民居实例

（1）叶城县衣提木孔乡某住宅，庭院布局：进入户门一侧为车库、农具房，一侧为牲畜圈。利于存放农具和车辆，牲畜进出方便不干扰庭院。住房是较为典型的布局，中间是大客房，设外廊，两边卧室单独设门利于分居。居室向庭院开设大玻璃窗，后边设小高窗利于通风。室内和外廊装修简洁。住宅前为果园，在果园一角设厕所（图3-11～图3-15）。

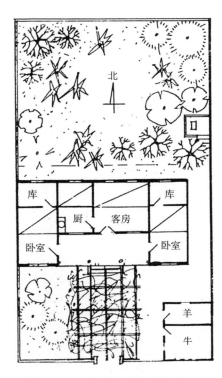

图3-10　户门朝南的院落布局

3. 民居建筑

农村民居建筑多为土木平房，平面布局多坐北朝南，房间组合多种多样大小不一。有的中间是大间客房，两边为卧室内设套间，一边为库房，一边为厨房；有的由中间小间前室进入两边的客室和卧室，在客房一端设库房，厨房在院中另设，或在外廊一端；有的为转角形，由前室进入客房和卧室。有的住宅设内走道联系各房间，又有外廊。没有外廊的住宅也多搭设凉棚。客房室内装修讲究，居室内和外廊下均设土炕。农村民居封闭内向仅向庭院开窗，有较强的私密性和安全感（图3-10）。

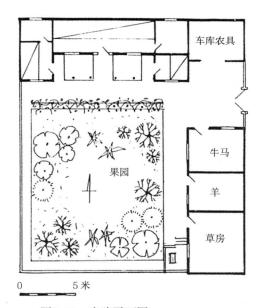

0　　　5米

图3-11　庭院平面图

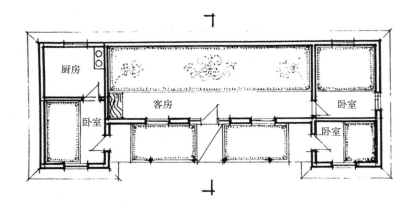

厨房

卧室

客房

卧室

卧室

图3-12　住房平面图

0　　　　5米

图3-15　住房立面及外廊

图3-13　住房立面图

图3-14　住房剖面图

（2）叶城县衣提木孔乡某住宅，户门内为小前院，一边为小居室，一边为畜圈、厕所。有花格墙和拱门与庭院相隔。住宅前设较深大的外廊并设有地下室，内设走道、客厅、卧室均不穿套，并另设厨房和餐室。设有木楼梯上屋面。外廊和室内外装修华丽。庭院上空搭满葡萄架，设有花格墙与果园相隔（图3-16～图3-22）。

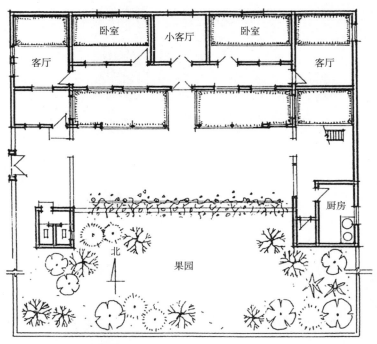

图3-16　庭院平面图

图3-19　庭院透视图

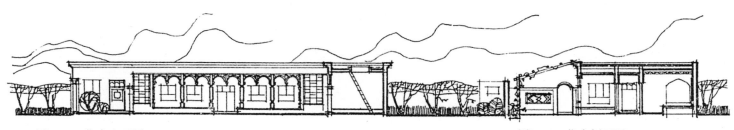

图3-17　住房立面图

图3-18　住房剖面图

图3-20 外廊

图3-21 外廊墙面与顶棚装饰

图3-22 小客厅

（3）巴楚县某农村民居，前院有一套旧式住宅，一边为牛羊圈。后院新建砖木结构住房，由过道通向两间卧室库房，走廊一端为客房，室内及外廊装修讲究。院中种果树、蔬菜（图3-23～图3-27）。

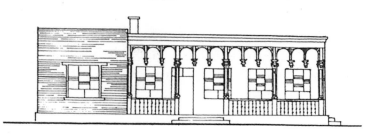

图3-25　住房立面图

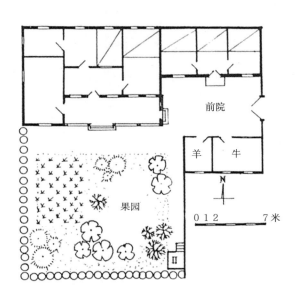

图3-23　庭院平面图

图3-26　住房剖面图

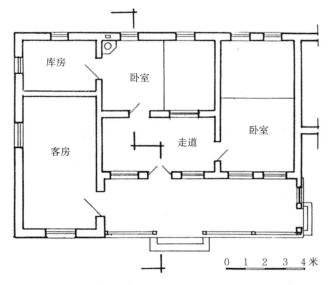

图3-24　住房平面图

图3-27　住房外景

（4）巴楚县胜利乡某农村民居。进户门两边为羊圈、牛圈、农具房。住宅坐北朝南设外廊，有三间卧室一间客房一间厨房。宅前搭设葡萄架，院中种植各种果树（图3-28～图3-31）。

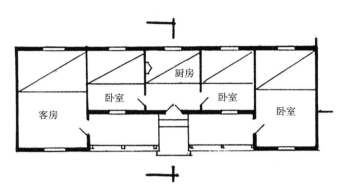

图3-29　住房平面图

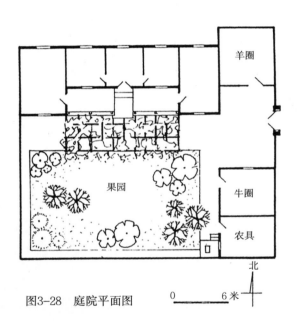

图3-28　庭院平面图

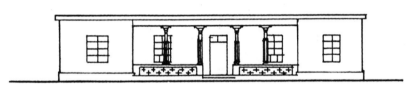

图3-30　住房立面

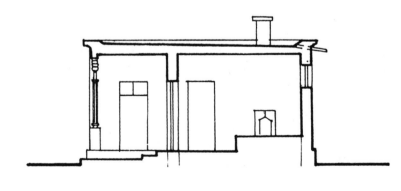

图3-31　住房剖面

（5）莎车县某乡农村民居，由木格栅将天井与果园分隔，天井上空搭设葡萄架。住宅布局紧凑，客房内装修讲究。果园的北边为库房和草房，西面为马厩厕所（图3-32～图3-34）。

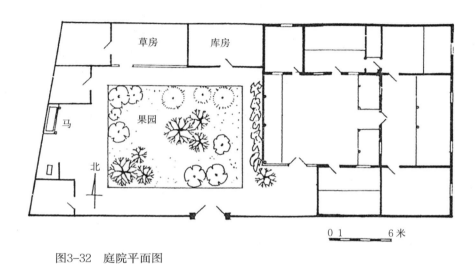

图3-32　庭院平面图

图3-33　住房平面图

图3-34　庭院

（6）疏勒县某农民住宅,庭院窄长前为天井和住宅,后为果园和羊圈。外廊和客房装修精致,房屋布局紧凑(图3-35～图3-37)。

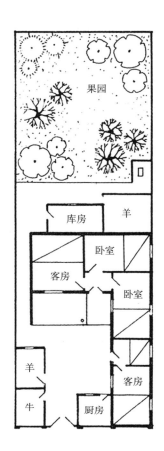

图3-35　住房平面图

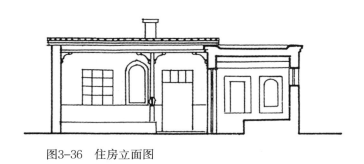

图3-36　住房立面图

图3-37　住房外景

（二）喀什市城市民居

喀什市至今保留着两片古老的居住区，位于吐曼河半圆形环抱之中。分布于河流的二级台地上，依托着起伏的地形，层层叠叠犹如一座古城堡，它为喀什增添了几分神秘色彩（图3-38～图3-42）。

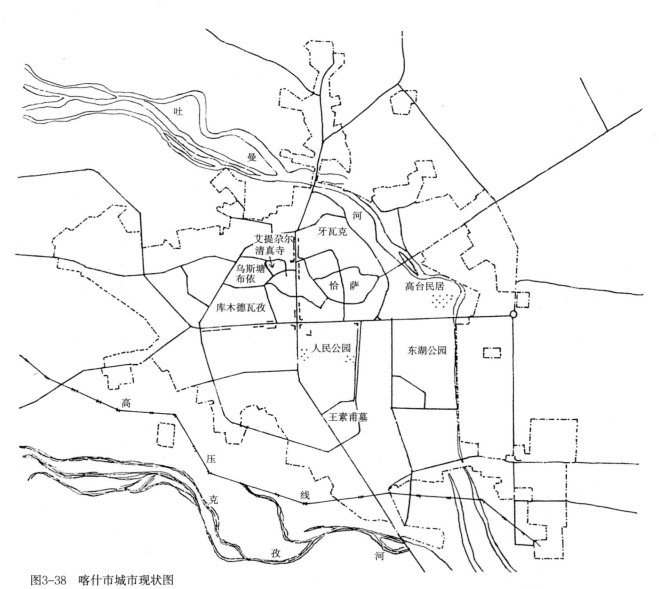

图3-38　喀什市城市现状图

图3-41　牙瓦克与乌斯塘布依居住区

图3-39　喀什市中心

图3-42　阿日力亚路民居

图3-40　艾提尕尔广场及乌斯塘布依居住区

喀什气候干燥，风沙大。居民喜近水建宅。水系均沿大小分水岭逶迤而下，民居则依势建于两侧。因而构成了喀什市街巷的自然曲折，小巷密集而幽深，宛若一座迷宫。街巷两旁白杨树参天，柳树婆娑、流水潺潺，民居掩映在绿树中。民居外观高低错落连绵不断，高高土院墙与户门十分简朴。房屋门窗均开向庭院，外墙高处间有小高窗利于房间的采光通风。亦有不少民居在巷道上空搭建过街楼，更增加了喀什民居的特色。综观其特点：含而不露，具有内向性、私秘性和安全感（图3-43、图3-44）。

图3-43　户门、小高窗、过街楼

图3-44　过街楼下幽深的巷道

封闭式的喀什民居还具有良好的保温保湿性能。为适应空气干燥昼夜温差大的气候条件，民居以其厚实的外墙和封闭的空间，围成一个舒适的小气候环境。夏季烈日当空，居民庭院在树荫和外廊的荫凉下，热空气不易侵入。而当傍晚，有习习的微风中，民居内的热空气能流动上升，新鲜的空气进入庭院和室内，民居内格外凉爽。这种封闭式的空间防风沙性能好；又能减少蒸发量，形成适宜的居住环境。

1. 庭院布局自由灵活

喀什民居按地形和宅基地形状自由灵活布局，不讲求对称和中轴线。而是以客厅为主在其一边或两边布置卧室、厨房、库房其他附属房间，按使用功能要求可大可小的确定其开间、进深和层高。房屋沿周边布置，尽可能留出绿地作为庭院活动中心。城市民居多为砖木或砖混结构的二层至三层楼房，也有一层平房，一般均设有地下室作为库房或夏季居室。有的一户设两间客厅，卧室间数按几代人或同居一院兄弟几人而设置，主次分明安排巧妙各得其所。在布局上力求紧凑合理，具有较强的私秘性和安全感。由于地形有高低，主次房间高度不一，以及层数变化形成体形轮廓多变，高低错落。为了充分利用空间，有的二、三层房间向外悬挑扩大房间面积，或在巷道上建设过街楼增加房间，有的在平屋顶周围设立笆子墙或栏杆形成屋顶院落，在屋顶搭设凉棚，摆设花盆成为夏季休息纳凉良好场所，满足人们舒展开阔视野的需要，登高远望令人心旷神怡。

维吾尔族人民喜爱庭院绿化，较大的庭院种植葡萄、石榴、无花果、桑等果树。小庭院种植盆栽花木。绿化自然成为庭院的中心，夏日里各种果树枝繁叶茂，浓荫铺地，各种花卉，争芳斗艳，形成清爽的小气候。庭院中具有春红夏绿秋有果的春华秋实的美好景象。冬季树叶脱落日光融融产生温室效应，廊下的平台可晒太阳，院内冬暖夏凉舒适安静优美宜人。庭院是一家人团聚、享受天伦之乐的室外活动场所，在外廊的平台（土炕）上铺地毯供夏季乘凉，就餐招待宾客，庭院和客厅又是家人节日唱歌跳舞欢庆，婚丧嫁娶举行礼仪的地方。

2. 建筑装饰，精美华丽

由于历代东西方文化在喀什荟萃与交流，文化艺术与建筑艺术的结合，发展与提高创新，逐步形成了喀什维吾尔族独特的建筑装饰艺术。民居的装饰重点是庭院的外廊和客厅室内。不论平房楼房均设外廊，适应气候干燥夏季炎热的需要。外廊是人们喜爱的室外活动空间，一年之中一半是在外廊的土炕上度过，可乘凉就餐、待客，冬季可晒太阳。所以，外廊具有独特的民族风格和地方特点。木柱分为柱头、柱身、柱裙三段，分别装饰。两柱头间为双拱，券角部作透空花饰，一般用五合板锯成透空的各种花饰，双拱券中间悬吊木雕石榴。柱头四面装嵌木石榴和柱头线角，柱身有的在四面。装钉用五合板锯成的花饰，柱裙段与栏杆联结。有的木柱和拱券油漆一色，有的分段油漆不同颜色。一般为天蓝色、绿色、红色等（图3-45～图3-47）。

图3-45　一层外廊下的苏帕（土炕）

图3-46　外廊柱头拱券

图3-47　外廊柱头、悬吊木石榴

　　廊檐、屋檐均用黄色磨砖砌筑挑檐。挑檐5皮砖，每皮用不同形样的磨砖砌筑精美。檐下悬挑处用三合板钉成凹进的弧形，绘彩画或油漆绿色、天蓝色（图3-48、图3-49）。

图3-48　廊檐

图3-49　檐头与木栏杆

庭院中的房屋外墙面及门窗间墙面装修，有的为石膏抹白色墙面，有的为清水砖墙面上用磨砖拼砌多种图案，有的为石膏雕刻花饰（图3-50）。

庭院中砖砌楼梯用磨砖拼砌，图案非常精致，在楼梯护栏平台上放置花盆成为庭院一景。并充分利用空间在楼梯下设砖拱空间，内装自来水龙头或作小储藏间（图3-51）。

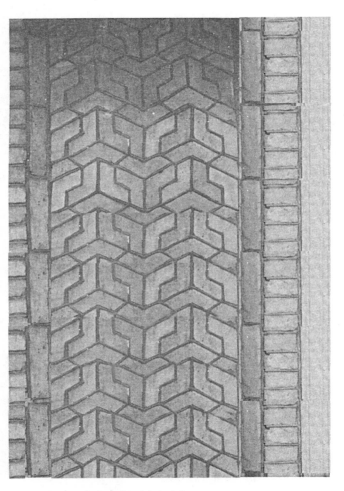

图3-50　清水砖墙面拼砖图案

图3-51　砖砌楼梯

在门窗装修上常用木雕作装饰。有的窗外设护板或百页窗扇。庭院中地面用砖铺砌。整个庭院从外廊到墙面、门、窗均进行精致的装饰，丰富多彩与绿地花木相辉映，形成亲切热情，优雅舒适诱人的生活居住环境（图3-52、图3-53）。

图3-52　木门装修

图3-53　木窗装修

室内装修，客房、卧室均向庭院开玻璃窗，因习于在室内地坪上铺地毯坐卧，窗台一般高60厘米。旧式客厅内墙面设许多壁龛，主次分明大小不一，均用石膏制成，作为室内装饰和摆放餐具茶具。在一端山墙面上设大壁龛放置被褥衣服。沿大壁龛做石膏雕花。客厅顶棚为方木檩条两端雕花，上密铺半圆木椽子，顶棚下的墙面做石膏花带或绘制彩画。新式客厅在内墙面上雕刻石膏花饰或挂壁毯，山墙面中间为大壁龛两边为壁柜，或组合木壁柜。天棚为三合板吊顶，四角或周边绘彩画，中间设吊灯。一般卧室装修从简，仅设大壁龛存放被褥，墙面上部有的做石膏花带，顶棚为檩木上密铺椽子、有的为三合板或压塑板吊顶（图3-54、图3-55）。

图3-55　室内窗洞上石膏雕花

图3-54　客厅顶棚与墙面装饰

石膏质地洁白、细腻，可以就地取材，材料生产和施工简便，石膏浮雕广泛用于室内外装修、纹样多为植物花卉和几何纹。纹样疏密有致，构图手法巧妙，不同的断面表达出折迭、交织等具有立体感的光影效果。有的为石膏本色，有的以蓝色为底，白色线条。图案清晰精致。在同一室内墙面选用花饰纹样不同的图案进行装饰。

彩画用于客厅和外廊的顶棚边缘，外廊檐下，花纹题材与石膏花饰相同，有的为小幅花卉和风景画。彩画着色以相近的颜色如蓝、绿为主调，配以补色红、黄，并灵活变化、一般用群青、墨绿和紫红为底，用白、黄两色勾线，色调柔和明快。有的用对比色调鲜明绚丽（图3-56）。

图3-56　天棚边彩画图案

3. 建筑结构构造与建筑材料

喀什的一层民居多为土木结构，一般室内地坪比院中地面高45~60厘米，求得室内地坪干燥，便于外廊设土炕和地下室的采光通风。砖基础上设木圈梁，墙内间隔3米左右或在拐角、丁字接头处设木立柱，与上面木圈梁连接，上为方木檩条（密梁）密铺半圆木椽子，铺一层苇席，再铺芦苇或麦草、稻草作保温隔热层，上作草泥防水屋面。这种木框架结构的土木平房具有一定的抗震性能，可起到地震时墙倒屋顶不塌，人员可疏散减轻震灾的作用。

二、三层民居为砖木或砖混结构，与普通多层同类住宅结构相仿。仅民居多用传统手法进行装修，为当地人民所喜爱。基础多为砖基础，有的用卵石灌浆基础，片石基础或三比七灰土基础。地基防潮做法是在基槽内填50厘米砂子，泥炭防潮层，或用水泥砂浆防潮层等。

建筑材料多为就地取材，木材为杨木，白杨为速生树木，木质自细，干杨木不变形，用做木柱、梁、檩、椽子和制作木门窗和家俱、外廊拱券、木栏杆等。砖用黄黏土烧制标号为75~100号，用于砌筑基础、墙体、檐头、室外楼梯和围墙和花格墙。土块用黄黏土就地挖坑取土浸泡一夜后拌合均匀，按33厘米×16厘米×8厘米的规格脱制，晒干后强度可达8~15号。石灰，当地开采石灰石或在河滩、戈壁滩收集石灰石质的大卵石烧制而成。用于拌和成砌砖墙的石灰砂浆和用于抹灰或粉刷室内外墙面、顶棚。石膏、资源丰富，经开采烧制磨细而成，颜色洁白，质地优良。主要用于内外墙和顶棚罩面抹灰，雕刻各种花饰。水泥为当地生产的硅酸盐水泥，一般为325号、425号。沙为灰细沙。卵石、红色土、芦苇、麦草、稻草等材料皆可当地生产。

4. 典型民居实例

（1）乌斯唐布依巴合其巷某民居。庭院小却开朗，布局灵活，室内外装修讲究得体。利用过街楼增加居室。利用屋顶作活动场地（屋顶庭院）。院中种植盆栽花木，居住环境优美、安静舒适（图3-57～图3-61）。

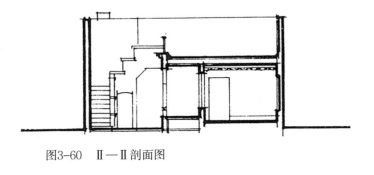

图3-60　Ⅱ—Ⅱ剖面图

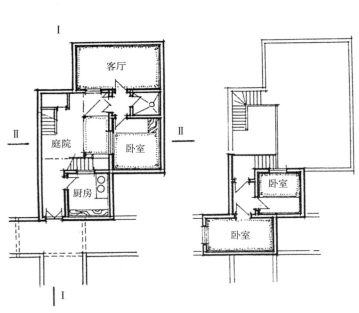

图3-57　庭院与一层平面图　　图3-58　二层平面与屋顶庭院

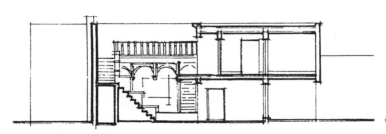

图3-59　Ⅰ—Ⅰ剖面图

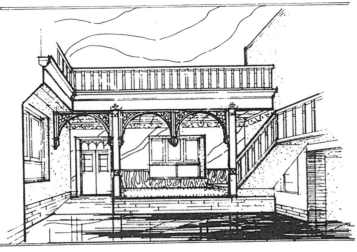

图3-61　庭院透视图

（2）乌斯塘布依区某民居。庭院布局合理，以客厅为主外廊用玻璃窗封闭，房屋沿庭院周边布置；利用地形高低错落，修建了两套四间卧室，以利多代人大家庭合居一院。院中留有空地种植葡萄、花木，形成安静、优美、舒适的居住环境（图3-62～图3-68）。

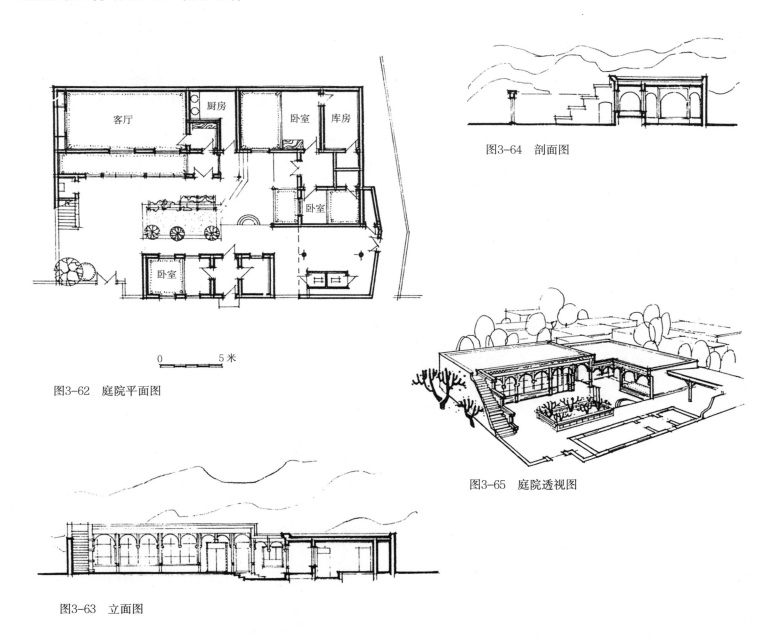

图3-62　庭院平面图

图3-64　剖面图

图3-65　庭院透视图

图3-63　立面图

图3-66 客厅外封闭外廊

图3-67 客厅内景

图3-68 庭院

（3）牙瓦克区某民居，布局紧凑灵活，尽力留有小天井，特别是北房二层不建房屋，而建成装修讲究的敞廊，供夏季纳凉，冬季晒太阳和招待宾客。这里也是节日歌舞欢聚的好场所。这在喀什民居中较为别致，居住环境清新舒适（图3-69～图3-76）。

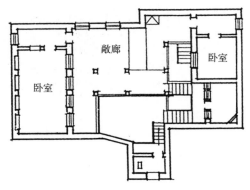

图3-70　二层平面图

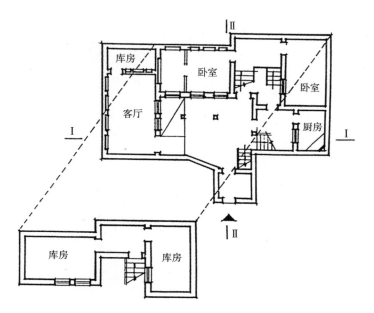

图3-69　一层及地下室平面图

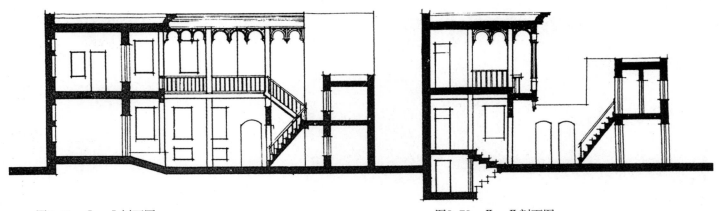

图3-71　Ⅰ—Ⅰ剖面图　　　　　　　　　图3-72　Ⅱ—Ⅱ剖面图

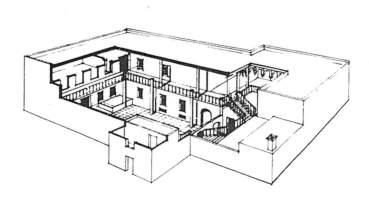

图3-73　院落透视图

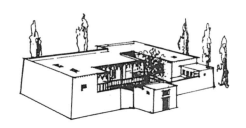

图3-74　外观图

图3-75　一、二层外廊

图3-76　二层敞廊

（4）乌斯塘布依区巴合巷某民居。布局紧凑严谨，充分利用宅基地建南北相对楼房，并利用巷道建过街楼。二层回廊为室外活动空间，东西围墙上设木栏杆，既起维护作用又利于小天井采光通风。为大家庭合住创造了舒适安静的生活居住环境（图3-77～图3-83）。

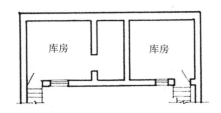

图3-79　地下室平面图

图3-82　天井

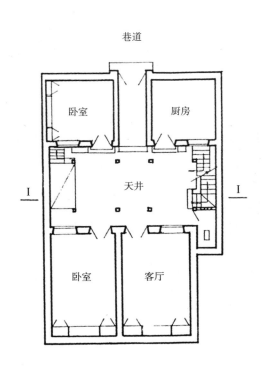

图3-77　一层平面图

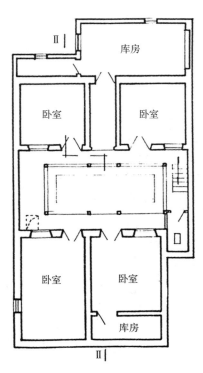

图3-78　二层平面图

图3-83　二层回廊

图3-80　Ⅰ—Ⅰ剖面图

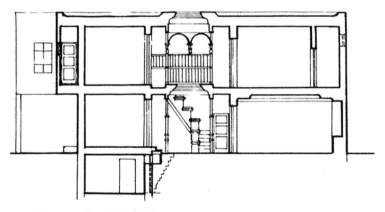

图3-81　Ⅱ—Ⅱ剖面图

（5）乌斯塘布依区巴哈巷某民居。布局紧凑，灵活多变，以客厅为主，层次明确，高低错落。室内外装修精致华丽，色调和谐统一。清新雅致，环境宜人。设五间互不干扰的卧室，适于大家庭聚居（图3-84～图3-91）。

图3-91 二层回廊

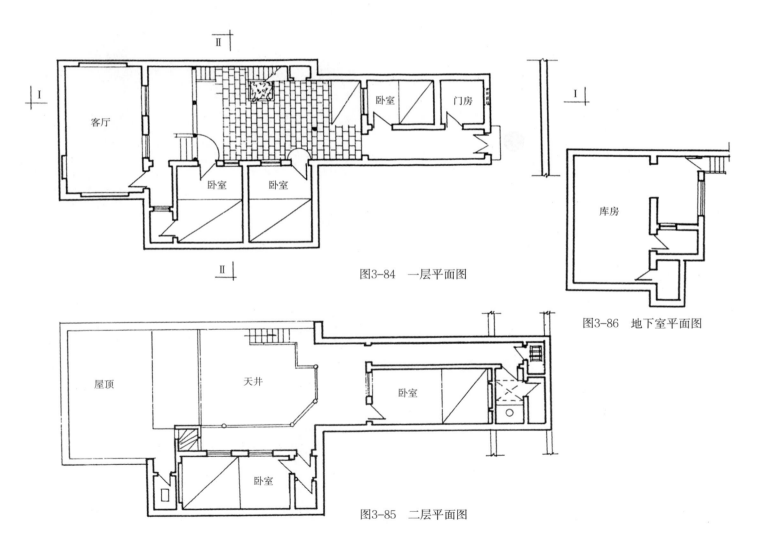

图3-84 一层平面图

图3-86 地下室平面图

图3-85 二层平面图

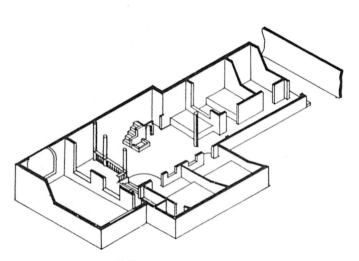

图3-89 一层剖视图

图3-90 庭院

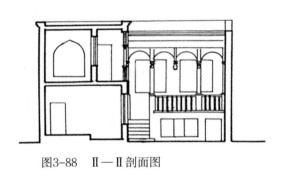

图3-88 Ⅱ—Ⅱ剖面图

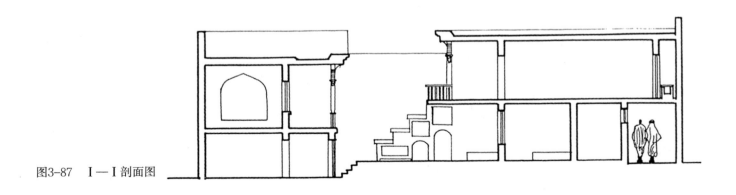

图3-87 Ⅰ—Ⅰ剖面图

（6）卡斯区某民居。利用地形设高低二层庭院，临街设高围墙与街道隔开。庭院宽敞安静。室内外装修精细，色调和谐，庭院绿树成荫、花木繁茂，环境优美、清新舒展（图3-92～图3-98）。

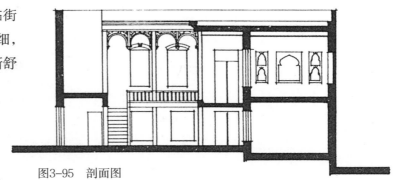

图3-95　剖面图

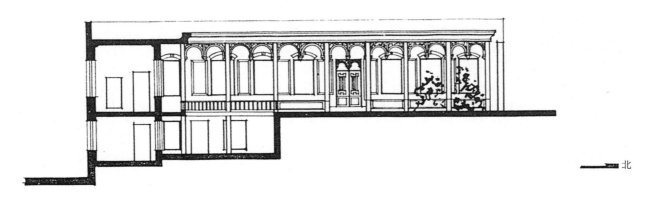

北

图3-94　立面图

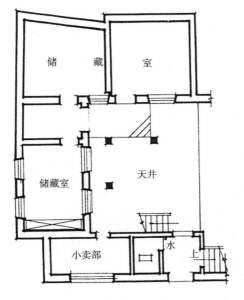

图3-92　一层住房平面图

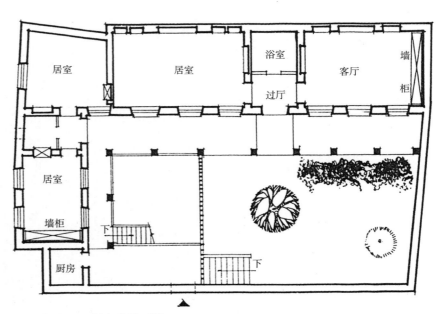

图3-93　二层庭院平面图

图3-97 一、二层庭院透视

图3-96 庭院透视

图3-98 简朴的外观

（7）乌斯塘布依区某民居。布局结合地形，自然灵活，紧凑合理。前后两院主次分明，前院利用围墙悬挑出外廊形成二层大回廊，作为二层室外活动场所。设有地下室，作为夏季居室和库房。有地下地上三层通道前后院联系便捷。室内外装修精致，色调和谐，与庭院花木相辉映（图3-99～图3-106）。

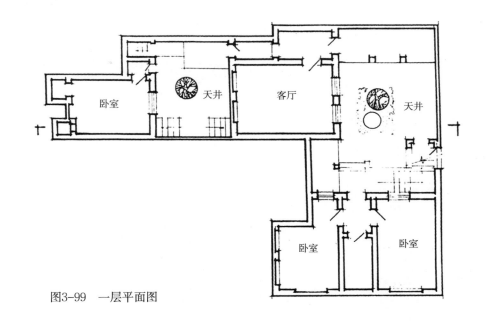

图3-99　一层平面图

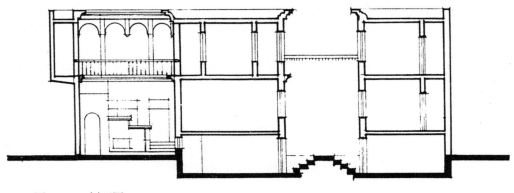

图3-100　剖面图

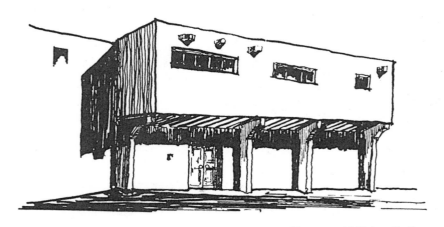

图3-101　民居入口外观

图3-103　前庭院透视

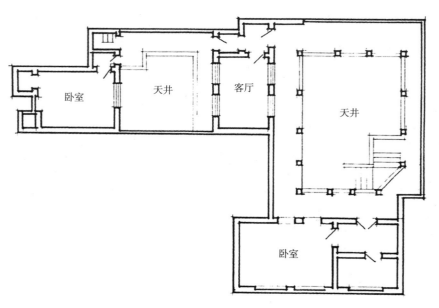

图3-102　二层平面图

卧室　天井　客厅　天井　卧室

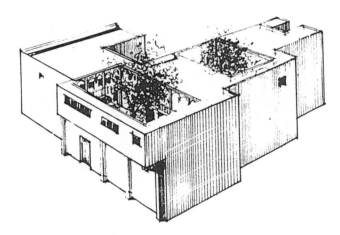

图3-105　民居外观鸟瞰

图3-106　二层回廊透视

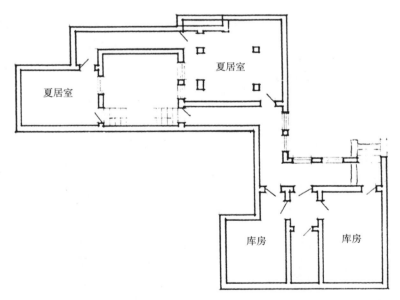

图3-104　地下室平面图

第四章

和田维吾尔族民居

（一）和田地区概况

和田地区地处新疆最南部，南屏昆仑山脉，北接塔克拉玛干大沙漠，总面积约 24.7 万多平方公里。绿洲面积 3500 余平方公里，占总面积的 1.4%，又被戈壁沙漠分割成互不相连的数百片，散布在东西长约 670 公里的狭长地带上，居民赖以生活的 300 万亩耕地就镶嵌在片片绿洲之中。地区现辖和田市、和田县、墨玉县、洛浦县，皮山县、策勒县、于田县和民长县等，共七县一市，行政建制共有 11 个镇、75 个乡。这块平静又神奇的土地，是举世闻名的古丝绸之路的南道，古时曾有皮山、于阗、扜弥、渠勒、戎卢和精绝等诸城邦之国。今天和田城附近，即古代于阗国之古都。于阗之名最早见于史籍者为《史记·大宛传》，从公元前 60 年西汉宣帝设立西域都护府起，"于阗"即正式归属中央政权。到公元 3 世纪的三国时期，于阗与著名的龟兹、疏勒和鄯善齐名为西域四重镇。在以后的历史风云中，西域诸城国、诸民族之间虽有各种变迁和离合，但他们始终是伟大祖国不可分割的一部分。

居住在和田地区的维吾尔族，是中华民族的一员，和田的维吾尔建筑也是一份十分宝贵的遗产，在漫长的历史进程中，在其特有的经济、文化、气候及自然资源等条件下，形成了独特的，以居住建筑为主要内容的、鲜明的民族特点和地方特色，如生土的围护结构、室内墙面的石膏装饰、木构件的雕刻艺术、灵活多变的建筑平面布置和室内外空间的渗透等。

1. 和田地区的环境特征

地区所处绿洲区海拔高度大多在 1300 米以上，南疆四面环山，中部的沙漠戈壁瀚海苍茫，形成了盆地边缘典型的内陆沙漠气候。空气干燥雨量极微，年平均蒸发量为降水量的五十多倍，使地表异常干燥，年平均相对湿度约 44%，气温振幅大，年极端最高与极端最低温差达 61℃，尤其是日较差高达 22℃，地表吸热与放热达到极大程度，日照时间长，辐射强度大。

境内地势南高北低，地面上灌溉沟渠密布，大部分农区地下水丰富，地面水源主要靠昆仑山积雪融化，挖渠引水灌溉，蓄水于池以供饮用。广大农村树木成行连片，挡拦风沙保护庄稼，也提供了木材和燃料。村镇内树木苍郁果园飘香，渠水叮咚，家家院内葡萄垂架，改善、美化了居住环境，春红夏绿。旧时农村居住建筑，星星点点隐落在花海树丛之中。

2. 城镇与村落的特点

旧时农村按绿洲范围形成以农业为主的自给型乡村经济（绿洲经济），以城镇为中心联结了大小各绿洲的聚居点，自耕自织互补互易，成为自然循环型的封闭圈，给村镇与城市的形态，带来了一定的特点。

在村镇布局上。首先是受自然的分割，由于绿洲是随水及土质而形成，大的绿洲片内有一个或几个贸易集散点（巴扎），形成了集镇。它在自然经济形态下具有相对的独立性。其二，村民居住分散。古时即有"人民星居"的记载，原因是引水定时轮灌，村民逐"水"随"地"而居。其三，集镇的服务半径以畜行时间形成。村民以畜代步，巴扎距离大体在畜行一小时左右，大巴扎间畜行用时可达2小时以上，因此集市沿袭至今均为日市（午市），没有早市和晚市。

在城镇的形成过程中，其结构形态和布局受着特定条件所制约。其一，自然因素之一——水。水是绿洲生存的条件，渠是最初形成村镇的"骨架"，储水的池塘（涝坝）是人们聚居的核心，居民住宅或沿着渠系布置，或围着涝坝向外扩展，形成自然住宅群，逐步扩大成为城市（镇）。渠至路成，人逐水居，路随水转，造成了旧时城镇街坊大、多曲折而幽深。其二，人文因素之一——寺院。公元11世纪起居民的宗教信仰伊斯兰化，清真寺院成了旧时城镇建设的突出内容，街坊以成组群（区）而设寺，或以寺而聚成街坊是城市发展过程的又一特点，寺院成了旧时居民的精神中心。其三，经济因素之一——集市（巴扎）。巴扎是旧时经济交易的基本形态，它保留不少原始贸易的经济特征，平日宁静的城镇到巴扎日甚为活跃沸腾，大街小巷为之阻塞，各住宅区对市场呈向心型布置，关系甚为密切，集市场所周围的街道商店栉比，与之合为一体。

图4-1，为旧时自然城镇与村落结构的示意。

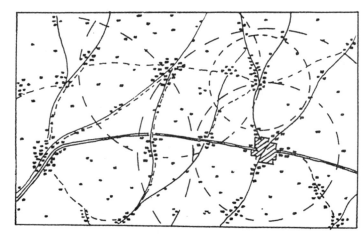

▨ 镇 ⋰ 居民点 ⌇ 干道 ⌇ 大车道 ⌇ 渠系 ⌇ 经济圈

图4-1　城镇与村落结构示意图

3. 居民的生活习惯

和田境内绝大部分为维吾尔居民，以从事农业为主，畜牧业次之，手工业较为普遍，丝绸、玉石、地毯享有盛誉。居民大多信奉伊斯兰教，对外交通线长，经济发展缓慢。人们有饲养驴马、牛、羊和鸡的传统，驴、马、牛是主要役畜，羊是主要肉食畜，民居院内大多有畜厩羊圈。由于干热少雨，人们特别喜欢户外活动，平时休息、待客和家庭劳作都在室外，旧时每年约半年时间有些居民在室外夜宿。好客是维吾尔民族的特点，民居建筑中不论房间多少，一般均设有客室（米玛汗那）。日常生活中习惯盘坐或跪坐，因此不论在室内或半敞开的廊、内庭院，乃至外庭院和果园中人们休息与活动的场所，都筑有实心土炕（束盖）。在饮食方面以烤馕为主食，家庭都在室外或半敞式建筑内筑有坑式烤炉（托纳）。

维吾尔民族勤劳朴实，能歌善舞，热情好客，这些特点都很恰当地体现在民居建筑中，形成了有维吾尔风格与和田地方特色的建筑形式。

（二）和田维吾尔族民居平面布局与特点

1.总平面布置

干热、少雨、户外活动，由此居住建筑以围绕"户外活动"特点而安排，就产生了以户外活动场所为中心的布置方式，这个"户外活动场所"在建筑的发展、演变中已巧妙地把内、外的区别，从外在的"形"引到了功能概念中，所谓"户外活动场所"，它是建筑功能方面的用语。

民居的户外活动场所，主要有五部分：即果园（巴克）、庭院（哈以拉）、外廊"（辟希阿以旺）、无盖的内部空间（阿克赛乃）和有盖的内部空间（阿以旺）。这些构成建筑内容的户外活动场所中，果园和庭院是完全的户外部分，外廊则是有屋盖的敞开建筑了，但仍不失其户外的形象，而"阿克赛乃"已是"宅内"的建筑部分，只是其屋盖上有一部分是敞开的，还存有一些户外因素，至于"阿以旺"则完全失去了"户外"的形象，但就其功能而言，他确是户外活动的场所。

在平面布置中的户外活动场所，作为日常生活的中心，被安排在建筑平面的重要位置，各种功能用房因地制宜地围绕着它而布置；有时可有几个中心，他们之间互相呼应，有区别有联系，配合协调手法灵活，使室内外互相渗透浑为一体，达到安静、明朗的效果。

（1）以果园为中心的布置方式

和田农村几乎家家都有果园，并不凡是果园都能成为户外活动场所，这要看它在民居建筑中的地位而定，只有在功能上起到了主要户外活动场所的作用，才可视为以果园为中心的布置方式，在旧时于贫困或城郊民居中可见，一般果园占地面积不大，如图 4-2 和图 4-3 两种平面所示。在住房与果园的中间，常以葡萄架作为连接过渡的区间，形成大片阴凉之处。果园面积是几十平方米到几百平方米不等，在果园与住房间不设围墙隔断，部分居民只在适当距离设木栅栏杆（沙拉松），人们在屋外的大树或葡萄架下活动。

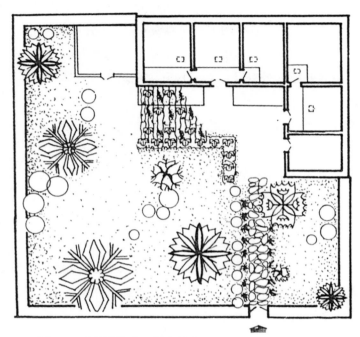

图4-2　以果园为中心的布置之一

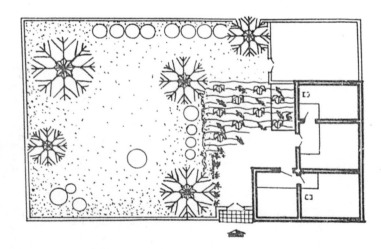

图4-3　以果园为中心的布置之二

（2）以庭院为中心的布置方式

"哈以拉"可意译为庭院，它分为外部式与内部式。外部式设在主要建筑的前面或侧面，有时庭院与果园相接，中间以木栏杆作为隔断，使果园景色与庭院贯通。图4-4为正面开敞式外庭院，一般种有葡萄及少量树木、花草，其面积约30～50平方米，大者可越100平方米，但仍不失有安稳的庭院界限的感觉，如面积太大，周边围墙失去了庭院空间的有效控制，植树较多就过渡到果园了。

四周为建筑所包围的庭院可称为内部式庭院，这在城镇中为多，如图4-5，庭院内有葡萄架和少量树木，盛暑之夏甚凉爽宜人。这种庭院与"天井"是很不同的，往往在庭院内建有外廊，筑有土炕，使庭院容纳了"外廊式"建筑，廊或炕成了庭院的组成部分，如没有廊尤其是没有炕，则庭院的作息起居功能也就难以发挥了（图4-6）。图4-7是以庭院为中心，果园和"阿以旺"三者连成一片，内外互相渗透的布置方式，是一种十分成功的传统手法。

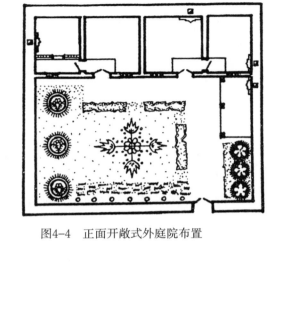

图4-4 正面开敞式外庭院布置

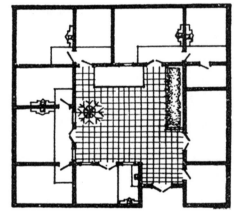

图4-5 内庭院式平面布置

图4-6 庭院内的外廊与炕

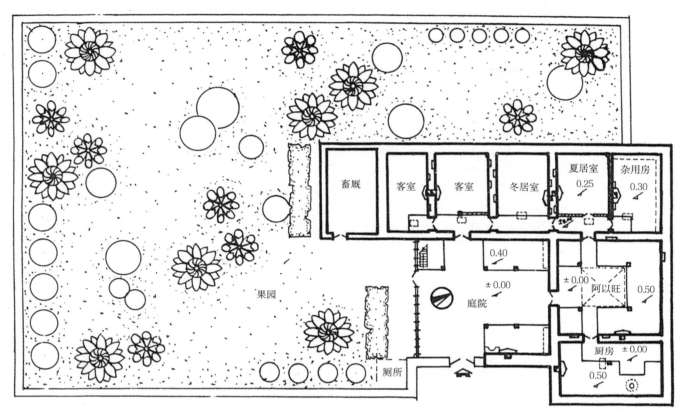

图4-7 庭院、果园和"阿以旺"三者连成一片的布置

图4-8 传统外廊建筑立面

（3）以外廊为中心的布置方式

"外廊"的维吾尔语名称为"辟希阿以旺"，系近似译法。其外形同一般建筑的外走廊部分，但又没有外走廊"走"的功能，而是户外活动场所。外廊深度一般在2米以上，且必须有"束盖"炕。以这种外廊为中心的布置方式才称为外廊式建筑。如图4-8所示为传统的外廊式建筑的立面，图4-9、图4-10为外廊式建筑的实例。

外廊式建筑平面布置紧凑，室内外联系密切，"束盖"炕进深有的在3米以上，除严寒季节及风沙天外，是全家的户外活动场所。在外廊的炕上大多设有龛式炉（喔加克），做饭用餐就在炕上。外廊在夏天是阴凉之处，冬季则是晒太阳取暖的地方。

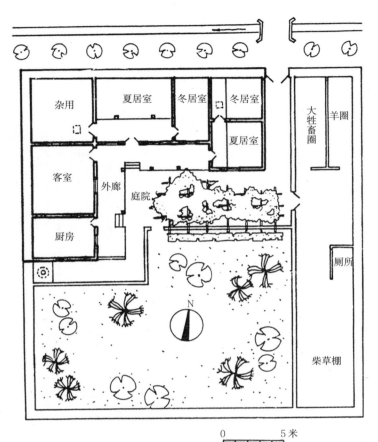

图4-9 外廊式建筑实例之一

图4-10 外廊式建筑实例之二

双侧外廊式建筑是一种特殊的发展，如图4-11和图4-12是农村某宅，建筑坐落在较大的果园中间，两侧外廊进深达2.8米，外廊似乎成了建筑的主要部分，在功能上是家庭活动的中心，居室和客室的长边与外廊走向平行，是迁就着外廊的需要，南北墙面开设了较大面积的木板窗，高达2米，窗台高度比室内和外廊下的炕面只高出45厘米，从室内可广视果园，外廊与室内可经由板窗来往，室内外联成一气，外廊是室内空间的延伸部分。

在城镇内或近期建筑中外廊的进深较小，失去了户外活动场所的作用，成了交通性走廊，或者外廊仅是风格的表现而已。外廊式建筑的柱式和檐部装饰，是维吾尔民居的一大特点，具有鲜明的地方色彩。

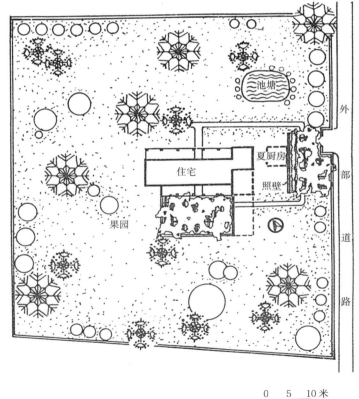

图4-11 双侧外廊式总平面

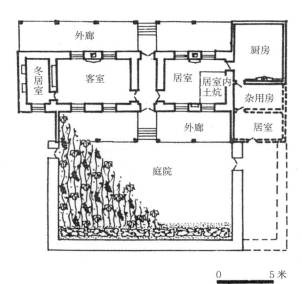

图4-12 双侧外廊式建筑平面图

0　　5米

图4-14 "阿克赛乃"实例之二

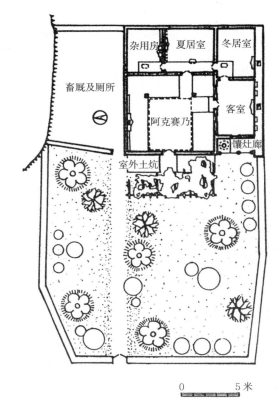

0　　5米

图4-13 "阿克赛乃"实例之一

（4）以"阿克赛乃"为中心的布置方式

"阿克赛乃"是部分屋顶敞开的建筑。从结构上分析可以视为较小的庭院上沿四边加建了部分屋盖，或者说是平面中几个方向外廊式建筑的组合。它比庭院面积小并较为封闭，在"阿克赛乃"内生活劳作，比庭院和外廊更为亲切与安静，它是从建筑本身把室内外融为一体的建筑方式。图 4-13 和图 4-14 是以"阿克赛乃"为中心的两个实例。在较高级的民居中，"阿克赛乃"大多作为"阿以旺"的辅助户外活动场所。"阿克赛乃"它的"室内"气氛已相当浓了，不像庭院可以引入渠水并种植少量果木花草那样，有着一定的室外景象。

（5）以"阿以旺"为中心的布置方式

"阿以旺"维吾尔语意为"明亮的处所"，是维吾尔民居享有盛名的建筑形式，具有十分鲜明的民族特点和地方特色，它至少已有两千年的历史。从形式上看它是在"阿克赛乃"原敞开的露天部分，用提高后加侧面天窗的屋盖围护而成，既满足了采光通风的要求，又丰富了建筑的造型。一般天窗高40~80厘米，用木栅（直棂）、花棂木格扇或漏空花板作窗扇。内部的木柱、梁檩、天花板、炕边及与主要房间的隔断、木门等，是整个建筑中装饰最集中、最讲究的地方。

图4-15和图4-16为典型的以"阿以旺"为中心的布置形式，其他用房围绕它而安排。而图4-17和图4-18是"阿以旺"建筑的实例。从建筑角度看，"阿以旺"是完全的"室内"部分，但其功能仍是户外活动场所。它是居住建筑的一部分，但他与居住建筑内部各房间又有明显的区别。在"功能"上它作为户外活动场所独立于"居住"建筑之外。由于形式的特殊，它除了是日常户外活动场所外，也是住宅内共有的起居室，也是接待客人，喜庆聚会和举行小型歌舞活动的场所。"阿以旺"比其他户外活动场所对风沙及寒冷、酷暑更加适应，在使用中更加灵活，是形式与功能相统一，外部空间与室内相结合的更为完善的发展形式，但由于它过于封闭及严谨，大部分住宅中就另外设置如外廊、"阿克赛乃"、庭院等作为户外活动的场所。"阿以旺"中间升起部分的屋盖面积如过小，形状像鸟笼，称为笼式"阿以旺"（开攀斯阿以旺）。它是一种蜕变，是更为封闭的建筑，完全失去了户外活动场所的功能，升起部分成了采光通气的特种天窗。

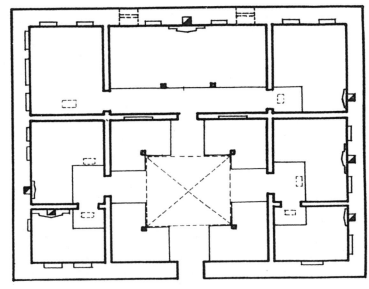

图4-15 "阿以旺"布置形式的典型平面图

图4-16 "阿以旺"为中心的建筑剖视图

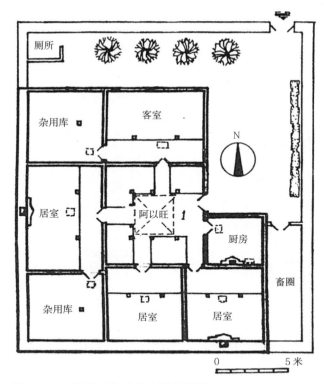

图4-17 "阿以旺"建筑实例布置图

图4-18 "阿以旺"建筑实例内景

（6）混合式或多中心的布置方式

上述五种方式在实际应用中又大多是混合布置的。一般以某一种形式为主，另有一个或几个的辅助户外活动处。图4-19是"阿以旺"为主、外廊为辅的建筑；图4-20是"阿以旺"为主庭院为辅的形式。规模较大的民居平面布置中，

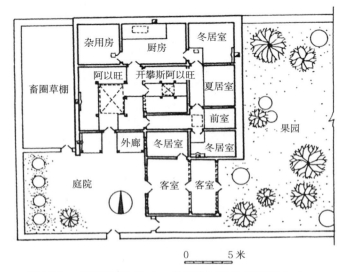

图4-19 "阿以旺"为主、外廊为辅助的布置形式

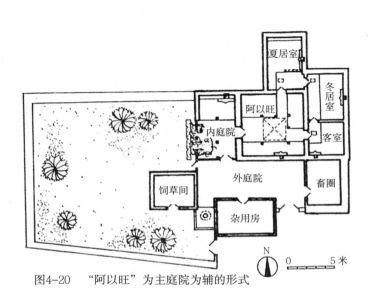

图4-20 "阿以旺"为主庭院为辅的形式

则设置两个或多个户外活动中心。它们之间难分主次，各有一套房间围绕其安排，彼此以走道或房间相联系并作为缓冲区，各套房间之间也有共用或穿插的状况，但在建筑平面上可明显地区别出形成了两个或多个的结合体，可称之为多中心的布置方式。如图 4-21 为"阿以旺"和外廊两个中心的形式，图 4-22 为"阿以旺"和"阿克赛乃"两个中心的形式。

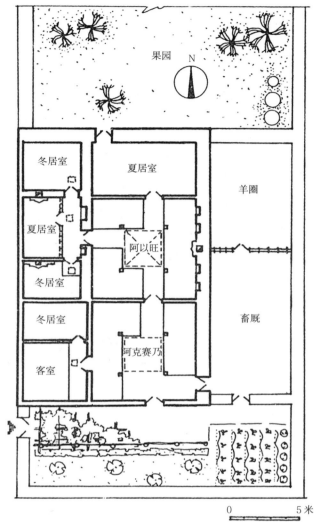

图4-22 "阿以旺"、"阿克赛乃"式建筑平面图

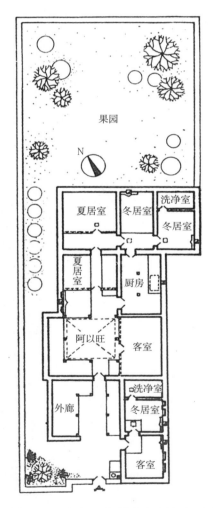

图4-21 "阿以旺"外廊式建筑平面图

（7）总平面的空间处理及其他

和田维吾尔民居的总平面布置组合自由，其户外活动场所的建筑形态有封密式和敞开式之分。前者如"阿以旺"，后者如庭院、外廊等。而"阿克赛乃"则是两者间的过渡形式。在处理手法上的特点是使室内外空间相渗透，把室外的尤其是果园的自然景色，引入户外活动处或室内，使人置身于春红夏绿之间，小憩于流云香花之境，使自然景色为我所用，图 4-23 为户外活动场所"阿克赛乃"与果园的贯穿渗透关系。

图4-23　"阿克赛乃"与果园空间的渗透

总平面中的畜厩、厕所、水池、地窖（贮瓜果或冰块）和饲草堆等，大多设置在果园或小面积后院内。屋顶一般用作储草和晒场，或作家务等为第二庭院。

2. 住宅内部布置及组成

住宅建筑除户外活动场所的特点外，其内部各个房间有着十分明确的功能特性。在一个房间内部，为了具体地划分功能分区，也设置有形的（如花棂木格扇、木栏杆和半截墙等）或无形的（如束盖炕，铺地织物——毛毡、地毯等）"隔断"。

住宅内的分间有客室（有时分冬夏）、夏居室、冬居室、前室、厨房、茶房、库房、杂用房、过道、净洗间以及贮藏贵重物品的房间乃至粮仓等。它们按照与户外活动中心联系的主次关系围绕其布置，由于一般不设侧窗，平面布置就十分灵活紧凑。

居室分为两个相对独立的"组群"。一是以客室为主体，配有居室或附属小间者可称为"客室组"；一是自家常用的住房，有夏居室、冬居室和前室或附属小间（如净洗间，小库房）者，可称为"家用组"，在大型住宅内可设两个以上的组群，这些组群各自或共同围绕着一个或两个户外活动场所而布置，使用上有明确的区域划分，相互间可通过走道或前室相联系。

维吾尔民居平面布置的特点：首先，没有明确的中轴线及对称要求，各个房间围绕户外活动中心布置，这个中心不是"形"或"量"的中心，而是家庭活动中心，因而建筑外轮廓不一定齐整。第二，没有宗法礼教的限制，内部房间以客室为主，它布置在与户外活动场所联系方便，观览自然景色最佳的部位，家用组相对地退居次要位置。居室只分冬室、夏室，布置灵活可自由延伸，房间多时可派生出另一个活动中心，不按家庭辈分分上房下房、正房偏房等，不受宗法概念的束缚。第三，没有定规的朝向，院落大多按地形及外部道路状况自由布置，院墙门开设方向以对外交通方便为原则，建筑本身为了日照大体使外廊取南向，或主要户外活动处达到冬暖夏凉的目的，旧时建筑很少墙面窗因此并不拘泥朝向。第四，不仅仅限于室内空间，善于将外部空间作为住房的延伸，使内外融为一体，达到内外环境的相互呼应及环境与精神的联系。它将室外的场所如庭院、果园、外廊乃至平屋顶等已脱离建筑物的部分，不属于建筑内容的场所，在功能上使之成了"建筑"的一部分。

居室组群常以套间形式出现，相当于"一明一暗"或"一明两暗"，有时入口间为小前室。夏居室较开敞，有时用墙面窗或花棂、木栅作隔断，房间较"明"；冬居室则很封闭，只设屋顶小天窗或墙面高位窗，房间很"暗"。

从建筑调查和废城考古资料可知，从古到今民居建筑平面的开间及进深并无一定的规则及模数，几乎各室均筑有"束盖"炕（局部的或满堂的）。一般开间净宽在3～3.5米，次要房间在2.5米左右，进深一般在5米以上，大部分房间面积较大，则以木柱支承大梁后再搁檩条。屋盖为密梁（檩）系统平屋顶，选材自由不受材料或"法式"的限制。束盖炕不只是睡眠的地方，而且是日常活动的场所，其高度较低，它在家庭生活中起着一种限定功能区域的作用。炕面相当于"席"上"榻床"上，炕下则似在"地"上，尤其在户外活动场所如果无炕，也就失去了户外活动的功能。

居室尤其是冬居室处理得十分内向与封闭，有时从入口起要穿越三四个套间才能进入，显得十分深幽与隐蔽，私秘性很高。夏居室面积一般在 15～20 平方米，有时可达 30 平方米左右，较开敞，通风采光较佳；冬居室面积小得多，有的只有 8 平方米或更小，保暖效果好，在高级民居中可见到热炕，称"炕勒克"是内地所传来。

客室是住宅的中心，它至少连接一内室即冬居室，以安排客人冬天住宿，外间客室面积大通风良好一般可代夏居室，其面积在 20～25 平方米，大者可在 30 平方米以上。

其他房间如净洗间，在一般住宅中可与紧连卧室的杂用房（喀士那克）合用，高级民居中则单独设置。厨房、在中等住宅中均单独设立，高级民居分设夏厨房和冬厨房，旧时贫苦住户冬季利用居室内的龛式炉、夏天利用庭院或外廊的龛式炉作炊事灶。烤馕坑大多单独设置。

民居中分室较多，这是由于住宅必设客室，居室常分冬夏，习惯上子女十二岁左右即与父母分室，通常也不与祖辈同室，未婚成年子女尽量不住在父母使用的组群内。

维吾尔民居布局中在房间的组合，空间的关系上，对明与暗、闹与静、露与藏、开敞与封闭等的安排十分协调自然。又如城镇居民由于土地的限制，很注意空间发展，一般利用房顶作贮放杂物、饲草和柴薪的地方，也作为户外活动场所，在房顶四周以木柱编笆墙作围护，使空间略作封闭，形成"房顶庭院"，如图 4-24 所示。

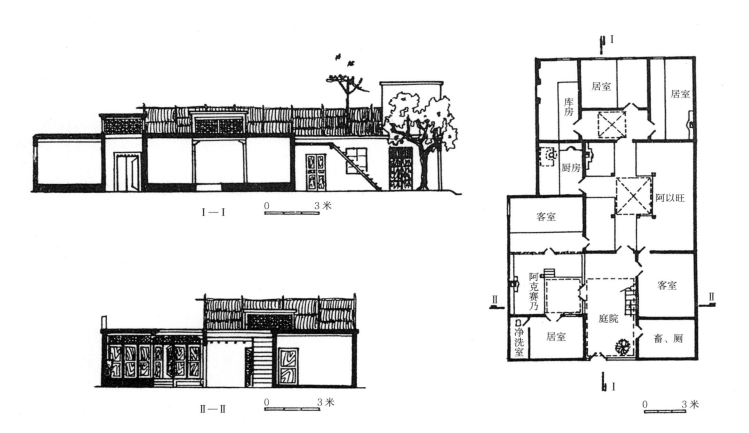

图4-24　民居房顶用做室外活动场所

3. 近期建筑的发展与变化

传统建筑在历史中发展并完臻，它代表着一定地区一定时期的社会文化。旧有民居建筑的形式仍在现实生活中起着重要的作用，但由于经济景况和各种环境条件的差别，它在使用中所带来的缺陷与不足之处，随着物质与文化生活的提高，出现了一些矛盾与失调。城镇内"新建筑"的发展，对传统建筑产生了某种冲击。运用现代技术和材料，改善居住条件是居民自身的愿望。因此，居民不断地给传统建筑从形式到内容上注入了与现时代相适应的成分，从而使建筑布置和构造方式、装饰手段都发生了显著的变化，当然它仍没有失去基本的风貌与特性。

旧时建筑侧窗少，室内自然光照差，不适应现今文化生活的需要。原在户外进行的一部分劳作（缝纫由手工转为缝纫机）要求转入室内，日益增多的陈设，心理上的展示要求（如家具的色彩、精美的家用电器、小巧的工艺摆设、多彩的床上用品）等，也需要室内有较充足的光线，这就不断提高着侧窗采光的重要性。改善"阿以旺"升高部分天窗的透光状况与防止风沙的侵入，玻璃窗扇的使用使原来意为明亮的处所更加明亮。

炕是生活习惯所必需的，因此近代住宅内有些居民以木板搁成大的平台，铺以地毯以代替"束盖"炕。但生活水平的提高、社交习惯的变化，起居方式有所不同，加上现代家具要求有一个较为灵活的空间，因此在城镇的居室中，炕已日渐减少。毳式炉（喔加克——莫拉）的热量逸散大和城镇燃料的改变，大多住户已用铁制炉作炊事和取暖，引起了建筑内部的某些改进。墙面的毳式炉、壁龛、壁台及装饰性附件已日趋减少。

4. 民居构造

（1）结构形式

构造的承重部分主要是木构架系统，简支密梁（檩）与密铺小椽平屋顶，是传统构造方式。从古籍记载和古城遗址再现中可知这种构造方式至少可追溯至两千多年前。构架传力部分有地梁、立柱、上梁（圈梁）和檩条。主要

立柱间距约 1.2～1.6 米。开间宽在 3～4 米间为多，大于 4 米时在中间架一横大梁，以木柱支承。檩条改为纵向布置，以缩小长度，开间与进深不求一致。大多数的宽深比约在 1:1.5 左右。檩条以矩形断面为主，间距为 45~70 厘米。木构架以穿榫结合硬质木钉、木楔固定，为防止变形，在立柱间加上斜撑，尤其拐角处必须设置，使之成为稳固的空间构（刚）架，如图 4-25 所示。

图4-25 民居木构架

（2）墙体

民居的围护墙体按构造可归纳为 5 种。

筑土墙。用当地黏质砂土以水合成稍稠的泥堆，分层湿筑而成。不用模板也不夯打，底宽 0.8～1 米，顶宽 0.5 米左右。干后靠室内一面铲修成垂直状，并可挖出壁龛或铲成壁台，再在表面抹一层草泥压光。室外墙面保留原坡度维持稳定。住宅外形生土气息甚浓。

编笆墙。在木构架上稍加横向支撑，用树枝条、红柳或芦苇束在横撑间编成笆子，然后两侧以草泥打底、抹平、压光。墙体厚度在 8～12 厘米，稍受侧压和撞击易造成局部剥落。但此种墙体对潮湿环境的适应性好，如碱土地区，

墙体构造简单且轻，使用较普遍。横撑间距约 0.5 米，用断面约 25 平方厘米（矩形或半圆形），以榫接法与立柱相连，木条或红柳在横撑间竖向编织后绑扎或压条固定。用苇束（或红柳）时可先编成帘子或整齐排列后外压木条固定于构架上。编笆墙在和田地区尤为农村所常见（图 4-26）。

图4-27 插坯墙

图4-26 编笆墙

砌坯墙。在黏土资源丰富及地基干燥的村镇以泥浆砌筑土坯或土墼墙体。土质较差地方则以小型土坯侧列排砌，系只作草泥坐浆的而土坯间为干竖缝的砌法，且不作承重墙。

在一座民居建筑中往往是几种墙体的混杂应用。外墙常用筑土墙或双层插坯墙，内墙用编笆墙或单层插坯墙，室内走道等处下半截作成木板墙等等，这种选择视居民经济状况、墙面装饰要求而定，图 4-28 为构造示意图。

插坯墙。系在木构架的立柱间加密立杆或斜撑和水平支撑后，以土坯斜插在空隙内（干插或抹泥插）立杆间空隙在 20 厘米以下，土坯尺寸常见的约 26 厘米 ×12 厘米 ×6 厘米。墙两侧抹泥压光，墙厚在 12～15 厘米，如图 4-27 所示。高级民居为改善热工性能和设置壁柜、壁龛需要，则作成双排立柱式构架的双层插坯墙，厚度在 0.5 米以上。

木板墙。木板墙很少单独使用，常是为了防止编笆墙或插坯墙易受损坏，而在其接近人们主要活动处如靠外廊或室内走道，将墙作成全部或下半部的木板墙，做法以木板水平镶嵌在立柱间。

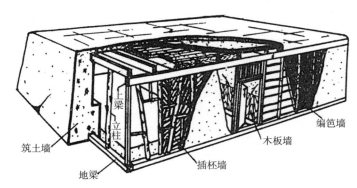

图4-28 民居墙体构造示意

（3）墙基

木构架为主的建筑（如编笆墙、插坯墙、木板墙）一般都为原土夯实不另作墙基，以木地梁分布荷载，在材料方便的地方则用大卵石铺砌二、三层（干铺或坐泥浆），深度30～40厘米，并将卵石露出地面10多厘米以防潮。高级民居中则以石膏浆砌卵石，露出地面高30～60厘米且作成花纹，四周以砖或木材镶边，将室内地坪提高以防潮和增加建筑气魄。

（4）屋面

均为木基层草泥屋面平屋顶，很少作泄水处理，高级民居找出坡度并抹石膏面层。小梁（方檩）上密铺椽条是屋顶做法的特色，它利用密椽的多种铺置方式取得天棚艺术效果。

5. 建筑构配件与附属物

（1）门

门均为枢轴式。一般住户内门简单，都为双扇板门，不裁口以门压条压缝，较高级民居中采用花棂木格扇，压条图案也很讲究。内门高度在1.5～1.7米，宽为0.8～1.0米，少数单扇门宽度为60～80厘米。外门除框、扇、压条外，有时尚有门亮子、门斗、门顶、门扇高度为1.6～2米。亮子做法有直棂（木栅）、花棂木格或漏空雕花板等，高度不一，最小为20厘米左右，高者可直通檩条底面。门宽在1～1.4米，有些民居中有较大的"阿克赛乃"或内庭院者，为畜力车径直而入，门宽有2米上下的。内外门的门扇一般用1.5～2.5厘米木板拼合而成，以一边扇板出头削园为转轴，其门框立梃有时在墙体立柱上银贴10～15厘米宽的木板代替。图4-29为门的实例。

在果园与外庭院院墙上的大门，一般作成带门斗式的，门的整体独立成一构架，构造形式同主体住宅，如图4-30所示。附在院墙上的大门有时作成带门顶（类似雨篷）的式样，装饰与铁件较为讲究，如图4-31。

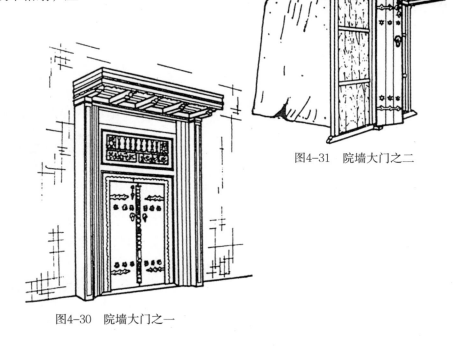

图4-31 院墙大门之二

图4-29 民居外门实例

图4-30 院墙大门之一

（2）窗

和田民居窗的开设分屋顶小天窗，屋顶竖向天窗（"阿以旺"上部），墙面高位窗，在向内院一侧设的侧面窗，以及为窗、门、隔断三者兼有的大面积落地扇等。窗扇有固定式和开启式的；做法有拼板、花榥木格（图4-32）、木栅及花板等，近代建筑中也大量采用玻璃窗扇。

（3）壁台（喀士尔卡）

室内墙面常筑成壁台，以置放家庭用具，一般作成台阶式，台面离炕面高为40~60厘米，台深25~30厘米，在较高级民居中，有时作成装饰性的高位挑出壁台，离炕面高2米上下。在龛式炉的两侧筑有较高的壁台，与壁龛共同用于放置炊具和器皿等，如图4-33所示。

图4-32　花榥木格窗

图4-33　壁台壁龛与龛式炉

（4）壁龛（坦克欺）

壁龛是维吾尔民居的一大特点，几乎每个房间和户外活动场所都有，形式各异，大小不同，常见装饰讲究的壁龛群。一般住宅内的壁龛底离炕面高约 60～80 厘米；龛体高约 60～80 厘米，宽约 40～60 厘米，深约 25～40 厘米。称"米合拉甫"的大型壁龛可置放衣被，小龛组成的壁龛群则放置瓷器、铜具、花束等作为墙面装饰之用。龛的外形主要是拱顶形，也常作成复合式龛，其他如简单矩形，半圆柱形，半圆球顶形乃至三角形均可见到。龛身内部用石膏抹光（图4-34）。

图4-34 壁龛

（5）龛式炉（喔加克——莫拉）

龛式炉是维吾尔民居的又一大特点。它是一种如壁龛样的空腹式炉灶，作为炊事和取暖之用，炉膛宽 30～50 厘米，深 30～40 厘米，高 80～110 厘米不等。上部作成烟囱出屋面，称为"莫拉"，底部作成半圆形或条形锅垫，称为"喔加克"，此两部分是一个整体，外形似壁龛，炉腹部分嵌入墙内，可译为"龛式炉"。从外观上分三种：一为嵌墙式，系在筑土墙内挖出炉型，全部或大部炉身及烟囱嵌藏在墙体内，只有炉的面部突出墙面 6～12 厘米；一为附墙式，是在薄的墙体如编笆墙、插坯墙上附墙而筑，全部炉体、烟囱在室内表露；此外尚可见到拐角式，砌筑在墙角处，较为少见（图4-35）。

龛式炉亦是装饰的重点，炉口上部采用各式拱顶形，比炉底平面突出 10～20 厘米，形成很具特色的三面空间构图。此种炉型至今也有两千年的历史。

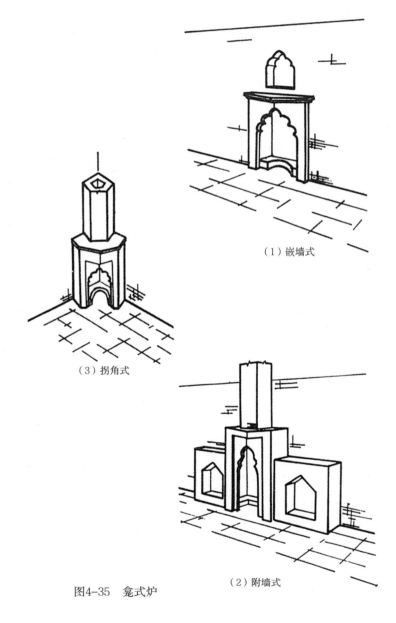

（1）嵌墙式

（3）拐角式

（2）附墙式

图4-35 龛式炉

（6）烤馕坑（托纳）

"馕"系用面粉焙烤的饼子，是维吾尔族居民的主食之一，烤炉称为"托纳"。与竈式炉一样是居民炊事中不可或缺的设备。此炉大多筑在外廊的炕上或庭院内，炉的内膛为截头弧面锥体形，上口与炕面平，口径约30～40厘米，炉底直径约60～80厘米，深40～50厘米，底部留一进风小孔（图4-36）。炉内壁成型时，在土胎模上先作一硝土层，以使炉壁坚实耐用，炉膛烧灼后馕即贴于内壁面焙烤，著名菜肴烤全羊，即出于此"托纳"炉。

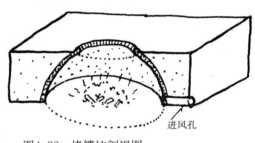

进风孔

图4-36　烤馕坑剖视图

（7）土炕（束盖）

炕在民居建筑中有着十分重要的地位，它是以原地土壤堆筑的实心炕，一般高40～50厘米。炕是日常生活的重要场所，在炕席上铺毛毡、地毯等，炕沿以木材或砖镶砌，高级民居则作木装饰、雕刻或石膏花等。

（三）和田维吾尔族民居的装饰艺术

维吾尔民居建筑的装饰与民间的绣花（花巾、窗帘、服装等），编织（花毡、地毯、褡裢等），印染（头巾、花布、墙围等）和金属手工艺品（首饰、铜壶等）一样，也是十分丰富多彩的，尤其在对木质构件的装饰处理上更为突出，手法多样运用自如，已有两千年以上的历史。装饰图案都是花草纹和几何图案，线条简洁优美。按装饰部位可分为墙面、结构件和建筑配件三个方面；装饰手法可分为素色描花、木质面雕刻，石膏雕刻，镶贴处理，木模压印和彩色绘画等，以及构件的造型艺术手法。

1. 室内墙面装饰

一般墙面较简洁，只在近天棚下或壁台下作周边式花边，沿炕墙上围以印花炕围布。花边以单色描花或石膏刻花为主，其颜色常以单一的蓝色或绿色为多，如白地绿花、蓝地白花等，图案为植物花蔓和几何纹，采用二方、四方等连续式，以循环、对称、重列等手法灵活处理。石膏花边常用V形浅刻或平刻作成图案，多数保持原材料素色。低标准住宅内有用雕花木模在泥浆抹面层上直接压印出图案，高级民居中则作彩画。

利用壁龛、壁台、竈式炉等部位作为墙面装饰的重点，以这些构件的形态及周围的描花、雕刻等装饰以丰富墙面，质朴感人。有些则以大面积的石膏雕刻布满墙面，配以炕围，使居室充满地方气息。闻名的和田地毯，是重要的墙面装饰品，鲜艳的墙挂毯和炕上的地毯交相辉映，给人以富丽、热情的感觉。

2. 结构件装饰

承重木构架的柱、梁、檩等，其表面与端部巧妙地作出图案形状或饰花纹，手法灵活简练、独具匠心，感觉亲切和谐，具有强烈的地方特点和风格。

（1）木柱

木柱主要在外廊式建筑和"阿以旺"内部的柱上装饰较集中，是木质构件中装饰最丰富者，是维吾尔建筑装饰的典型做法。柱的构造分柱头、柱身和柱脚（或柱裙）。各种柱的长细比及分段的比例并无规律，除少数有鼓形石柱础外，都直接落地。其断面有四角、六角、八角、十二角和圆形，这些断面形状在同一根柱上可以运用自如地变换。如方柱脚、八角柱身，圆形柱头，中间以简单线条或横向图案使之过渡而统一，协调自然。即使是四方通柱也

用中部倒棱的方法使之有柔和的触感（图4-37）。变化最
多的要算柱头（图4-38），尤以花柱头最为复杂。

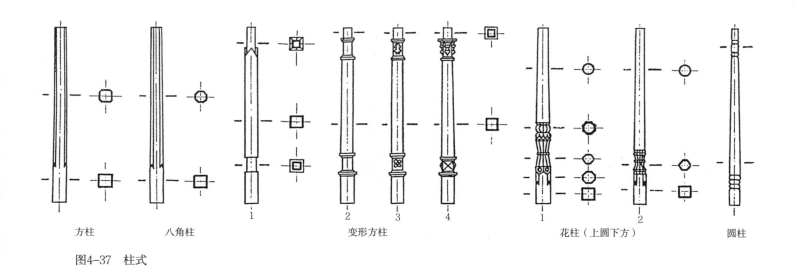

图4-37 柱式

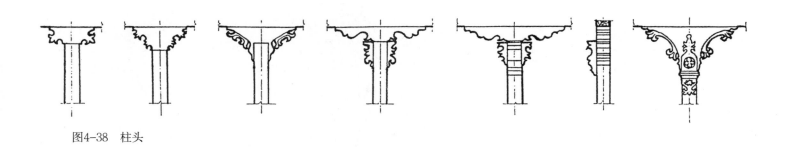

图4-38 柱头

柱的装饰除自身三部分外，尚有替木式的梁托、装饰性的斜撑和附属花式零件，以及为协调风格而附加的装饰件，有些部件如梁托的做法有纯结构性的或结构与艺术的需要兼而有之的，它独立于"柱头"之外，此类梁托则较长。有些梁托在艺术上与柱头是一个整体，是无法分离的，实际上只有把它们联合在一起，才成为维吾尔建筑完整的"柱式"，它就是"柱头"的一部分，如图4-39所示。

作为"阿以旺"内部的柱头，它与天窗的构造在装饰上浑为一体，其风格、气氛与构图是相一致的，有时柱头在"阿以旺"整体装饰中，起着画龙点睛的作用（图4-40）。

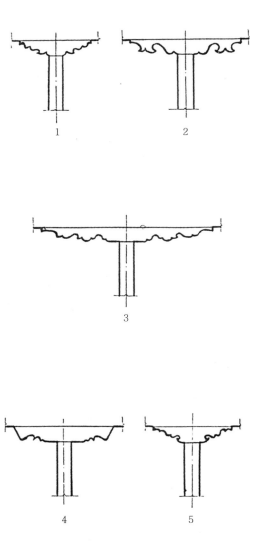

图4-39　梁托

图4-40　"阿以旺"内部的柱头

（2）木梁、檩

在梁底和侧面，采用铇线、镶贴、雕刻、彩画等手段作出花草纹和几何图案，图 4-41 所示为梁侧做法，图 4-42 为梁底做法，其装饰部位大多只作两端或中间，重点突出。雕刻铇线是梁檩上直接作成，镶贴则是预先作成的花板（图案式花边板或漏空花板、花块）镶贴在上面，梁檩的花纹、图案绝大部分为木质本色，不施任何色彩，少部分在花纹底部的"地"上涂以单一的颜色，与墙面等装饰相协调。在高级民居中则作鲜艳的彩画或多种手段的混合应用。

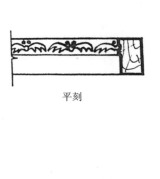
平刻

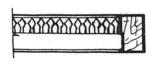
V形浅刻

浅雕（1）

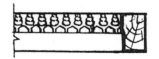
浅雕（2）

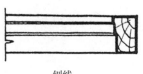
刨线

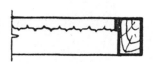
贴花边板

图4-41　梁侧装饰做法

刨

雕

贴

彩画

图4-42　梁底装饰做法

（3）天花板

与梁、檩装饰水平与风格相一致的顶棚，使室内屋顶增加整体感。大多情况下，梁檩本身即顶棚的构成部分。最普遍的做法是在露明木梁上，以简朴而明朗的半圆（或弧面）小椽条（瓦刹）密铺拼装顶棚，民间匠师们利用木椽粗细、排列方向和层次高低，铺装成具有错落、明暗的有空间感的顶棚。这是维吾尔民居的传统特色，可称为"密檩满椽"式（图4-43）。

第二种为木板拼花式板顶棚，即在檩条底钉木板，外面以小木条拼花压缝，或成花条状或成几何形，别具一格，如图4-44所示。第三为彩画顶棚（图4-45），可只绘染檩或板，天棚绘"满天彩"。可绘花纹几何图案，或组成联珠团花，或绘成丛花满地。第四，高级民居中作藻井式顶棚，在客室和"阿以旺"、"开攀斯阿以旺"升高部分为多，中间则装有"垂莲"式吊球，形状有圆球体或石榴形等。

图4-44　木板拼花式顶棚

图4-43　密檩满椽式顶棚

图4-45　彩画顶棚

（4）檐头

从构造上分为木檩露明挑出式，称明挑檐；和木板封闭式，称暗挑檐。明挑式出檐檩条端部作成几何图案，加上各式花板作为檩头封檐板处理，在最上面砌二、三皮压檐砖而成，图4-46为出檐檩做法，图4-47为封檐板式样。

在明挑檐的外廊建筑中，常于正门入口处的檐部凸起，使人感到明显和宽敞，可称为"中凸式廊檐"，如图4-48所示，这种檐口线条随着折转升高，不作任何"重檐"处理，外表简洁明快。暗挑檐以木板封成外挑凹面形，曲线圆顺光洁，最上面作三、五层压檐砖，如图4-49。

图4-46　出檐檩端部做法

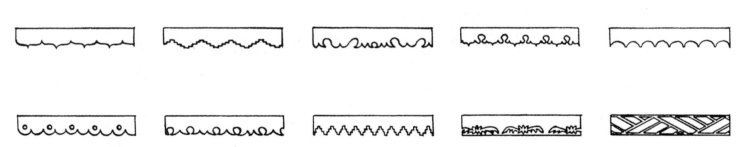

图4-47　封檐板做法

图4-48　中凸式廊檐

图4-49　木板暗挑檐

外廊式建筑的廊檐，很能表现出维吾尔民居的特点，各种檐部与柱头的装饰相联结着，有着协调一致的风格。总的可分为平直式檐（即檐部为木檩明挑式和封板暗挑式（图4-50）和拱券式檐（即平挑檐下部有拱券装饰者）（图4-51）。

拱券有半圆拱、垂花拱、尖拱、复式拱和深拱；在拱肩中可填各式花板也可漏空，有些则将拱同木柱上部钉木板条或苇箔后抹石膏面，雕石膏花或作彩画。

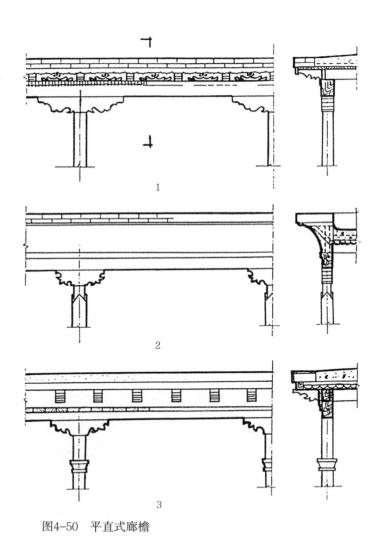

图4-50 平直式廊檐

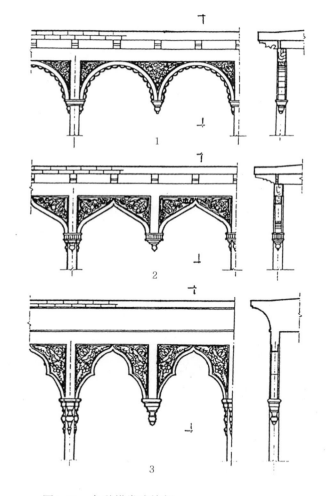

图4-51 各种拱券式檐部

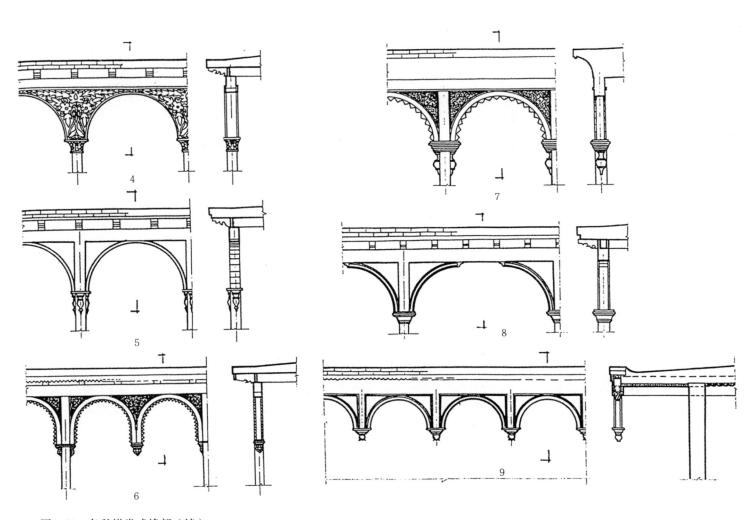

图4-51　各种拱券式檐部（续）

3. 建筑配件装饰

民居建筑的装饰讲究突出重点，各部分之间又很注意配合，既有主次又不顾此失彼，轻重与浓淡兼顾。大凡在高级民居中，从总平面布置、室内主体处理、室外空间的渗透、营造室内外小气候条件，到建筑材料的选用、各部分构、配件的装饰等有较为协调的处理，形成一种特有的风貌。

（1）窗

木栅（直棂）窗、花板窗和花棂木格窗是古老的窗式。木栅窗是以预先制作的各种木栅零件固定在窗框中而成，花板窗则用花板零件作成，时常是花板和木栅混合应用，一般是做成非开启式。图4-52为木栅与花板零件，图4-53为木栅与花板的窗式，它也常为门亮子所采用。

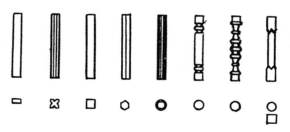

木栅零件

花板零件

图4-52　木栅、花板零件

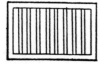

木栅窗

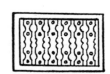

花板窗

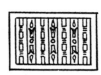

混合式窗

图4-53　木栅、花板式窗

古老的整体式漏空花板窗是在整片木板上镂刻而成，其图案中有些部分并不刻通，故透光效果较差，如图4-54。密拼花板窗也是较古老的窗式，它以空隙很小的花板紧密排列组成，其透光性更差，实际上已接近为墙面木装饰品，它更多地用在木隔断上。

图4-55和图4-56是花棂木格窗的基本图式和实例。花棂木格窗是和田地区的特色之一，它制作精细、图案严谨、花式众多，木格密致，被广泛用于窗、天窗、门亮，木隔断和半截花门扇上，尤其在大面积隔断上各种图式交叉使用，统一中有变化，有时以花板点缀其中。

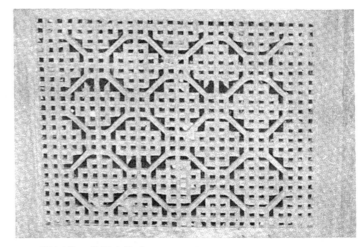

图4-56　花棂木格窗

图4-54　整体漏空花板窗

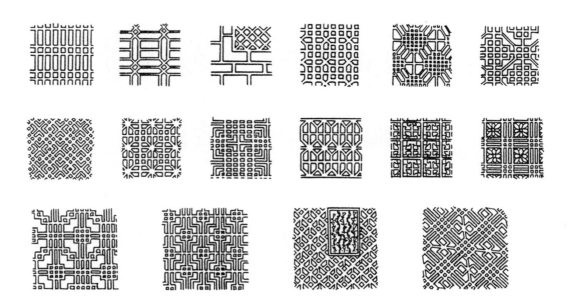

图4-55　花棂木格窗基本图式

（2）门

门框（门边和门楣）是门装饰的重点，采用手法有铇线、镶边（花板镶贴）、刻花（在框上直接粗刻、细刻和平刻）和贴花（小花板贴框）等（图4-57）。门扇常用花榥木格扇或实拼木板扇，板门则以附属铁件作成简单图案。门压缝条是细心制作的装饰品，用铇线、雕刻在通体作出各种图案，最上面作成弯月、石榴或桃形等式样（图4-58）。门的其他部分如亮子、门顶、门斗等，则采用与主要建筑相适应的木质装饰。

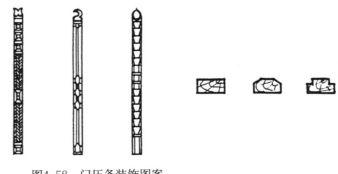

图4-58　门压条装饰图案

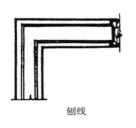

刨线

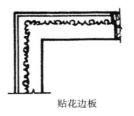

贴花边板

粗纹刻

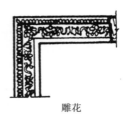

雕花

贴花

镶花边

嵌花板

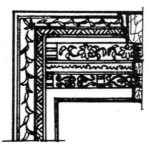

复合式

图4-57　门框装饰图案

（3）壁龛、龛式炉

壁龛、龛式炉本身与周围的装饰，以石膏雕刻和素色描花为主，其图案大体与墙面装饰相一致（图4-59），拱券处的石膏镂空花装饰尤为精致。壁龛外形变化多端的拱顶形及其组合方式，以及壁龛群的构图本身就是一件艺术装饰品。

图4-60　炕桌花饰

图4-59　龛式炉花饰

（4）家具

传统的家具有木榻、炕桌、炕柜、炕头箱、摇床等，近代住宅内已有床桌椅柜和沙发等常用家具。传统木家具上大多以雕刻和花板作装饰（图4-60）。

4. 简单的结语

维吾尔民族是勤劳、朴实、勇敢的民族，维吾尔族民居建筑也像其民间艺术一样，是我国文化宝库中的一枝奇葩。和田地区的维吾尔族建筑，在其特定的条件及生活习惯下形成了特有的风格。总平面布置以围绕户外活动中心而安排，外表朴实、乡土气息甚浓，户外活动场所敞亮，室内幽静。建筑构造方面就地取材，擅长使用木材，以古典的木构架体系为主。建筑装饰艺术丰富多彩又不矫揉造作，处理手法平易简练。由于历史上文化的交流，可见到汉族地区和某些中西亚一带的影响；由于宗教的联系，在装饰上吸收了伊斯兰的文化艺术，并作出了宝贵的贡献，取得很高的成就。

旧时的大部分民居，居住条件较差，面积小而低矮，新中国成立后随着经济情况的不断好转和新技术新材料新概念的引进，已出现了不少既保留了传统文化，又注入了新的内容的具有地方特点、民族特色的新民居。

研究民间建筑，不是为了复古，不能用旧的格局去限定现代生活对建筑的需要；不是去使现代建筑材料迁就旧的建筑手法及结构方式；也无须把建筑工艺退回去搞手工业的繁杂装饰。研究民居建筑是为了认识和保护好的传统建筑文化，从传统建筑中去提炼其精粹，去寻找出至今尚有十分蓬勃的生命力的所在，继承与发扬其优良的方面，在现代条件下沿着历史的文脉，在实践中去创造出具有新疆地方特点和维吾尔民族特色的，新的内容与形式相一致的建筑来。

（四）建筑实例

1. 洛浦县农村买来姆汗住宅

以外庭院为主，"阿克赛乃"为辅的建筑布置方式。

宅基部分占地370平方米左右，建筑占地面积143平方米，房屋分间较少，只一客二居，三间使用面积约64.5平方米，建筑内"阿克赛乃"面积只31.5平方米，屋顶敞开部分为6平方米左右，它是室内的延续部分，是共用起居"室"。住房外有一约45平方米的庭院，院内有外廊及炕，与果园以木栏杆隔断，是主要户外活动场所。

住宅建筑紧凑，从果园、葡萄架下的庭院和绿蔓垂挂的"阿克赛乃"，以及大面积花榉木扇隔断后的客室，这一相贯穿的内外空间的渗透关系，充分体现了维吾尔民居的平面特色（图4-61、图4-62）。

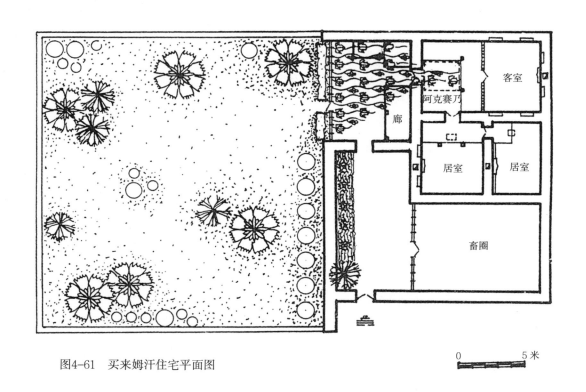

图4-61　买来姆汗住宅平面图

0　　　　　　5 米

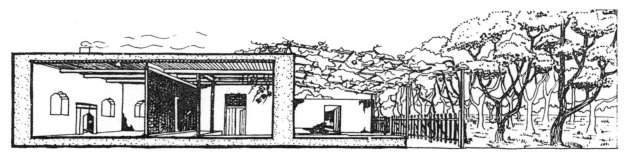

图4-62　买来姆汗住宅剖面图

2. 于田县城某宅

外廊式住宅

建筑是以传统形式为主，结合近代布置手法的曲尺形外廊式住宅。其特点之一，正面外廊宽度3.6米，侧面外廊宽2.5米，使传统的具有户外特点的外廊及廊下的炕（供作息、夜眠）与近代建筑中联系各分间、具有"走"的功能的"走廊"混合在一起，其形式与功能均是传统与近代的结合。之二，"阿以旺"居室内，以屋顶提高加侧面的玻璃天窗，使居室具有"阿以旺"的特色，演变了的"阿以旺"内部，又是近代居室的布置，失去了传统"阿以旺"

的户外活动场所的功能。之三，装饰以传统木构件为主，室内木天棚的图案布置变化较多，如前室右侧的大居室内，以传统的密檩满铺椽作成圆形图案。在室内的炕及家具设置上，也都体现了传统与近代生活习俗的结合。

主建筑前方设一大果园，以葡萄架作为外廊的遮荫；外廊柱式及入口处凸檐均为传统建筑形式。住宅共占地750平方米，建筑面积约280平方米，其中外廊部分近80平方米，建筑为砖墙、筒支木檩满椽屋面（图4-63～图4-69）。

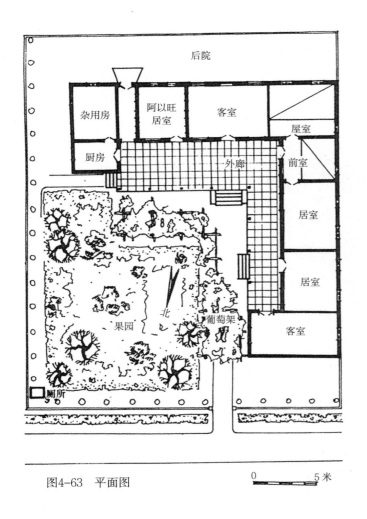

图4-63　平面图

0　　　　5米

图4-65　大门

图4-64 鸟瞰图

图4-66 侧面外廊全景

图4-67　正面外廊视庭院

图4-68　居室圆形天棚图

图4-69　小居室内天棚及家具

3. 和田市他希托木儿住宅

"阿克赛乃"为中心的住宅

建筑为城市居住区内住宅，大门临街，入口局促，住宅占地面积192.3平方米。

建筑中心为"阿克赛乃"，中间主要部分屋顶敞开面积约16平方米，后都小"阿克赛乃"敞开面积约3.6平方米。

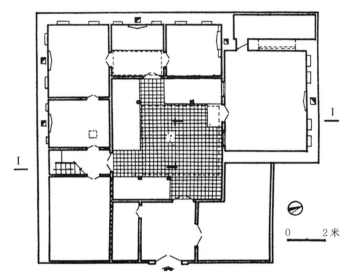

0　　　2米

图4-70　他希托木儿住宅平面图

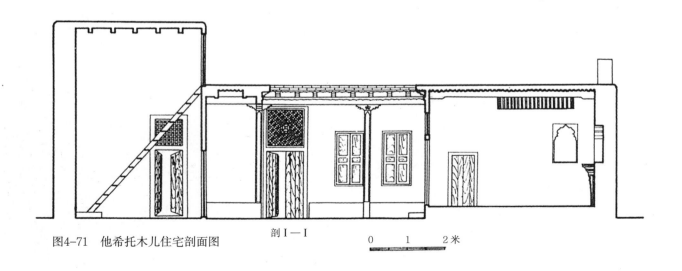

图4-71　他希托木儿住宅剖面图　　　剖I－I　　　0　　1　　2米

"阿克赛乃"既是住宅户外活动场所，也是各房间通风采光之需要。该建筑充分利用空间，在家居组的前室作成小"阿克赛乃"，使前室形成第二个底层户外活动场所；在客室后部的洗净室净高降低处设置高位木栅窗，较好地解决了客室的通风采光问题；厨房则采用升高屋顶处设置侧向天窗。住宅充分利用屋顶作为第二庭院，四周以编笆墙围挡，专设木梯间上房顶，作息、晒谷物和贮草，充分利用空间（图4-70～图4-74）。

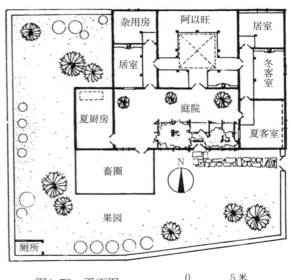

图4-73　平面图

0 ____ 5米

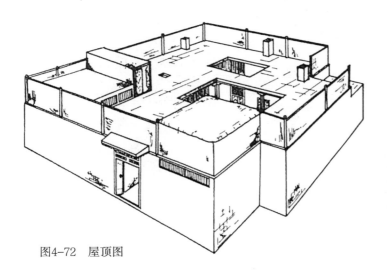

图4-72　屋顶图

宅基全部面积约 778 平方米，建筑部分为 223 平方米，其中"阿以旺"面积 74 平方米。建筑为木柱编笆墙密檩满椽结构，装饰简朴，内部所有分间均筑土炕，大部房间设附墙式壁台壁炉，是典型的传统建筑方式。

4. 墨玉县奎牙乡阿不都力希提住宅

为典型的农村"阿以旺"住宅。"阿以旺"为户外活动场所、家庭的共用起居间，也是接待来客的主要场所，一般不另设专用客室。"阿以旺"两侧各设一居室组，有客人时其中一组作为"客室组"。住宅建筑前方为一庭院（或果园），院落一侧设畜厩等。此住宅外围有果园，使住宅隐藏在树丛之中更为静谧，这在墨玉农村为常见的形式。

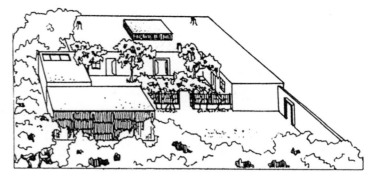

图4-74　鸟瞰图

5. 皮山县科克铁热克乡阿不拉托地住宅

庭院为主，"开攀斯阿以旺"为辅的住宅。

住宅以庭院为主要户外活动场所，它连接两个室内的"开攀斯阿以旺"。庭院三面围外廊，正面设炕，一面敞开，与农村交通干线以4米宽林带隔开。庭院与树林间以木栅栏杆和葡萄绿屏相界定，庭院为生活起居之所，厨房、柴草和畜圈均放在后院。"开攀斯阿以旺"是较封闭的起居室或作夏居室，其升高天窗只是采光通风的作用，炕所占面积较多，基本上没有室外活动功能。

平面布置为两个相对独立的组群，分别以"开攀斯阿以旺"为起居中心，两客室则以庭院为中心布置，又与居室组相套连，使用十分灵活便利（图4-75、图4-76）。

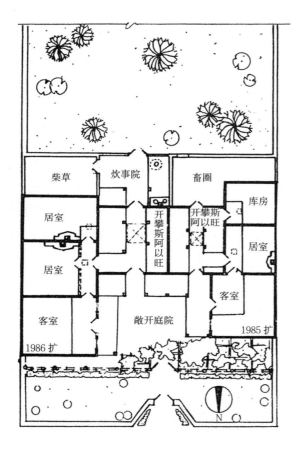

图4-75 平面图

0   5米

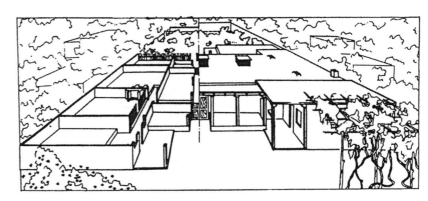

图4-76 鸟瞰图

6. 和田市木那阿吉姆住宅

此住宅为较古老的建筑方式，即"赛乃"式住宅，它建于一百多年前，坐落在果园中，右前侧的围廊式客室建筑为第二期（60年前）扩建部分。原建筑的室外活动场所为一开敞式房间，面对果园一面无墙，炕面进深达6.4米，称之为"赛乃"。后面的"开攀斯阿以旺"与它仅用花栎木格扇隔断，早先作为"客室组"使用，在扩建围廊式客室组后，即成为家用户外活动场所。果园在住宅环境中起着十分重要的作用。尤其是围廊式客室，四季隐藏在绿丛之中。

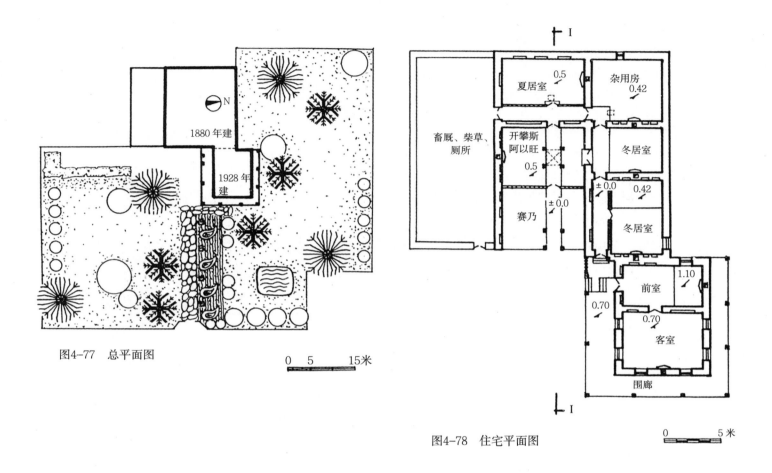

图4-77 总平面图

0 5 15米

图4-78 住宅平面图

0 5米

（图4-77中标注）
1880年建
1928年建
N

（图4-78中标注）
畜厩、柴草、厕所
夏居室 0.5
杂用房 0.42
开攀斯阿以旺 0.5
冬居室
赛乃 ±0.0
±0.0 0.42
冬居室
前室 1.10
0.70
0.70
客室
围廊
I
I

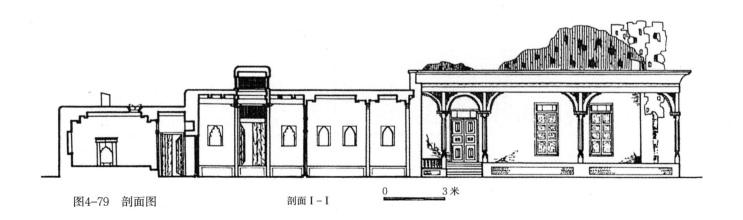

图4-79 剖面图 剖面I-I

0 3米

建筑为双排及单排木立柱插坯墙密檩满椽式结构，装饰简朴，两片大面积花棂木格扇隔断及墙面壁龛、壁炉造型古朴。扩建各室部分木檐部与木门窗为近代的装饰手法，以传统的外廊柱式与古朴的"赛乃"取得了和谐。

宅院占地面积3800多平方米，住宅建筑面积为436平方米，其中扩建部分为156平方米（图4-77～图4-79）。

7. 于田县农村阿合买提汗住宅

以"阿以旺"和"阿克赛乃"为两个户外中心的建筑。户外活动中心之一的"阿以旺"四周有家用居室组、厨房和客室，客室与外部庭院有单独门可出入，庭院内建一无廊的小炕，可作为该客室的辅助户外活动场所。另一户外活动中心"阿克赛乃"后边有一客室组，此客室组的夏室部分又是一个小"阿以旺"，室内十分敞亮（图4-80、图4-82）。

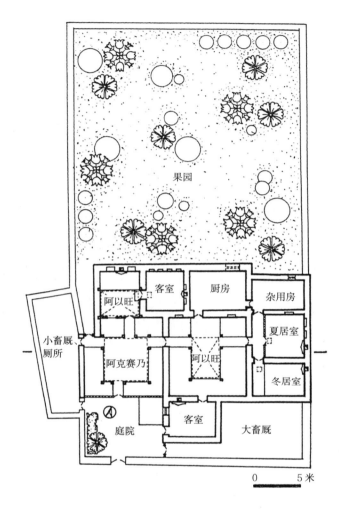

图4-80　平面图

0　　　　5米

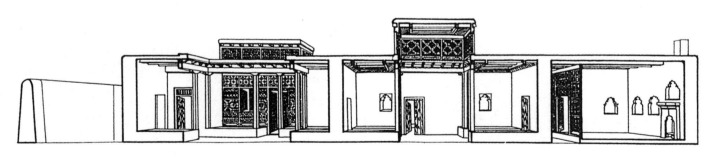

图4-81　剖面图

建筑平面布局是旧时住宅的典型方式，功能用房以常用的"夏居—冬居—杂用"的"一明两暗"、"一明一暗"方式成居室组群。果园和畜厩设于后部与侧部，突出了住宅建筑。建筑以木柱插坯墙为主，门窗、壁龛、土炕及花榥木格扇的隔断和天窗，形式古朴。

住宅占地（含"阿克赛乃"）面积共为377平方米。

图4-82 阿合买提汗住宅"阿以旺"内景

8. 于田苏帕住宅

为一大型住宅。住宅建筑面积共370平方米。前后进深达27米，系城镇住宅区之建筑。由于土地限制，无外廊与庭院外，民居中各种建筑形式均已采用，建筑内有"阿克赛乃"、"阿以旺"、"开攀斯阿以旺"，房屋分间有客室、夏居室、冬居室和厨房。室内装饰几乎集维吾尔民居

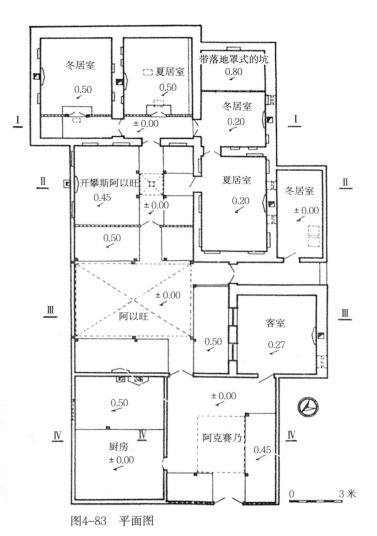

图4-83 平面图

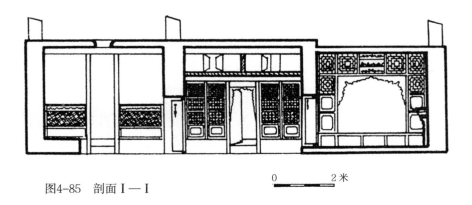

图4-85　剖面 I—I

0　　　　2米

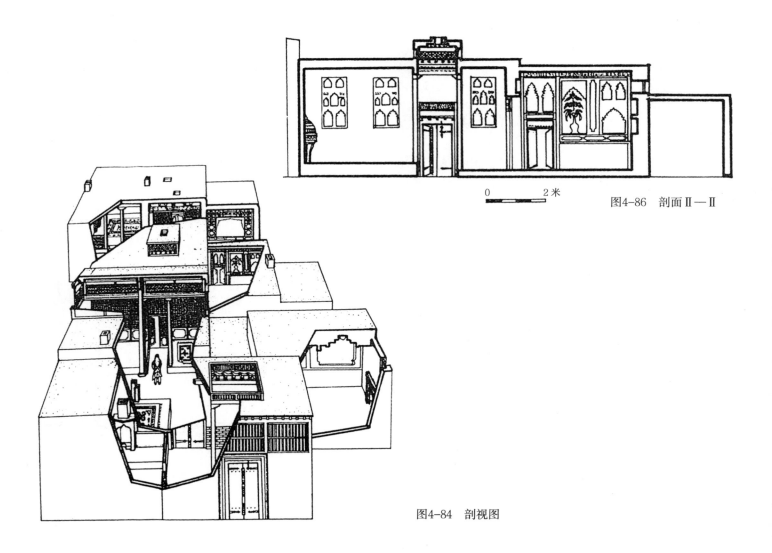

0　　　　2米

图4-86　剖面 II—II

图4-84　剖视图

装饰的大成，大量采用花棂木格扇隔断。在热炕及木炕罩、高台式壁台、整体的墙面壁龛和石膏花、木门、龛式炉和木构件的装饰方面十分精细。大客室内屋顶为十字梁四藻井式木装饰天棚，其他室内均为密檩满铺椽式天棚（图4-83～图4-92）。

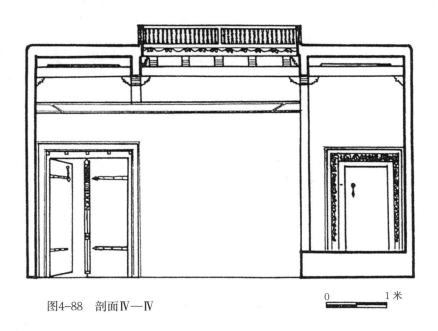

图4-88　剖面Ⅳ—Ⅳ

0　　　　1米

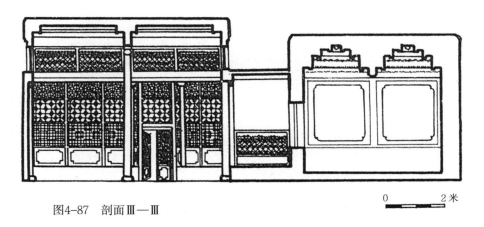

图4-87　剖面Ⅲ—Ⅲ

0　　　　2米

图4-89　夏居室北墙面

图4-90　夏居室南墙面

住宅平面布置以"阿以旺"为户外活动中心,"阿克赛乃"则为入口处过渡空间,家用组居室深藏后部,主要的夏居室及冬居室的装饰甚为富丽。

主要房间的墙体为木柱插坯墙,次要房间为木柱编笆墙,施工质量均较好。

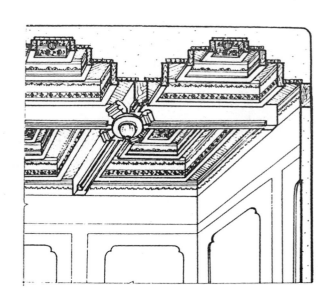

图4-91　客室藻井

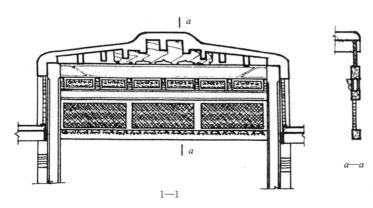

阿以旺升高部分天棚平面 1/100

（3—3 剖面处无花棱窗扇）

1—1

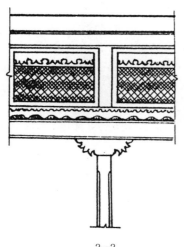

2—2　　图4-92　"阿以旺"天棚

9.于田城近郊某宅

住宅以"阿以旺"为中心，后部为客室，也是主要的居室。右侧为家用居室组。厨房与杂用房均设在庭院。住

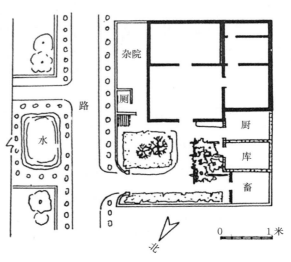

图4-93　总平面

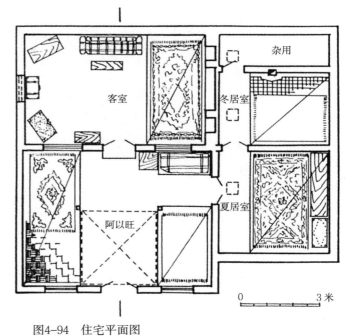

图4-94　住宅平面图

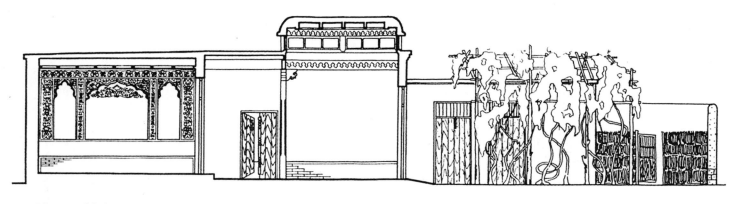

图4-95 剖面

0 ___ 1米

宅的"阿以旺"、客室、夏居室、冬居室等诸分间的建筑形式均为传统木结构，土炕。壁龛与壁炉和客房的装饰甚为富丽。刻花的天棚石膏板，墙上部的花边彩画、壁龛群的素色图案与鲜艳的炕上地毯与大墙面的挂毯，配以近代的家具，使空间与色彩甚为协调和谐。

建筑为砖墙木构架、密檩满椽屋面。全部占地面积为296平方米，主要建筑面积为125平方米（图4-93～图4-97）。

图4-96 "阿以旺"内景

图4-97 客室内景

10. 墨玉新区某宅

住宅为传统建筑方式，以"阿以旺"为户外活动中心，简称"阿以旺"住宅。其木结构天窗部分（"希邦"）的雕刻，满铺橡花色和带花柱头的柱式制作甚为精细，配以地毯、墙围，使"阿以旺"形成十分古朴的空间。内部以内廊为联系各室的走道，以传统的笼式"阿以旺"（开攀斯阿以旺）为采光通风窗。正面以双联半圆垂花拱圈形式的

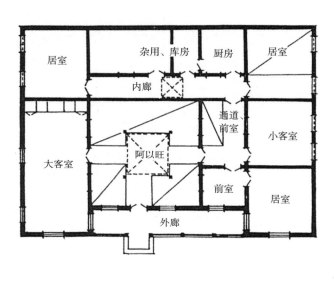

图4-99 住宅平面图

0　　　　　5米

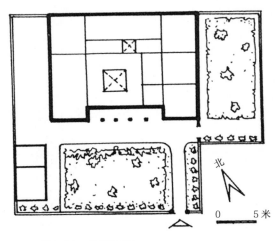

图4-98 总平面图

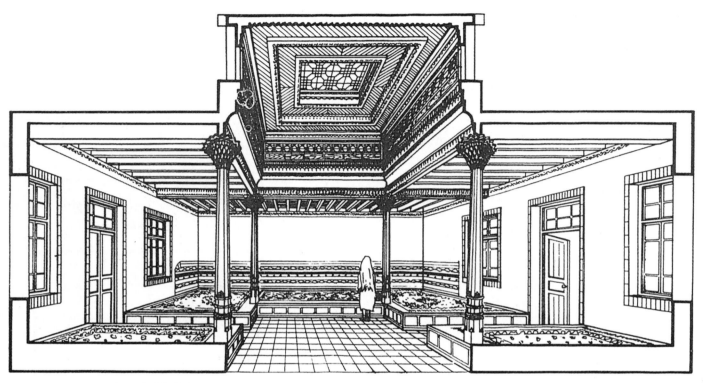

图4-100 "阿以旺"剖面图

图4-101 住宅外景

传统外廊，丰富了立面造型，而廊下已无土炕置以近代家具。建筑内共有两间客室、三间居室，冬夏之分已不甚明显。大客室内使用新的建筑材料，设置墙面组合柜和沙发、茶几。住宅建筑是传统与近代的结合。

建筑为砖木结构，建筑面积290平方米，宅院占地面积827平方米（图4-98～图4-101）。

11. 和田城区新住宅

住宅为近期城镇新住宅的典型建筑。主体取南向，前面以一小果园（或庭院）与邻宅相隔，以外廊面对果园。夏厨房、杂用房或小畜饲养圈等服务部分，设于大门入口

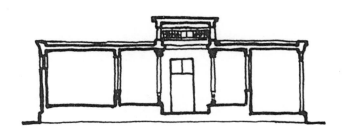

图4-103　剖面图

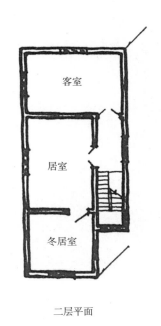

图4-102　平面图　　　二层平面

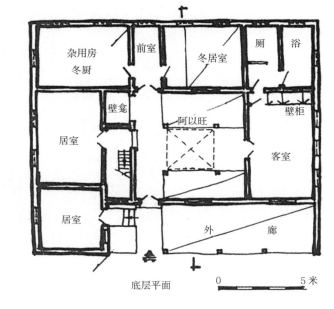

底层平面

图4-104　鸟瞰图

一侧或院落底部。建筑物局部建成二层或三层,内部以"阿以旺"为共用起居室。客室面积较大,形成在待客功能上内外结合。分层次的三个空间,即"外廊—阿以旺—客室",空间关系是"开畅—半封闭—封闭",其他居室及分间围绕"阿以旺"(或客室)布置。室内布置及家具,考虑到三代人的心理差异,有传统的与近代的不同。

该建筑为砖木结构,均以墙面玻璃窗采光。主要部分建筑面积为298平方米,其中"阿以旺"面积为40平方米,外廊为35平方米(图4-102～图4-105)。

图4-105　外廊外观

第五章
吐鲁番民居

（一）吐鲁番地区概况

大约距今三千年左右，新疆的经济发生了显著的变化。在河湖集中、水草丰美的地区出现了以农业为主，以畜牧业为辅的经济。吐鲁番盆地就有这种以农业经济为主的居住遗址发现。这类遗址中，最引人注目的遗物是彩陶器，以及多量的泥质夹砂的红陶器。器物中有打水、盛物用的双耳或单耳罐、圆底钵。有饮食用具碗、盆、把杯等。数量比前期有明显增多的日常生活主要用具，说明他们的主人当时已经不是过迁徙无常的渔猎或游牧生活，而是开始定居了。

吐鲁番地区，遗址出土的彩绘陶器，在形制特征、制作方法、图案风格等方面，都是很明显地受到甘肃东部沙井文化的影响。当时，农业生产工具有了明显的改进，有了磨制石器。少数石器上还有钻孔，显然是用于安柄。这时的农业还处在锄耕阶段，即砍锄草木，开荒成地。从遗址发现的兽骨说明农业与畜牧业相结合，是这时生活的特征。从吐鲁番遗址中，发现的小件铜器，说明当时人们已掌握了铜的冶炼技术，开始迈入金石并用时代。

吐鲁番雅尔湖沟北发现的墓葬，都是夫妻合葬，各墓的随葬品相互间已出现了差别，这就说明当时的社会是以一夫一妻的家庭为基础的，并已出现了一定的阶级分化。

自两汉以来，吐鲁番盆地也是我国中央政府之屯田处所，魏晋时期，仍是戊己校尉的驻地。为加强在西域的统治，东晋咸和二年（327 年）前凉在高昌设置了郡县。这是郡县制在新疆第一次出现。①

在隋朝高昌王麴伯雅到内地，并娶隋华容公主为妻，至隋大业八年（612 年）的冬天，带着隋册封的"光禄大夫、弁国公、高昌王"头衔返回高昌②。

唐朝，吐鲁番地区属西州（于唐贞观十四年设立），州治在今吐鲁番县城东五十里的阿斯塔那及哈拉和卓二村庄之南（古城遗址尚存）。下属的五个县：即高昌、交河、柳中县（今鄯善县的鲁克沁）、蒲昌县（今鄯善县）和天山县（今托克逊或其附近）。

---

① 《新疆简史》82 页。
② 《新疆简史》102 页。

吐鲁番，唐末、宋、元为高昌回鹘。高昌回鹘同内地的政治、经济关系非常密切。清代时吐鲁番地区设直隶厅，隶迪化府。民国时期隶属迪化行政区。今日为吐鲁番专署行政区。

1. 吐鲁番的气候条件和土著居民

吐鲁番盆地原有不少土著居民，他们是操某种突厥语的民族。公元 2 世纪下半期，鲜卑人进入西域，西晋时，戊己校尉驻地的高昌，就有鲜卑人。魏晋时期，特别是西晋末年起，内地战乱频仍，河西至西域一带比较安定，内地汉人纷纷西迁。这时落户于高昌的汉族人数甚多。随着佛教等宗教的传入及商业交往的日趋频繁，葱西的操印欧语的居民越来越多地在这一带定居。使之增添了新的民族成分。这里还有蒙兀儿人及非突厥民族，如操东伊朗语的民族、羌族等。他们在回鹘大规模西迁后，多突厥化和回纥化了。

现今吐鲁番盆地包括三个县：西是托克逊县，东为鄯善县，吐鲁番县位于中部。地形地貌是四面高，中部极低洼，形如枣核形盆状。它的北部和西部极高，北面有博格达峰，最高达 6000 余米，4000 多米以上终年积雪。南面是光秃不毛的库鲁克塔格觉罗格山和举目无边的戈壁及浩瀚的沙漠；中部整个盆地标高接近海平面。南部和东部低洼，低于海平面的陆地和水面面积有 4050 平方公里。其中位于盆底的艾丁湖的标高低于海平面 154 米，为我国最低地区。

吐鲁番远离海洋，又处于塔里木大沙漠之边缘。属特殊的大陆性气候，是我国最热的地区，以"火洲"著称于世。由于北部的高山阻隔了南北的气流，极低的洼地里气流更难流动。所承受的太阳光热难以散发出去。这里热，而且是旱热。冬天则干冷。夏季极端最高温度达 46.8℃，冬季各月最低气温到 - 28℃。历年各月逐旬最高气温等于或大于 40℃日数，自五月下旬出现到八月下旬甚而延至九月上旬。年日照小时在 3000 小时以上。无霜期在 240 天以上。该地夏季雨量极少。冬季亦无雪，有时终年几乎无雪雨。降水量最多的六或七月份也才 3.6 毫米和 3.7 毫米。

年平均总降水量竟不足 16.6 毫米，最大雪量未超过 2.7 毫米。而蒸发量全年为 3003.9 毫米，为降水量的 180 多倍。因此，这里有"干雨"的奇闻：有时电闪雷鸣，乌云飘来，天空出现丝丝雨带，但没等雨点落地，却在空中就蒸发掉了。即使雨落地面，也是小施泽惠，难以打湿人们的衣裳。

吐鲁番地区雨量少，盆地四周植被少，湿度低，即使热，也难以有汗。人们只要在阴处不被太阳直射，就觉得凉快多了。

吐鲁番地区是多风的地方，是有名的"风库"。这里的风，是由于季节的变化，造成季节盛行的风—季风。春季以后，盆地骤然暴长的热气流与北来的冷气流之间形成气压梯度差。这种风不仅多，而且强劲，平均一年有三十六天刮着八级以上的大风。还有陆地上罕见的十二级飓风。另一种风是几乎每日在午后刮起的旱热风。是由于盆地中心与周围高山之间巨大高差的缘故。

吐鲁番盆地紧靠天山博格达峰下，地势坡度甚大，天山的融雪水，则是盆地取之不尽的水源。所有河流、地下水、泉水都来自天山。山上积雪溶化后，一部分汇流成河、沟，直奔盆地。一部分溶化后的雪水渗入地下，形成地下水层。这地下水层的水有的在盆地里自然冒出成为泉水；还有一部分地下水层，则沿人工开凿成地下河道，流入盆地。几百年来，勤劳的吐鲁番人民，在这里开凿了一道道地下暗水渠道。这种暗水渠道每隔一段距离开设一个竖井和地表联通，这种竖井叫"坎儿井"，坎儿井也是地下水渠的统称。

坎儿井渠大量地减少了水的蒸发，避免了污染，为吐鲁番盆地提供了丰富的水利灌溉资源和优质的饮水。在吐鲁番地区的坎儿井就有 1158 条之多。灌溉面积占耕地面积的 70% 以上，成为吐鲁番盆地的生命血管，确保了这块绿洲的繁荣。

2. 吐鲁番的古老民居

从前述吐鲁番的历史、自然地理地貌、气候，以及物产、经济、文化等方面，我们看到在这块美丽的土地上，很早就有土著民族在这里生息。而且有和内地相同或晚一些时

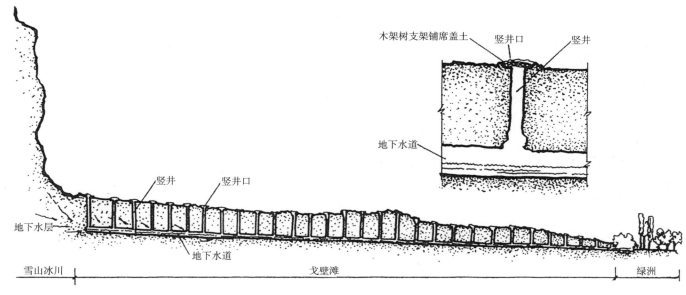

图5-1 坎儿井示意图

期的文化。建筑是人类文化的重要组成部分，是人们生活的忠实反映。这里的各族人民为适应自然条件和生活需要，他们就地取材，因地制宜地创造了自己需要的建筑。

从现在的发掘资料看，在吐鲁番我们虽然还不能找到公元前更早的完整建筑遗物。但考古发掘的古墓及现存的奠基于公元前一世纪，废弃于六百多年前的高昌故城和交河古城，以及古城里的建筑物——王宫、官署、佛寺、市坊、民居等，已可得知在这块土地上，过去城市的规模及建筑的概貌。

（1）原生土建筑（地穴、窑洞、地室）

从吐鲁番发掘的阿斯塔那古墓群的古墓穴及交河古城里的原生土建筑看，有竖穴、坡道穴；在胜金口和伯孜克里克有窑式和房式的土窟；交河古城里还有地下窑房、地下群室、甚至有挖出的含楼盖层的二层房屋等。可以清楚地看到此地原生土建筑的奇观。这里先辈的居民们，利用这里土质良好，气候干旱的条件，挖坑成室、凿洞成屋。作为栖身和社会活动空间（图5-1～图5-3）。

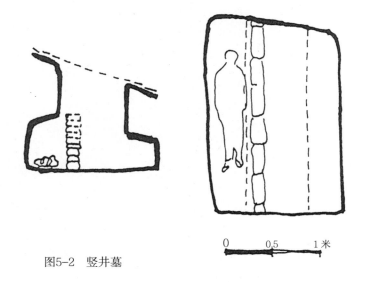

图5-2 竖井墓

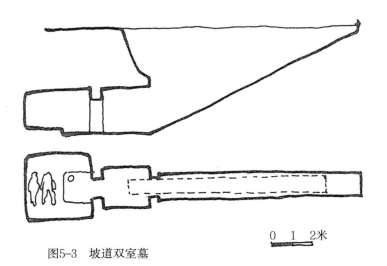

图5-3 坡道双室墓

0　1　2米

（2）全生土建筑（夯土和土坯建筑）

整个房屋的材料全是土质建造。墙基、墙身采用夯土筑成；或用土坯砌筑。房屋的屋顶用土坯砌拱而成。墙不抹面，或只抹草泥面层。在现存的高昌故城，伯孜克里克的土窟佛洞；胜金口的佛寺群的寺庙和僧房及交河古城中的不少民居建筑遗址都是全生土建筑，这种全生土的建造方法的历史，至少可上溯至千余年以前（图5-4）。

图5-4 伯孜克里克千佛洞的土坯墙、土坯拱顶僧房遗址

（3）半生土建筑（土木混合结构建筑）

建筑的墙基、墙身、为夯土建造，或用土坯砌筑，屋顶采用木梁、木檩、木椽或树枝做屋顶承重结构，屋面用苇席、泥土和草泥面层。这种做法是从古城遗址里的大量墙垣上放置梁、檩、椽的孔洞部位及其尺寸推知的。此类建筑的营建方法的出现，至少距今已有六百年，甚而可上溯至千余年或更远的历史（图5-5）。

以上几种建筑营造方法，特别是全生土建筑和半生土建筑，却是早已十分成熟的建造方法了。从遗留的建筑遗址中所得的尺寸，和近代的房屋尺寸相近似。既能满足结构构件力学性能，又能充分满足人们生产、生活、宗教活动等的各种需要。在历史的长河中充分发挥其作用。这些营造方法历史久远，在这特殊的干旱气候条件下，上千年的大片建筑遗址保存完好，举世闻名。

图5-5　交河古城一号佛寺三层楼房墙壁上留下的木梁孔洞

（4）交河古城的民居

交河古城形如纺织梭形，或像柳叶状。因河水在城的首尾相交，从汉代起，就有交河之名，又因城矗立在两河谷中部形成高台断壁，所以当地人称它"雅尔和图"，即崖城。城西北到东南长约1500余米。东北至西南最宽处为300余米。街衢巷里，完整有序。该城始建于公元前1世纪，元末明初废弃（图5-6）。

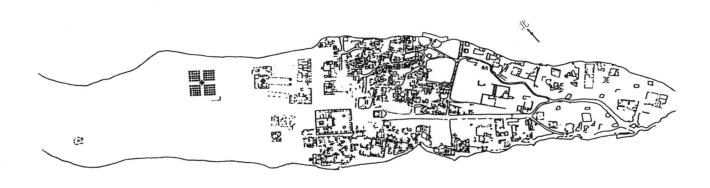

图5-6　交河古城平面图

因为没有大量发掘和深入考证，据初步的观察和简单的测量看来，这里的民居院落，随地形地貌布局比较自由。在城内为密集式自由布局内向庭院，由房间和围墙围合而成。在城西北郊区的民宅，有绿化院落，有的地方还能见到用绿篱组成的界墙。城西北面占全城面积近三分之一土地上，没有土房遗址，而有不少被土埋着的绿篱、界墙、这也许是设置栏栅和帐篷的半农半牧的居住区（每日到城下水草地放牧，夜归。城内民居中的庭院空间都不大，房间的布局，似乎无明显的正房，厢房之规律。在某种程度上只能肯定少数房间的用途。房间的开间进深的尺度比较合理，开间、进深的净尺寸略在2.5~3.5米左右，4米以上的也有。房间是否设有廊子，目前难以断定。城内民居两层的不少，也有三层者。这里房屋的地下层、一层甚至两层都是在原土层上挖凿成的。地下层房间和地面房间相对应，呈方形、矩形，有的住户在底层的某一房屋的一角，挖有方形小修行禅房。地下层的墙厚80~100厘米，净高在2.7米左右，楼盖呈近似平顶的盝盖顶形式，也是原土挖成，厚约60~80厘米，也有100厘米以上的。楼层之间由原土挖出阶梯、上下高差小的也有用坡道作垂直交通的。地面层房间的墙和地下室的墙，多数近于同轴线，墙多为夯土墙，夯土的墙厚度约70~80厘米，高度每隔30~40厘米或80厘米夯一步。房屋层高3米左右，也有更高一些的。室内墙上有的设壁龛，作为放置物品和灯具之用。壁龛位置、大小、形状无一定规律，数量也不多。民居院落的房屋，墙上有烟道，土被火烧，烟灰脱落后呈红色，明确地反映出是火坑、采暖炉或灶的位置。有的炉灶设在院子里。这里不少人家的庭院内或房内有圆形坑，直径0.8~1.2米，深1米左右，有的坑的上沿的土被火烧过，也呈红色，不知做什么的，有的圆坑，上沿没有被火烧过，有的坑边还有陶缸碎片，好像是放水缸的位置；有的房间有几个圆坑；交河城里的露天场地也有这样的土圆坑，到底是什么还待研究；交河城里的民居，有少数院落里，或是巷道里有井，井甚深。由于河谷水源离城市地面，现有三十余米高，水位很低的缘故。这里一直保存着古代的辘轳水井，井水现已干涸，但井口上被井绳磨出的深深槽沟，却清晰如新。在这特殊旱热气候里，这些遗物仍和几百年前一样，真为奇观（图5-7、图5-8）！

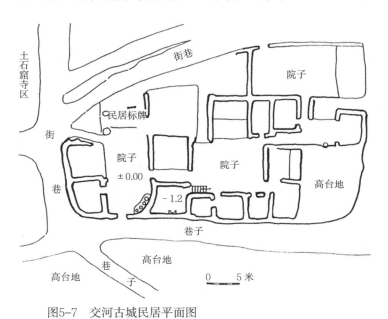

图5-7 交河古城民居平面图

图5-8 交河古城民居遗迹

另外，在吐鲁番地区的石窟壁画里有不少建筑的形象，都是木结构坡顶房屋。木结构坡顶建筑，在民居建筑里，未能广泛流传，分析原因是这里燃料缺乏，植被破坏，木材很缺，而这里气候少雨旱热，因此，民居采用经济实惠的土拱屋顶、密梁平顶房屋是很自然的事。

（二）吐鲁番地区民居建筑特点

新中国成立前吐鲁番地区一直存在着以农业为主的小生产和手工业生产的私有制经济。与此经济基础相适应的居住建筑，无论在城镇或在农村，仍是独户独院形式。

吐鲁番的民居特征是内向型封闭或半封闭式庭院。按其建筑类型分为两类：一类是土拱平房，呈集中式布置；另一类是土木楼房（米玛哈那）高棚架式。

（1）土拱平房（房屋集中式）

庭院里主要房屋集中在一起布置。多数为一层，也有一层含局部半地下室者。房间不受日照朝向的影响，也没有某种礼仪，宗教等方面对建筑房间布局的限制。庭院内的建筑因地制宜，随各家经济力量，生活习惯需要而建造，布局十分灵活而合理。一般在院落的中部或后部布置主要房间，主要房屋前的室外空间常设有一个很宽大的土炕台或木床，为日常生活活动中心，供就餐、待客、休息、妇女纺织、带孩、老人养病、及半年以上的夜宿，也是节日表演歌舞的地方。入口大门沿街、巷设在庭院的一角或中间。牲畜房、棚、家务杂房，建于庭院的一侧或一角。葡萄晾房、多设在杂物房或入口大门的上部。院中还有馕坑、菜窖。院落大的喜种一两棵香椿树。农村里的宅院和果园、葡萄园毗连在一起。这类多属小院落，主要建筑和次要房间，常围合组成封闭式庭院，只有宅基地面积大的，主要房屋前有一定的空地，由房屋和围墙围合，才形成半封闭性空间。这类的庭院空间虽小，但房屋安排有序，空间尺寸恰当，绿化配置得体，因而构成了具有私密性、舒适性的居住环境。

平面形式有毗连式（并列式）、套间式、穿堂式。

毗连式：由三间或多间土拱平房拼成一排或成曲尺形，成为生活的主要房屋（图5-9）。

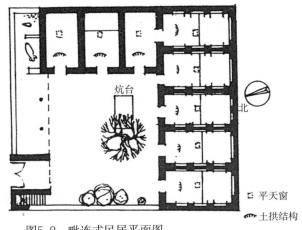

图5-9　毗连式民居平面图

套间式：由一间长而宽的大房间为主，穿套两三间或更多的房间，组成生活的主要用房（图5-10）。

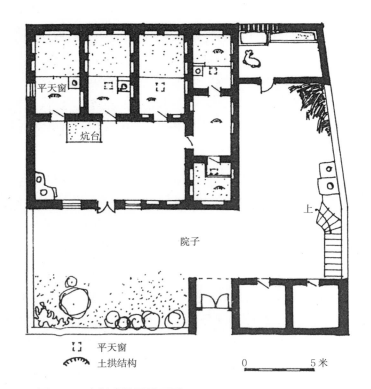

图5-10　套间式民居平面图

穿堂式：一间通长的土拱房屋居中（并非内走道）两侧垂直方向布置房间（图5-11）。

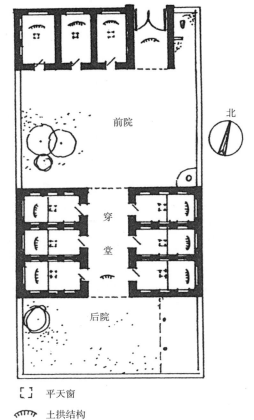

图5-11　穿堂式民居平面图

以上几种平面形式的房间用途包括客房、居室、库房、厨房、杂物间。牲畜房常另置一隅只有毗连式布置时才和主要房间邻近。

这类建筑，结构体系为全生土体系，土基础、土坯墙或夯土墙、土坯拱屋顶。它是吐鲁番地区独树一帜的优秀传统建筑。虽是土拱结构，但是房屋的布置可不受结构的限制，房间的平面布置可相互平行，也可相互垂直，各房间的平面开间尺寸和层高也可各不相同。房间开间净尺寸一般为2.7～3.6米，大于4米者也有。进深一般5米多，深的6～12米。房屋净高2.7～3.5米，土坯墙或夯土墙厚一般70厘米，也有厚达 1 米的。拱脚高 1.2 ~ 1.4 米。拱券形式为筒拱形、抛物线形、尖拱形、两点圆心拱形等。屋面拱砌完后，可不作任何抹面处理；有的抹草泥面；有的把屋顶拱沟部分填平与拱顶一致，抹上草泥，作为晒台和夜宿用。民居的房间，从古至今不用穹隆顶。室内天棚、墙面用草泥抹面，再用掺有少量牛羊粪的泥浆抹光，或再刷白灰浆。素土地面。室内设火炕或土炕，墙上做壁龛，端墙大龛存放被褥，侧墙拱墩部位设小龛。壁龛数量不多，形式简单，以横向长方形为多，龛的上部也有作拱形的。室内、外门多为单扇木质条板门或装板门，内门有的上部作楞花格式样，门高 2 米左右。室内小平天窗采光，窗 30 厘米 × 40 厘米或 40 厘米 × 60 厘米左右，木框格栅式，设在房间中部或炕前中部的土拱顶上。它也是室内通风换气的孔洞。也有少数人家在端墙上部开小侧窗，尺寸 40 厘米 × 60 厘米，花格内扇、木板外扇。

室内陈设简单朴素，主要居室设火炕，冬季一火两用。灶锅部分的炕沿处，有一段土坯小矮墙，防止水、油污染炕上的东西，也是防止小孩烫伤事故的措施。炕长同房间宽，炕宽 2.2 ~ 2.7 米，高 45 ~ 60 厘米。炕边沿用方木制成。（火炕是我国北方汉族人习惯用的一种采暖形式，传入新疆后也被一些少数民族采用，吐鲁番维吾尔族用火炕和它的居民成分的变迁史、高昌文化的发展史直接相关）。房内炕周围墙上挂布质墙围，炕上满铺毡毯，衣物木箱和被褥等放在炕后，就餐时在炕中放小桌（圆或方）桌铺布单，食物放其上，简便时仅铺布单即可。这个布单常是包裹存放干粮——馕的包单。

次要的房间也有少数设火炕的，以作备用。炕高 30 ~ 40 厘米，炕宽略为房屋的三分之一。炕上满铺毯、毡，炕周围墙上挂围布。这样的房间常是夏、秋季作午间居室使用。有的房间即使作为库房也设有土炕备用，只是不铺毯、毡，炕上放置箱、柜、粮食柜和粮食袋。过去室内陈设甚少，有的仅有少量的平柜，近些年来由于生活水平的提高，书桌、餐桌、椅子、沙发、立柜、组合柜等都进入了这些土拱房屋。土拱房屋冬暖夏凉，很适合干热的吐鲁番气候。但在夏季时，

多数维吾尔族居民习惯在露天就寝，6 月中旬~9 月初在房顶上，午间在地下室，9 月初~10 月中旬在院子里。

入口大门，绝大多数是由土坯砌筑的拱门洞，净宽尺寸在 4 米以上，净高也约 4 米，深 3 ~ 6 米不等。入口沿街部分为两扇宽而高的木装板门，门扇上部做楞花窗。门洞通行量大，这是过去为通行大直径木轮车的原因。"高车"在新中国成立初还有，在吐鲁番现已少见，但门仍保持着古老的风格。这具有深度感的拱门洞是街道和庭院的联系体和过渡空间。由于它是一个围合而又穿透的空间，拱洞内有穿堂风，自然成了儿童们戏耍的地方，也是妇女们家务劳作和社交的好场所，这门洞的功能，不仅是门户作用，可谓之公共性环境和私密性环境的过渡空间。它也是吐鲁番土拱民居的特点之一。

其余房间（柴房、粮食库等）一般组合在主体建筑里，用木箱柜存放或将房屋用土坯矮墙分格堆放；库房，存放农具和车具等；牲畜房，饲养羊、驴。驴车是每户家务劳动、副业生产社交活动不可缺少的交通运输工具；厕所为旱厕，设跺坑架小房，土踏步上下，架下堆土吸水，粪土为肥料。

葡萄晾房，多见于农村。建造在杂物房或入口大门洞的上部，四周用土坯砌筑成空透的墙壁，顶部用木架设，上铺苇席、麦草散土隔热层，草泥抹面层。家庭中的阴干房，面积小的十几平方米，大的 30 ~ 40 余平方米，净高 3 ~ 4 米多。屋顶上垂下带有伸出枝条的木杆，挂满葡萄进行风干。晾房由露天土拱梯或木梯上下。葡萄晾房是吐鲁番特有的建筑，它那四壁透空的玲珑形态和粗犷的生土材料，使其艺术造型，独树一帜。

土拱平房建筑，有的将土拱暴露在外求其自然形态美。多数屋顶不设女儿墙，把拱沟填平作成平屋顶（以利屋顶夜宿凉爽），在拱沟位仅设木制排水槽露出墙面。外墙草泥抹面本色，有的也刷白。室外墙面作土本色的原因，是有利于人们易适应室内外光线反差大的环境。自然也使眼睛免受墙面上的强烈阳光的反射伤害。

吐鲁番土拱民居建筑的造型，是由成片的实土墙面、

拱洞大门、拱形屋面、以及空透高矗的葡萄晾房共同构成的，外观轮廓丰富、体型粗壮。土拱建筑简洁明快而又富有变化，给人以朴素的生活气息，具有浓郁的地方建筑风格。

（2）土木楼房（米玛哈那、高棚架型）

庭院呈内向性半开敞式。由围墙和建筑围合，院内建筑主次分明。主体为两层，上层有檐廊；附属房间为一层不设廊。随地形和用户生活习惯需要自由灵活、因地制宜地营造。庭院有混合院和前后院两种形式。

混合院：两层的主要房屋放在庭院地段主要方位的一侧或后部，附属房屋放在次要方位，共同与围墙组成一个完整院落。主要生活区和日常杂务区的功能明确，互不干扰。庭院有相当的一部分是围墙围合而成，使庭院形成相应的半开敞性空间。全用房屋围合成四合院型的封闭性庭院较少。

前后院：主要房屋为两层，建在院落的中部，将庭院分成前后两院。前院是主要生活区域，后院是日常杂务地段，或兼有花园再或毗联有果园、菜园。附属房屋为一层或二层，按其房间的使用性质，分别放在前院或后院，有的从属于主要房屋毗联建造。有的按其需要单独设置。

主要房屋前面的露天或半露天空间，是起居、待客、就餐、休息、夜宿及儿童游戏的地方。院里设有很宽大的土炕台，高30~45厘米，或者在这里有一大木床，日常生活所有活动以炕（床）为中心进行。除冬季寒冷外，全年很长的时间中，这里是家庭生活的重要活动区。在这个部位的上空，混合式庭院有的设棚盖，形成半露天空间。棚盖利用围墙墙头和房屋檐部搭建，也有的在这里单独设立高棚架，形成半露天的阴凉空间，为日常生活活动的中心。也有的住户不设棚盖和高棚架，仅在院内种花和植一两株树或架设葡萄架。

这块半露天的空间，是吐鲁番民居家庭生活中的综合性空间，它盖而不死、遮而不闭，视野开敞。人们居住在家里不仅感到具有舒适性，亲切感、安全感。而且使人还感到无论是白天起居，夜间就寝都处在大自然的怀抱之中。它和主房檐廊、室内空间共同融为一体，构成了吐鲁番民

居里的独特的舒适安逸的居住环境。

附属房屋有入口大门房；子女、亲友、佣人住房；库房、粮仓、杂物房、柴草房、夏厨房、备用大厨房、马厩、牛棚、羊舍、驴屋、厕所、乃至鸡窝、鸽笼。它们分别按其功能性质安排在前院或后院。多为土拱平房或土坯平房。另外院里还有馕坑、菜窖。这类型庭院，很少见到将葡萄晾房。

主体房屋：两层，底层为土拱结构，上层为土木结构。底层分为半地下室或地面一层两种，均为土拱结构。拱墩土墙为土坯砌筑，70厘米厚，也有少数达1米厚的。多数为5~7开间，等跨并列。也有一些随使用要求采用非等跨并列或垂直安排的。开间一般净尺寸为2.5~3.5米，为适应不同大小房间组合，土拱开间净尺寸可以随意使用，不受固定尺寸限制，在同等层高里，可采用几种开间尺寸。层高：一般净高在2.7~3.6米左右。为了适应二层房屋前檐设廊子，甚至前后檐设廊子，底层的进深很大。一般在8~14米，乃至16米。半地下室一般向前院开高窗，室内串套开门，整个地下室或半地下室，多数只开一门对外，也有少数设两个出口的。都在前院设踏步上下。底层如在地面上，门、窗开向内院。整个底层，对外出口，有的只开一樘或两樘门，各房间开内门串套，每开间向院内设高窗；有的则每开间向院内各自开门、窗。各房间单独使用，或一两间内墙开门，串成套间使用。底层一部分作居室：夏居室（仅夏季午间使用），另一部分作粮仓库房使用。

楼层为土木混合结构，前檐设木柱廊子，有60~90厘米高的木栏杆。也有少数前后檐都设廊子的，但只前廊设栏杆。前廊宽2.5~3米。后廊宽1.5~2米。廊高3~3.3米左右。廊内做木板地面。前廊部位放有木床，为夜宿之用。前廊常是老人休息、主妇缝衣、绣花、照看幼儿等家务活动之处。也是儿童，特别是幼儿戏耍的地方。每逢佳节、婚庆大事时，廊和前院棚架下空间融为一体，成为礼仪接待的场所，也是喜好歌舞的维吾尔人弹唱起舞的场地。后廊是房屋与后院、花园联系的过渡空间，是风干晾制过冬瓜果、干菜等家务劳作及老人

养病、赏花等常在的地方。

有半地下室的二层楼房的楼层平面是吐鲁番典型的维吾尔民居的传统形制。也和喀什民居一样称谓米玛哈那型。这种平面形制，也是一明两暗，但是，它和汉族式的一明两暗有着根本上的不同，无论是各房间的开间、进深尺寸，房间的平面形式，以及使用功能等，都有自己的特点。这种单元平面由前室（代立兹）客房（米玛哈那）、餐室、冬卧室（阿西哈那）所组成，是民居里的基本生活单元，也是维吾尔族民居建筑的核心组成部分。

前室：（代立兹）是一小开间，宽度净尺寸 2.5～3 米，开双扇门。有前后廊的，前后开双扇门。功能是更衣、换鞋的地方。又起交通枢纽作用，联系着各房间，经过它出入客房和冬卧室，又沟通前后院落。它还具有夏季隔热、冬天防寒、风日避风的多功能作用。室内装修简朴，仅作白色粉饰。

客房（米玛哈那）：是每户中面积最大的，室内装修装饰最好的、陈设标准最高布置最讲究的房间。功能为日常和佳节待客用，故而得名。又由于它代表了传统民居中的典型标准化形制，故又是这类民居类型的总称。它的平日用途实际是家庭户主的起居室、卧室。

房间经前室套入，多布置在左侧。双扇门，房间横向布置，长向方位占两开间或三开间，一般的净尺寸在 7～12 米之间。进深净尺寸为 4～6 米左右。净高 3 米，个别有高 3.6～4 米许的。开侧窗，两樘或三樘，设前后廊的开四樘或六樘窗。各樘窗的外层是双扇外开木装板窗，木本色或湖蓝油漆。早晚开启换气通风，中午热时关闭，防止热空气进入室内。窗台低矮，45～60 厘米高，窗洞有的也向内作成"喇叭形"，提高采光率。

室内设壁龛，入口对面墙壁设一横向长方形大龛存放被褥，大龛上部再设两个横长方形小龛，存放珍贵器物，侧墙面设二三个竖长方形壁龛。有的在窗的上部也设小龛，龛形为尖拱形或矩形，形态简洁。墙面花饰不多，仅上部小龛和天棚下部位作装饰，做法有木雕花、石膏花带和在土墙上直接压制图案。天棚为密小梁天棚或平顶天棚。楼

面多为木板面，也有土楼面的。室内壁炉或火墙采暖。室内陈设家俱甚少。过去仅有一圆形或方形矮炕桌。

室内满铺地毯、地毡，或在房间后半部铺地毯。墙裙挂布质单色或花色墙围布。在室内待客时，人数少则用矮炕桌。人数多时，桌布铺在地毯上，就坐一圈，中间摆设丰富肉食、馕、茶、抓饭、各种水果、糕点等丰富食物，共同尽情美餐畅饮，弹奏欢唱。

餐室、冬卧室（阿西哈那）：通过前室进入，多设在右侧，双扇门，也是横向房间，开间宽度 6～9 米左右。一般面积略比客房小。净高同客房。二樘或三樘侧窗，每樘窗也设两扇木装板外开扇。室内壁龛的位置和客房相似。天棚、地面做法与客房相同。重要的是在此房间必须设壁炉、火墙或火炕。原因是此房冬天在这儿烧茶、做饭、全家在此用餐。所以称谓餐室。房间后半部或炕上铺地毯，墙裙挂布围。冬天全家主要成员在此住宿，所以又称谓冬卧室。如佳节或喜庆迎宾设宴时，客房接待男宾，此房供女宾就座。

棚盖、高棚架：这是吐鲁番民居中独特的建筑组成之一。棚盖一般架设在房屋之间的院子上空，高出屋面檐部 0.6～1.5 米左右。遮盖面积各户不同，有盖院子全部的，有只盖院子的一部分的。棚架遮盖了阳光的直射，起着降温作用。这里气温高，刮热风，单纯采用通风方法难以降温，因此采用棚架遮阳。干旱使得霉菌、细菌不易生存，所以，卫生日照和降温相比，则退之次要了。吐鲁番是风区，采用轻型苇席棚盖的做法不多。棚盖上部都有草泥压顶。

高棚架：单独设立在主体房屋的前檐部位。有的紧连主体房屋，有的和主体房屋有一小段距离，由横向五排柱至九排柱，纵向三排柱至五排柱组成。柱是简单加工后的直而挺拔的木材，细而长，直径为 20～30 厘米。高度在 6～8 米。周边列柱的腰部有横向支撑。各排列柱柱顶端之间均有纵、横联系梁，梁上设密檩、密椽、再铺苇席、泥土和草泥压顶。高棚架四面临空，既遮阳又通风。它高而宽敞，无论太阳在何方向，也都能留一片阴凉地面，晚间又可得到凉风降温。高棚架给吐鲁番民居的建筑造型艺术增添了

鲜明的地方特色。

石膏花装饰：用石膏制作的雕花和空透石膏雕花装饰在吐鲁番的应用并不普遍。只有少数标准高的土混结构平房和楼房的天棚下部墙上做石膏花带，室内也仅将墙面和壁龛采用石膏抹面层。龛形也简单，不过拱券形式和其他地区有所不同，有自己的风格。石膏透空花形态也和南疆有别。

木模印花是吐鲁番民居喜用的装饰手法。用木模在新抹好未干的墙上压制而成。图案简单，朴素大方。是吐鲁番有特色的装饰手段。

木制门、窗：门为木拼板和木装板做法。窗有木棂花窗、玻璃窗，窗外扇有木制平开和支撑两种，后者用于小窗。木门上部的亮子和木大门上的木格棂花，形式多为双交四腕棱花，或加以变化组合。适应于纸糊的木格窗，花饰图案形式和做法，都和汉族式大同小异，可见汉文化在这里的深远影响。但是，这里的花格形式，并非全照搬应用汉式，木格棱花中加上一两组十字纹饰，就成为吐鲁番的典型图案了（图5-12）。

户大门：如前所述，"大门"是一个有深度的多功能空间。多为筒形土拱结构。仅在大门的开启部位采用木结构平顶。这个"大门"空间的结构也有的用木梁、檩、椽的构造方法。即使后者，门扇的部位仍做成拱洞形，因此，大门的外观立面造型仍以拱形居多，拱形有半圆形和二心圆弧形式。外观简洁大方。另外，也有一些外门的其他形式，这些外门的造型，多反映受汉族建筑文化的深远影响（图5-13～图5-15）。

图5-13　拱形大门

图5-12　吐鲁番民居木窗双交四腕棱花

图5-14 平顶大门

柱式：维吾尔木结构体系，即桂支撑梁，大梁上放小梁。有别于汉族式——梁穿斗在柱上的做法。檐部用木板和砖封檐，也有作简易土坯挑檐的。吐鲁番基本无雨雪，檐部的排水木槽数量甚少。柱子为圆形断面，多无收分，很少见多边形断面的柱身，柱身下段部位，多数无柱裙装饰，柱端部直接支撑梁托或梁，有的柱端部作鼓状柱头（图5-16）。

图5-15 大门形式受汉族建筑文化的影响

图5-16 吐鲁番民居的柱式

（三）建筑实例

1. 吐鲁番新城南六巷 5 号

该户建于清末民初，两层土木混合体系建筑，房屋旁有一侧院，饲养羊、驴和家禽。庭院小而紧凑，院内沿墙单独设廊，作为户外生活活动中心，廊顶则是夏秋季夜宿之地。院内室外楼梯联系上下层，楼下土拱房墙厚，室内阴凉，夏秋季午休和家务劳作在这里。楼上是冬卧室，经外廊入室，房间可套可分。室内设火炕。整个居住环境朴素舒适（图5-17～图5-21）。

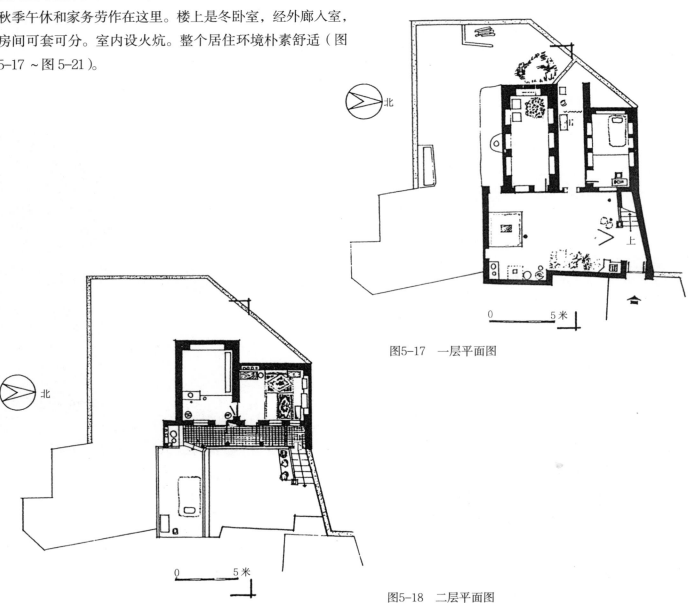

图5-17 一层平面图

图5-18 二层平面图

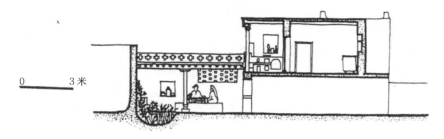

图5-19 剖面图

图5-20 入口大门外观

图5-21 庭院内景

2. 吐鲁番新城北七巷9号

这是一户小庭院住宅，利用地形做有地下室存放瓜果和冬菜。庭院分为两个，前院仅有20平方米，但院内墙壁上有玲珑空透的窗户；曲尺形露天楼梯安排恰当又巧妙地种植了一棵树，并和二层大凹廊平台融为一体，使庭院空间感扩大，且显得层次丰富。圆形门洞的处理，导向性十分鲜明；主庭院是一个宽3～4米，长11.5米狭长平面，但是由于房屋墙面的凹凸错开，棚架的安设、植树位置得体，使得庭院空间即有层次变化，又觉宽敞舒适。房屋底层是土拱建筑，随功能需要，房间土拱的跨度不等，但顶部平。二层是一间独特的闺楼，专为未出嫁的女儿居住，房间有宽大的阳台，室内明亮、装饰华丽，门前窗下都植树，环境优美（图5-22～图5-26）。

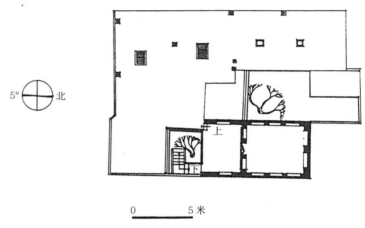

图5-23　二层平面图

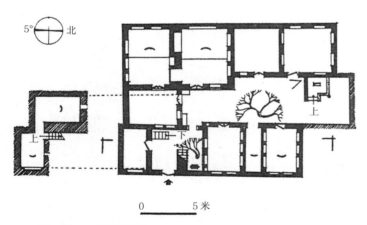

图5-22　一层平面图

图5-24　剖面图

图5-25　内庭院透视图

图5-26　外庭院透视图

3. 吐鲁番新城六巷33号

用户地段呈长条形，处在前街后巷间，设有前后门，房屋利用地形的局部变化，巧妙地安排了一个小天井的女院，供女儿居住和接待女宾时用，一层土拱房，二层土木结构，房间横向布局，设廊，庭院虽小但很亲切；前院房屋的底层是连续并列的土拱半地下室。上层是一套米玛哈那式居住单元，设有廊，并在廊前庭院顶部架设高棚架作为防晒降温措施，棚下通风良好，阴凉宽敞，是家庭生活活动中心所在。沿大街是主入口大门和铺面，铺面后是商店人员和匠人的宿舍。铺面形式为汉式做法。该户功能合理明确，空间尺度恰当，环境舒适安逸（图5-27～图5-29）。

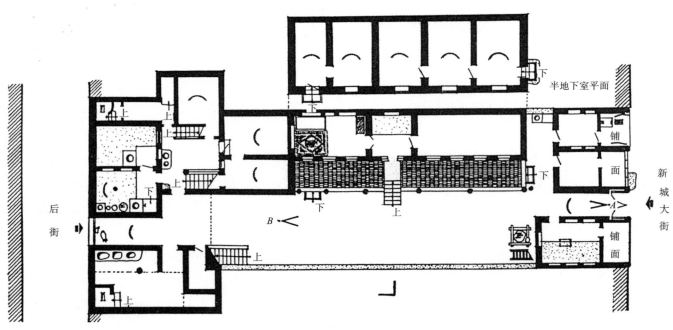

图5-27　一层平面图

图5-29　由大门向内望

图5-28　庭院透视

4. 吐鲁番回城北二巷 7 号

这个住宅是在一个 5.5 米 ×36 米十分狭长而整齐的地段上建造的。建筑手法处理得当，居住舒适。前院有水渠通过，种植了果树和花草，主房设在中段，随地形把土拱房屋安排呈纵横形式的半地下室，通过狭长的土拱通道进入一层的夏季午休室和库房，经通道也可到达后院。学层上的"通道"即冬季厨房和防风、保暖隔热的门斗。它联系着后院楼层宽阔的居室，起居室前设有宽廊，除寒冬外，廊是生活活动中心和夜宿的地方（图5-30～图5-32）。

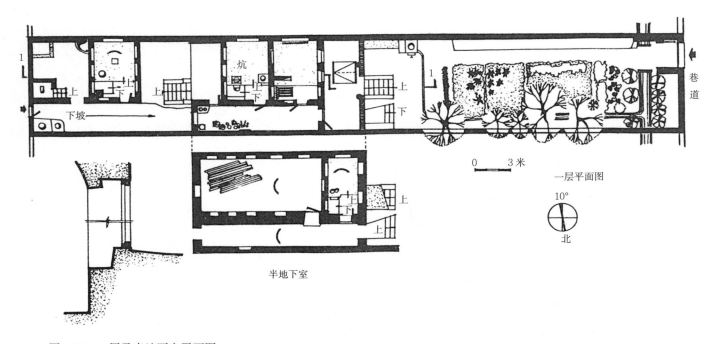

0　　3米

一层平面图

10°

北

半地下室

图5-30　一层及半地下室平面图

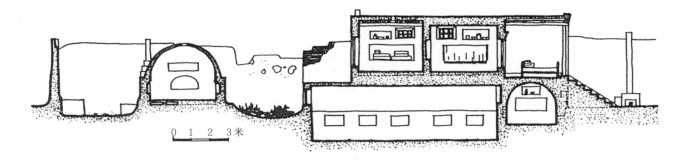

图5-31　1—1剖面图

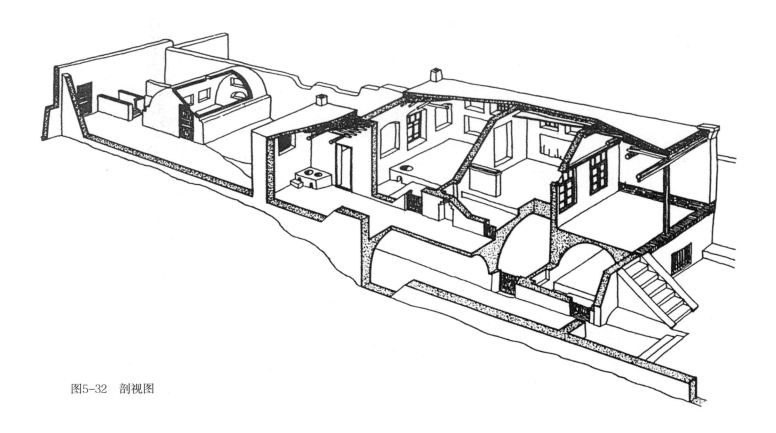

图5-32　剖视图

5. 吐鲁番葡萄沟公社乐园大队某维族果农住宅

该宅建在不能种植葡萄的坡地上，一层土拱平房。主房是一种古老形制，由一横向而宽大的房屋穿套三间土拱卧室，该大屋作为生活的主要活动中心——起居、待客、就餐、家务劳动、小孩戏耍等场地，也起着防风沙、隔热防寒的重要作用。主房旁设有一女院，砌有土坯花墙的前室，封而不闭，套着卧室。庭院内还有葡萄干库房和葡萄晾房。另外，该户还另设一小院布置雇工的卧室。粮仓和饲养牲畜的厩房等也设在这里。各组房屋之间开有门，联系方便（图5-33 ~ 5-36）。

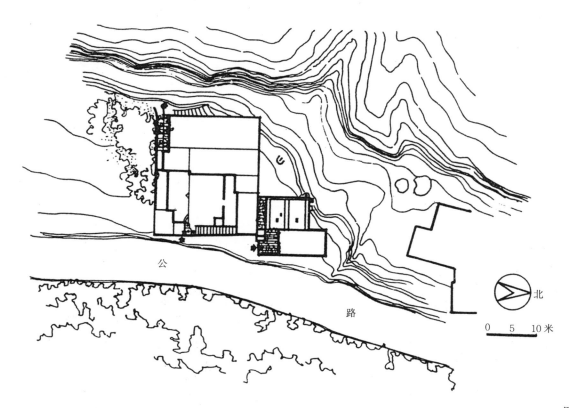

图5-33 总平面图

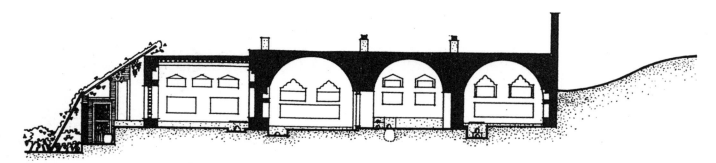

图5-35 剖面图之一

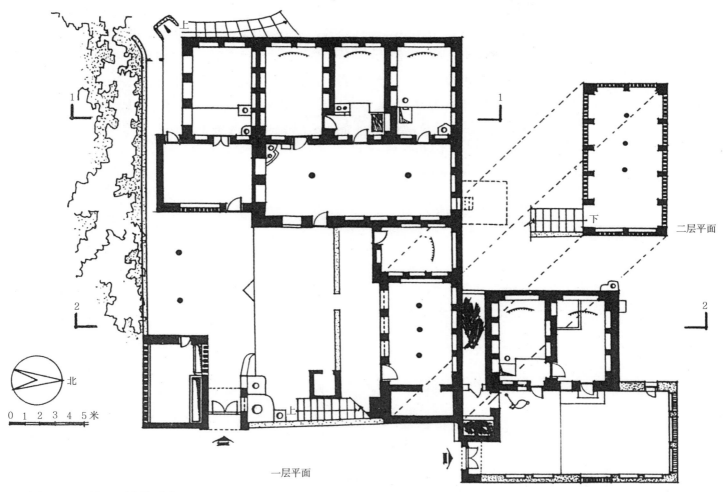

北

0 1 2 3 4 5米

二层平面

下

一层平面

图5-34　一层、二层平面图

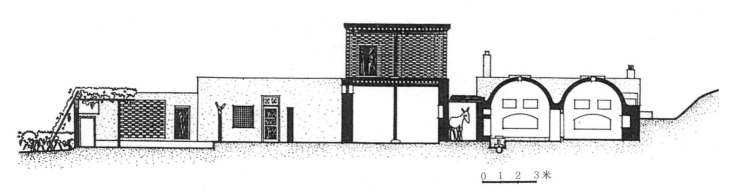

0 1 2 3米

图5-36　剖面图之二

6. 吐鲁番县三堡乡，火焰山公社某住宅

这是农村里比较讲究的住宅型制，占地大，分前后院，前院有水井一口，设有绿化地段，种植树木、花草和葡萄。也有高棚架地段，高棚架遮阴，通风甚佳，棚架下可停宾客车马，是高价货物装卸的阴凉宽阔场地和收租的地方。主屋的底层，为来往客人和差人等使用方便，未作地下室处理，但仍是并列连续土拱结构，每开间单独使用，独自开门窗。主屋的侧面是多间货物库房，部分库房通达杂院和马厩。

主屋的楼层是由两个并列的米玛哈那单元组成，前后设廊，另一端则是宽大的宴客厅，两套米玛哈那单元，无论冬夏，居住都很宽敞。佳节宴请时和宴客厅配合，可以男女宾客分开就座。室内用石膏花装饰，民族风格浓郁。后院还围有一小院使厨房和杂院、马厩分开，院落空间功能明确，环境干净整洁（图 5-37 ~ 图 5-39）。

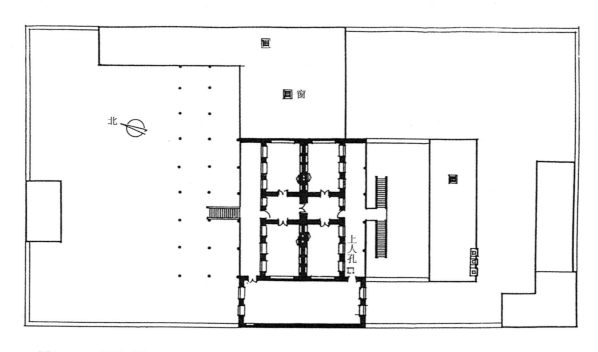

图5-37　二层平面图

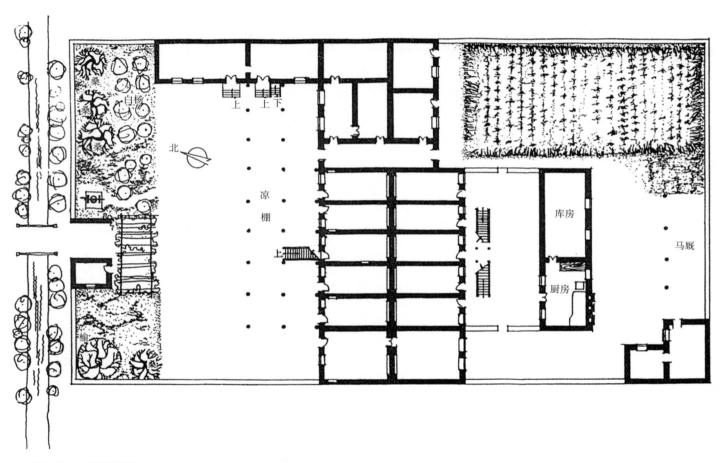

图5-38 一层平面图

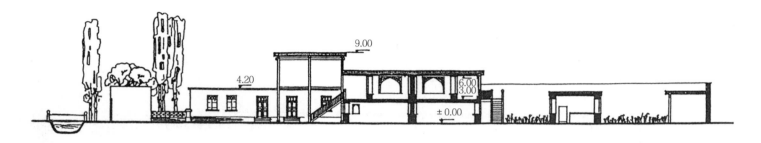

图5-39　剖面图

第六章
新疆的汉族民居

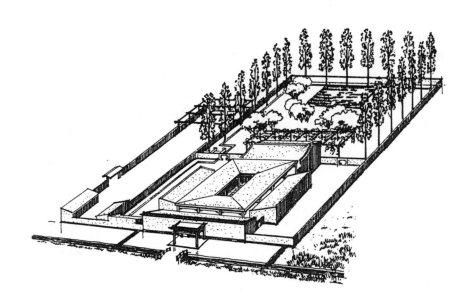

（一）汉族在新疆的历史地位和作用

　　新疆位于我国西北部，古称西域，是我国少数民族最多的一个自治区。多民族聚居不是一朝一夕形成的，而是由几千年历史发展形成的。这漫长的历史过程也是统一新疆和分裂新疆的斗争过程，这过程贯穿着中原历代王朝的政治、经济、文化对新疆的影响，伴随着汉族和少数民族的交往与合作不断发展和加强。

　　公元前 221 年秦始皇执政，在我国历史上建立了第一个多民族的中央集权的、统一的封建国家，继之而来的汉朝刚刚建立，就面临着匈奴对中原的侵扰和掠夺。从西汉两次派张骞出使西域，其间包括细君公主、解忧公主出嫁乌逊，至东汉的班超、班勇再使西域，从公元前 138 年至公元后 127 年，共经 265 年的努力，不仅沟通了中原和西域的往来，而且统一了新疆，迫使匈奴西迁。

　　公元三、四世纪，三国时曹魏继汉统有西域。游牧民族柔然政权日益强大并占有西域许多地方。经 200 年，柔然汗国才基本灭亡，突厥汗国正式建立。至隋王朝，突厥汗国后期，西域动乱不息，至公元 657 年，唐朝才削平了突厥汗国，又一次统一了整个西域。

　　以后阿拉伯人入侵中亚，唐代又出现了安史之乱，边疆地区各少数民族各自为政，南疆地区大部分落入西藏贵族手中。至 850 年后，回鹘诸部在西域的地位得以最后稳定下来。

　　唐朝灭亡后，西域又出现了好几个政权并存的局面。如 10 世纪上半期形成的哈拉汗王朝、于阗李氏王朝、高昌回鹘政权等。

　　13 世纪初，蒙古草原成吉思汗崛起，征服了整个中亚，1279 年南宋亡，全国（包括新疆）统一于元朝。14 世纪中叶，元朝开始腐败，1363 年统治新疆的秃黑鲁帖木儿死，新疆各地大乱。

　　17 世纪准噶尔各部分裂势力猖獗。1754 年，清乾隆时期讨伐准噶尔各部，统一了新疆。

　　从中原历代王朝在西域设立的军事和政权机构及其管辖的范围，可见中原对新疆发展的影响之深远。

　　在公元前 101 年，汉朝在西域轮台、渠犁一带设使者校尉，当时主要作用是领导屯田，这是"西域都护"最早的雏形。公元前59年，西汉在乌垒城设立西域都护府，这是西域的最高地方长官，管理天山南北，包括巴尔喀什湖以东、以南广大地区，同时委派各地方官吏。公元74年，东汉在西域设立的都护府共领护50余国。公元前77年又有伊循都尉，设于楼兰城，公元前48年又有戊己校尉设立于车师，其武装除打仗外，也从事屯田。

在万里长城建成12年之后，即汉朝对大宛作战胜利并在轮台、渠犁置屯田军以后，又开始修建敦煌至罗布泊一段长城，并于公元前94年完成，实际上自盐泽以西，以烽燧（亦称"列亭"）代替了长城。图6-1为库车克孜尕哈烽燧，距今2千多年仍耸立云霄。

图6-1　库车克孜尕哈烽燧

西晋设在西域的统治机关戊己校尉的驻地是高昌，西域长史的驻地是罗布淖尔东北的海头。十六国时，前凉在今吐鲁番地区设立高昌郡，为新疆建立郡县之始。隋朝曾设鄯善郡、且末郡和伊吾郡。

唐在西域的管辖范围超过汉代，远及中亚，并在各地实行不同的管理制度。如在西域东部设伊州、西州、庭州，共辖12个县，其他地方则实行都护府、都督府制。唐灭西突厥，领有巴尔喀什湖、楚河、锡尔河、阿姆河流域一些地区，设昆陵、蒙池二都护府于碎叶州之东之西，在葱岭以西16国设16都督府，均属安西大都护府节制。公元702年（武则天长安二年）在庭州设北庭都护府。统辖天山以北，包括巴尔喀什湖一带地区。

元在西域实行行省制，先后在撒马尔罕设阿姆河行中书省，管辖河中地区，在今霍城一带设立阿力麻里行中书省，管理伊犁至巴尔喀什湖以东以南地区。在今吉木萨尔设别失八里行中书省，管理天山南北地区。后又在别失八里行省之下设别失八里、和州、斡端三个宣慰司，分管北疆、南疆及和阗地区的军政事务。

明代称新疆地区为别失八里，后改称亦力巴里。察合台后裔在西域虽经常内讧，但都臣服于明朝。西域东部则为明朝直接统辖，公元1406年（永乐四年）建哈密卫。

清朝统一新疆后，于公元1759年（乾隆二十四年）将西域称为新疆，意为"故古新归"。并在伊犁设将军府，作为新疆的政治军事中心。并先后建立伊犁九城，其中惠远城于公元1763年（清乾隆二十八年）建，伊犁将军衙署设于该城。伊犁将军下设参赞大臣一员，也驻惠远城，惠远城除驻军外，尚有居民，应此还设理事同知、抚民同知各一员。

清朝行政区划为：额尔齐斯河以东以北归科布多参赞大臣统辖，额尔齐斯河以南以西及天山南北地区均归伊犁将军管辖；哈密至乌鲁木齐一带则划归甘肃布政使管辖。公元1884年（光绪十年）正式建立新疆省，省会设于迪化（今乌鲁木齐）。公元1906年（光绪三十二年）将阿勒太地区从科布多参赞大臣管辖改为直隶于中央。民国时期新疆设省、道、县制。公元1919年（民国八年）阿尔泰地区划归新疆省，设阿山道。

公元1949年新疆解放，公元1955年成立新疆维吾尔自治区。

纵观新疆各民族历史，9世纪40年代，回鹘（今维吾尔族的先民）已逐渐发展成为新疆的主体民族。至16世纪是近代新疆各民族的基本特征形成的时期。应该指出的是，汉族人也是新疆较早的居民之一。就从中原不断往西域移民屯田的历史事实可以明显看出。

公元前101年（汉太初四年），在西域设立使者校尉率领士卒在轮台、渠犁一带屯田，以供给和保护来往的使者。公元前90年，汉派李广利率兵攻打匈奴，围攻车师。车师臣归于汉后，桑弘羊向汉武帝建议，在渠犁一带大开屯田。汉昭帝继续实行桑弘羊计划，在伊循城屯田成功。公元前68年开始的郑吉、司马熹等人屯田于渠犁一带，规模是空前的。西域都护设置后，屯田的地域扩大到从莎车划分出来的北胥鞬。

东汉亦长时间地、大规模地在西域屯田。除车师前后部、伊吾而外，其他有汉朝军队驻扎的地方也应该有屯田。民丰县民雅遗址发现的一颗东汉时期的"司禾府印"印范，就是当时这一带屯田机构的遗物。

鄯善、且末等地毗连敦煌，汉朝早在这里分设官职和进行屯田。

高昌地区自两汉以来就是中央政府的屯田处所。

唐朝政府亦在西域进行屯田。贞观年间，"于是岁调山东丁男为戍卒，缯帛为军资，有屯田以资糗粮，牧使以娩羊马"。据统计，唐朝在西域的屯田，安西都护府有二十屯，疏勒有七屯，焉耆有七屯，北庭都护府有二十屯，伊吾军有一屯，天山军有一屯，共五十六屯。今巴里坤、焉耆、库车、轮台等地，保存有许多唐代屯田遗址。焉耆陆式铺左城和唐王城屯田遗址中，保存有许多仓库和地窖。

元朝政府的税收也不足以维持新疆驻军的粮饷，公元1287年始也进行屯田，地点主要在和田、喀什噶尔。还在吉木萨尔等地派遣军队，或调遣内地民工组织屯田。

清朝统一新疆后，在伊犁设将军府，并从东北盛京一次抽调锡伯部官兵1016人，连同家属3164人，到伊犁河南岸察布察尔山一带驻防，同时进行屯田。

历来的屯田，促进了汉民移民进疆。

据历史记载，以前新疆就有不少汉族居民，特别是吐鲁番、哈密等地区，史书上提到哈密还有所谓"回回"、"蒙古"、"哈喇灰"，所有这些种族和汉族后来也都被同化到维吾尔族中去了。内地汉族西迁入新疆和维吾尔族入内地这种现象是经常发生的。丝绸之路促进了经济发展，也促进了内地汉族人来新疆，元朝的统一全国，促进了当地少数民族与汉族间交往；内地战乱频繁，而河西和西域一度安全，也促使汉人入疆，尤其是山西、河西走廊一带的汉人。据历史记载，1455年，仅由鞑靼转卖给哈密、吐鲁番一带的汉族人约2000人，还有1000多人竞转卖到中亚的撒玛尔罕。16世纪初，蒙古封建主常到甘肃去抢劫，把汉族人当奴隶来使。元代有大批汉族劳动人民迁徙到阴山地区，吉木萨尔附近有很多汉民。阿力麻里城中，汉人与当地兄弟民族的人民杂居生活。

总之，汉族人和以维吾尔族为主的各少数民族，千百年来，以辛勤的劳动，共同创造了新疆的历史。

（二）中原文化对西域文化的影响

由于历代中原王朝相继统有西域、多处屯田以及"丝绸之路"的开通，中原文化，从语言文字到丝绸纹样、生产技术，以至建筑法式、布局对西域均有深刻的影响。

汉文在新疆最早流行于吐鲁番、罗布淖尔地区以及民丰县境内。从考古发掘材料中可以看出，自汉以来，这里的官府文书多用汉文，不少民间记事也用汉文。婼羌县米兰古城发掘有少数民族诗人坎曼尔的几首诗，其中一首诗（图6-2）云："古来汉人为吾师，为人学字不倦疲。吾祖学字十余载，吾父学字十二载，今吾学之十三载。李杜诗坛吾欣赏，讫今皆通习为之。"图6-3为吐鲁番阿斯塔那出土的汉文医方残片。图6-4为出土的汉文"工匠名藉。"

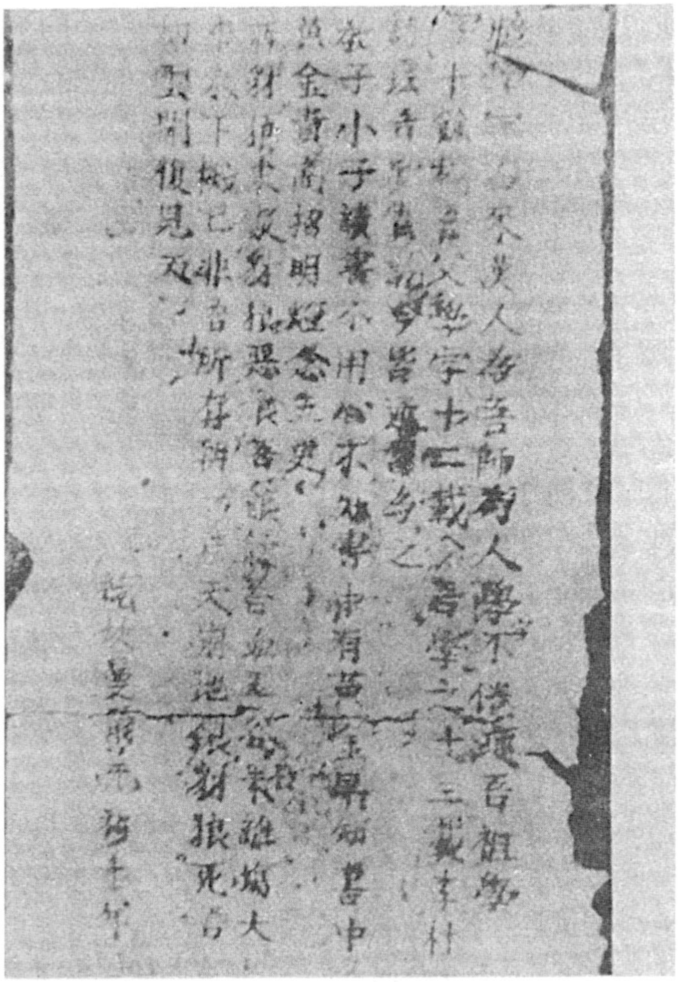

图6-2 婼羌县米兰古城出土汉文诗

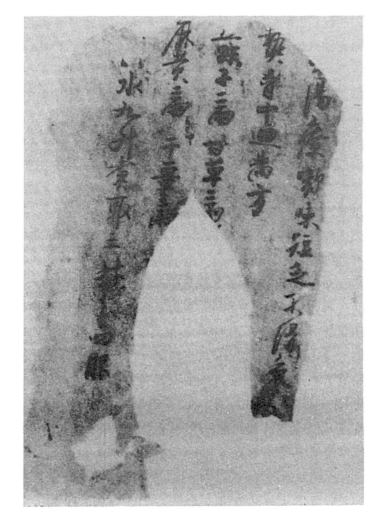

图6-3 吐鲁番出土汉文医方残片

两汉时期，铜镜、丝织物已出现于于阗、吐鲁番一带。吐鲁番阿斯塔那出土的绢物多为花鸟纹印花图案，均为内地丝织物。图6-5为散落在丝绸之路上的遗物——古钱币。

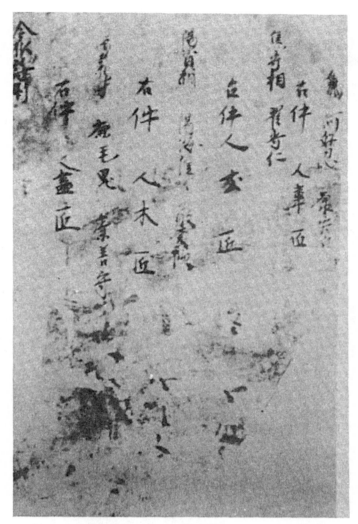

图6-4　新疆出土的汉文"工匠名籍"

图6-5　散落在丝绸之路上的古钱币

唐代西州已出现纸坊，可见造纸技术已从内地传到了新疆，后进入撒玛尔罕并传到西方。印刷术在10世纪传到高昌。高昌回鹘在文化方面由于受汉文化影响而取得较大成就，回鹘文的佛经就是译自汉文。在吐鲁番和库木吐拉，发现有唐代抄的《论语》《汉书》《史记》《铖经》《神农本草》和阴阳杂书残片，说明汉文化和先进技术在这里的传播。

屯田士卒使用的生产工具是从内地带来的。内地来的较先进的生产工具推动了西域当地生产工具的进步。西域副校尉陈汤曾用"汉得巧"三个字，不仅说明了乌孙兵器在内地影响下的进步，也说明了汉文化对西域生产发展的影响。

西域的建筑文化，则受到印度佛教建筑的影响，有中东、中亚伊斯兰建筑的影响，更有中原传统建筑的影响。这种影响又融合在西域每个具体环境中。千百年来虽经历史更迭和频繁战乱的摧毁，仍依稀可辨。图 6-6 为库车库姆吐拉千佛洞中壁画——迎佛图，其背景即为一歇山式屋顶的佛阁。图 6-7 为吐鲁番县伯孜克里克石窟中的西州回鹘藻井图案，明显为"卷草"、"云纹"图案。

图6-6　库车库姆吐拉千佛洞中迎佛图

图6-7　吐鲁番县伯孜克里克石窟中的藻井图案

高昌地区，两晋以来是中央政府的屯田处所，魏晋时期是戊己校尉的驻地，唐改称"西州"。从高昌回鹘汗廷的遗址残存中，从城址的平面布局中可以看出高昌故城分宫城、内城和外城。宫城在北，内城在南，外城有瓮城和马面。外城的东南和西南有寺院和坊市的遗迹，仅寺院达五十多处。故城中无论是高昌国王的宫城，或是回鹘高昌的王宫，从残存的遗址中尚可分辨。整个平面格局与唐代长安相当接近。高昌故城，交河古城历经沧桑，在败壁颓垣中虽无完整的建筑法式可见，但夯筑土墙和墙间横架木椽的痕迹还大量存在。在两座故城均发现大量的瓦当，可见这里已深受中原传统瓦屋面的影响。

吉木萨尔县北庭故城出土有唐代的莲花纹方砖，吐鲁番县阿斯塔那出土的木亭模型（图6-8），这些实例均直接来自中原传统木结构的形式和构件。

图6-8　吐鲁番县出土木亭模型

奇台春秋楼（图6-9）建于同治年战乱之后的德宗光绪三年，为山西商贾筹资兴建。全楼高38米，一层神阁

图6-9　奇台春秋楼

内供关公。一、二楼呈正方形外边有12根柱，承托斗栱飞檐。三楼没有边柱，屋面八面上翘。屋檐下有连接梁架的八个垂柱。八条上翘的砖脊汇集到屋面中央翠绿琉璃顶子，同中原的华贵的亭台楼阁建筑相比毫不逊色。

另一些实例则显示中原传统的建筑法式已溶化到当地或本民族传统建筑中。库车东大寺，建于清代，寺门高大，上覆穹窿拱顶，两角有高塔，是典型的伊斯兰建筑形式。

但礼拜殿（图6-10）采用木梁柱结构。四周平顶，正中起有天窗，上覆卷棚式屋顶。

哈密王陵建于清代（公元1706年），有砖砌墓室，还有木顶墓室（图6-11），一个是八角攒尖顶，一个是上圆下方的重檐盝顶。攒尖顶下的穹顶砖墓室隐约可见。据碑

图6-10　库车东大寺礼拜殿屋顶结构

图6-11　哈密王陵

文记载:"从北京皇帝那里请来了匠人,为了穆斯林的利益和城市的美丽,特建此巨大建筑物。"可见其形式为伊斯兰与汉式建筑的结合。图6-12为建于哈密的阿拉伯传教士盖斯墓,彩色琉璃穹顶墓室四周有一圈木柱回廊。特定的建筑显示了建筑文化的融合。

图6-12 哈密盖斯墓

(三)新疆汉族民居实例

虽然丝绸之路在汉代已打通,唐代到了鼎盛时期,但在西域的大量文献中涉及民居的记载很少。清代林则徐发配来新疆期间记载道:"厦屋虽成片瓦无,两头椽桶总平铺;天窗开处名通溜,穴洞偏工作壁橱……"苏尔德在《回疆志》中写道:"回人屋宇,不知向脊偏正,门窗无分左右,惟视其地势能容,随宜修建。"由此可见,不求轴线对称,注重因地制宜,平屋面,小坡顶,这是与传统汉民居明显差别之处。至于嵌在墙体内的炉灶,屋顶上的天窗等和汉代遗址中的早期民居则有不少相似之处。

目前所能收集到的民居实例只限于清代及其以后近百年内的。

从这些例子可以看到，无论平面如何变化，均为四合院布局，但已远不如北京标准四合院那样，大门、影壁、屏门、垂花门、廊、抱厦、厢房、耳房、倒座房、后照房、围墙等一应俱全。宅院中的花园更没有亭、台、阁、榭之类的小品，入口方位也不讲究在南偏东。大部分虽只由正房、厢房、倒座房组成简单的院落，但也体现了"北屋为尊，两厢次之，倒座为宾"的上下、主从关系。正房一般有三间至五间组成，如图6-13、图6-14为乌鲁木齐（原迪化）市光华路33号院。"五间启一"，或是看作由三间正房加二间前墙并未后退的耳房组成。图6-15、图6-16为乌鲁木齐（原迪化）市前进街7号院，"五间启一"，但无耳房。

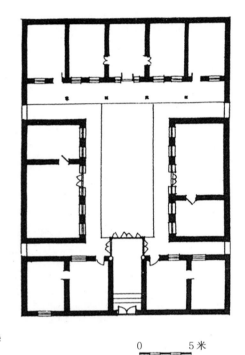

图6-13　乌鲁木齐市光华路33号院平面图

0　　　5米

图6-14　乌鲁木齐市光华路33号院纵剖面图

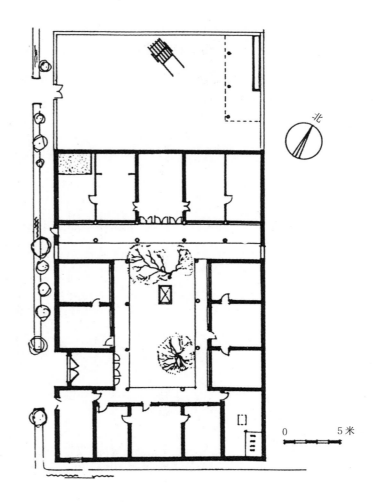

图6-15 乌鲁木齐市前进街7号院平面图

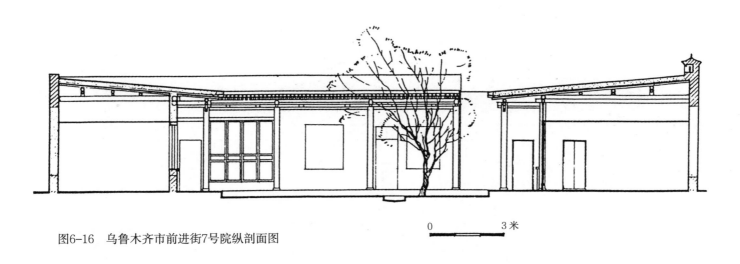

图6-16 乌鲁木齐市前进街7号院纵剖面图

图6-17、图6-18为乌鲁木齐（迪化）市前进街11号某公馆，正房共七间，"七间启三"。厢房有设廊檐的，也有不设廊檐的。庭院一般宽窄适中，具有良好的比例，追求"端正平整"、"聚财"以及满足内外空间有别的传统心理。如

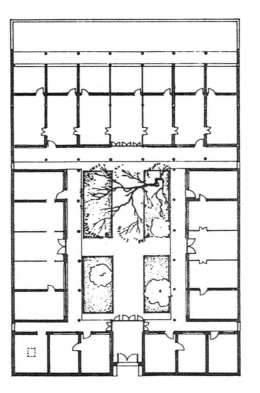

图6-17　乌鲁木齐市前进路11号某公馆平面图

0　　　5米

图6-18　乌鲁木齐市前进路11号某公馆纵剖面图

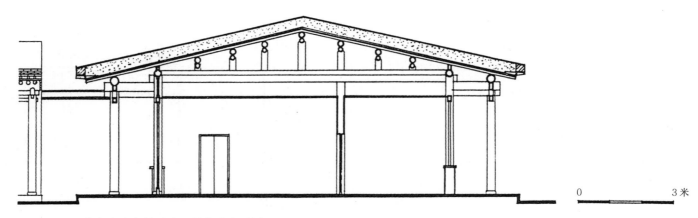

0　　　3米

图6-19为惠远乡东大街（原将军府东侧）总管府平面图。由于受地形限制，庭院接近正方形，正房西侧有二间耳房，另一侧未设，不拘一格。图6-20为惠远乡新华东路王宅平面，院子偏大，但另有西北角隅的"露地"和传统四合院"露地"接近。也有特别窄长的，如惠远乡北大街原将军府西、十字路北侧的"领队"住宅即是一例（虚线示已遭破坏部分），而且朝向也非南向（图6-21）。更有加顶盖的，如图6-22

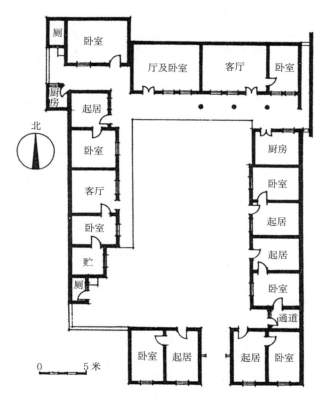

图6-20 惠远乡新华东路王宅平面图

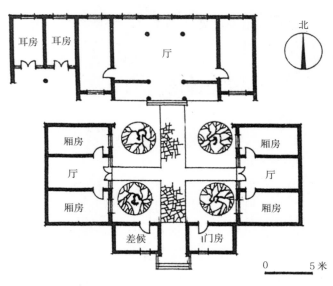

图6-19 惠远乡东大街（原将军府东侧）总管府平面图

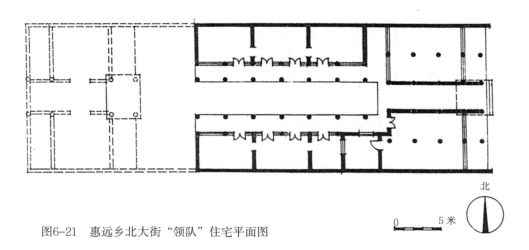

图6-21 惠远乡北大街"领队"住宅平面图

为哈密李宅（建于 1860 年），这是因当地夏季气候炎热的缘故，也有同维吾尔传统民居"阿以旺"相似之处。不同之处是该宅采光井在正中，而"阿以旺"则是中部高形成四周采光。该宅另有马驼圈及后院，是因为该户主既经营农业，又有驼队在丝绸之路上经商。

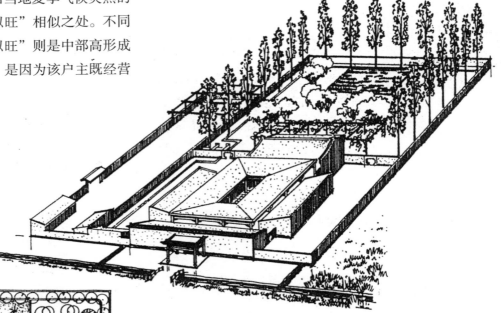

图6-23 哈密李宅鸟瞰图

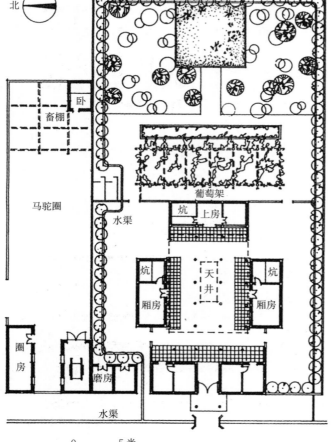

北

卧
畜棚

马驼圈

水渠

葡萄架

炕 上房

炕 厢房 天井 炕 厢房

圈房

磨房

水渠

0   5米

图6-22 哈密李宅平面图

从图 6-13～图 6-18 乌鲁木齐（原迪化）市几户院宅剖面中来看，木构架结构虽经简化但还很明确，就是屋顶坡度大为减小，单坡一般 1/10，双坡也只 1/4.6 左右，一般单坡者单向出檐，围护外墙也较厚。一般构造，屋面无瓦更无瓦檐，而木椽明晰可见，砖雕花饰和木格窗花还依然如故，亦有采用维吾尔民居中木板门窗者，可见民族建筑文化之融合情况。

第七章

哈萨克族民居

（一）哈萨克族的形成与发展

追溯起来，哈萨克族形成和发展的历史是非常悠久的。在公元前3世纪前后，居住在伊犁平原和七河流域一带的被称作"尖顶帽塞种人"的居民，被融合到当时在那里新成立起来的三大部落联盟中去了。这三部落名曰乌孙、康居和奄蔡，他们成为哈萨克族的先世。据《汉书·西域传》记载："乌孙民有塞种，大月氏种云……"，说明了乌孙部落中融合了大量的塞种人和大月氏人的史实。大月氏人是原居住在我国西北地区、游牧于敦煌、祁连之间的古老民族月氏人的分支。月氏人原与乌孙人同居一地，曾互相战伐，也因受附近匈奴人的历次打击，只得率部分两股迁移，一部分西迁伊犁河流域，后称"大月氏"，另一部分南下与羌人杂居，称"小月氏"，如《汉书·西域传》载：乌孙国"本塞地也，大月氏西破走塞王，塞王南越悬度，大月氏居其地。"又如《汉书·张骞传》所载："月氏已为匈奴所破，西击塞王，塞王南走远徙，月氏居其他。"后来乌孙人在匈奴人的帮助下，又西击伊犁河流域的大月氏人，大月氏人继续被迫西迁，但留下来的一部分人便逐渐融入了乌孙部落。乌孙部落自据有伊犁河流域及伊塞克湖周围地区后，很快由一小国发展成为拥有"户十二万，口六十三万，胜兵

十八万八千八百人"的大国。可见在西汉时期，乌孙部落已是天山以北地区的强大者了（图7-1）。

据史料，乌孙在河西走廊时，曾被月氏人攻破，部落四散，人民逃往匈奴。乌孙昆莫猎骄靡当时年幼，为匈奴收养，长大后，匈奴单于把过去逃往匈奴的乌孙人归还给他管辖。这些乌孙人在匈奴地区生活了二十年左右，在所难免地融合了不少匈奴人的成分。乌孙西迁伊犁河流域后，建立了国家，逐渐强大。在匈奴人想继续控制乌孙的过程中，摩擦日甚。汉武帝时乌孙逐渐与汉朝修好对抗匈奴，并于汉宣帝本始三年（公元前71年）联合攻击匈奴。此一战，乌孙俘获匈奴人"单于父行及嫂、居次、名王、犁汉都尉、千长、将以下三万九千余级"。此后，在乌孙与匈奴的历次战争中也俘获不少匈奴人。可见，作为哈萨克族主要族源的乌孙人是融合了较多的匈奴人的。

乌孙人自汉武帝始，出于共同抗击敌人的需要，与汉朝缔结了联盟，汉王朝也以细君公主、解忧公主、侍者冯嫽等出嫁乌孙，与乌孙联姻并世代友好往来。但自东汉覆灭到唐王朝兴起约四百年间，我国西北地区不断发生游牧民族的争战和迁徙。乌孙人就因魏晋时柔然的兴起而被迫南迁葱岭。公元六至八世纪，乌孙故地为西突厥所占。被统治的部落是康居、乌孙、都拉特（咄陆）、卡尔鲁克（葛逻禄）、突骑施等。8世纪初，突骑施的军政头目推翻了

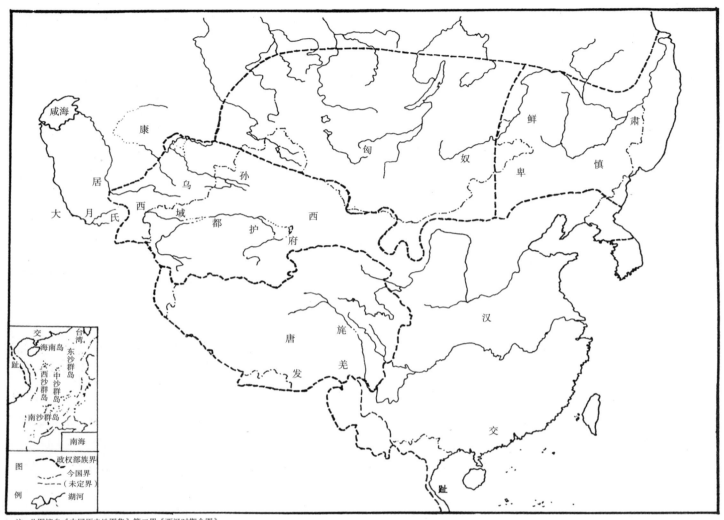

注：此图摘自《中国历史地图集》第二册《西汉时期全图》

图7-1　西汉时期乌孙位置图

西突厥的统治，代替了它在那里的位置。但不久，在公元766年葛逻禄人又推翻了突骑施的统治，征服了乌孙、康居、咄陆等哈萨克部落，建立了葛逻禄政权。在突骑施和葛逻禄统治的二百余年中，使得本来在起源、语言、经济生活和风俗习惯上十分相近的乌孙、康居、阿兰三大部落和陆续从东方迁徙而来的都拉特、克普恰克、阿尔根、克烈、乃蛮、孔拉特等部落长期居住在一起，进一步发展和融合，开始形成单一的哈萨克部族了。而形成哈萨克族的主要地域，正是被称作"乌孙故地"的伊犁河谷及其周围地区。

"哈萨克"这个名称的来源，可以追溯到汉朝时期曾把居住在咸海一带的阿兰人称作"奄蔡"开始，以后又有"曷萨"、"阿萨"、"可萨"之称。公元10世纪以后更有波斯诗人费尔多斯、拜占庭皇帝君士坦丁·法尔菲洛德尼和阿拉伯旅行家穆罕默德·艾里·阿吾菲等人先后称呼在伊犁河谷地带及其周围地区的游牧者为"哈萨克人"、"哈萨克亚"等，其含意为"真正的塞种"、"勇敢的自由者"、"胜利者"、"帐篷车"、"游牧不定"。在哈萨克语意中"哈萨克"一词有顽强、坚强、巨大、有力的意思。而在哈萨克民族起源的多种传说中，有这样的说法：在古代有位英勇善战的青年领袖卡勒恰哈德尔，他在一次战斗中负了重伤昏迷不醒。突然天空中霞光四射，有一只白天鹅从彩霞中飞来，在他的上空盘旋了三圈，最后落下来张开翅膀匍匐在他的身上，并用自己的津液喂入他的口中。青年人卡勒恰哈德尔顿觉精神好转、伤口愈合、体力增强百倍，这时白天鹅又在霞光中翩翩起舞，变成了一个身披白纱的天仙美女，从此与卡勒恰哈德尔形影不离，最终生下一个男孩，取名"KaZaK"（哈萨克）。"KaZ"是天鹅的意思，"aK"是白色的意思。后来这孩子长大又生三子，长者叫"阿克阿尔斯"，次子叫"别克阿尔斯"，最小的叫"江阿尔斯"，这就是哈萨克历史上以后的大、中、小玉兹。所以，"哈萨克"就是"白天鹅"的意思。

10～11世纪，哈萨克人加入了哈拉汗王朝。12世纪，他们又处于西辽政权的管辖之下。13世纪成吉思汗时大部分哈萨克人是在建立于克普恰克草原上的金帐汗国的统治之下，另一部分哈萨克人则处于天山南北及阿姆河以东的成吉思汗次子在其封地上建立的察合合汗国的管辖之下。金帐汗国衰落后，白帐汗国兴起，之后又分裂成"诺盖联盟"和"乌兹别克汗国"。1456年加尼别克和克烈依率领哈萨克人反抗乌兹别克汗国的封建压迫，向东迁徙，并建立了哈萨克汗国。此后，分散在各地的哈萨克人纷纷迁来加入到哈萨克汗国之中。于是哈萨克便形成了一个独立的民族。

1723年，哈萨克人遭到了准噶尔封建主的征伐，不少人员迁往西边，沦亡为不幸的"避难者"。在此前后，准噶尔部又挥兵东侵南袭，不断扩张自己的势力。而清政府自17世纪90年代开始，曾组织数次西征，最后平息了准噶尔封建主的叛乱行动。这个战绩，受到了当时哈萨克汗国王阿布赉汗的拥护和支持。该国王于1757年臣服于清朝政府，接受清政府的封爵，采用内地的历法。自此，被准噶尔封建主赶走的哈萨克人又重返家园，幸福而和平地生活在世祖的发祥之地。

19世纪后期至20世纪初，是清政府的封建统治走向衰败的时期。沙俄不断地在新疆西部蚕食我国领土，使大片土地和不少哈萨克人沦落在沙俄的统治之下。国内的革命风暴也此起彼伏，清政府已无力顾及西部边地的政事和经济的发展。哈萨克族人民为了维护国家和民族的利益，曾不屈不挠地与沙俄侵略者作针锋相对的斗争，而且还蒙受着国内反动政权的统治和各民族间的争斗以及本民族部落间纠纷的磨难。直至1949年新疆和平解放，并在哈萨克族的聚居地相继成立了自治州、自治县，哈萨克族人民才真正当了自己家园的主人。

（二）哈萨克族的分布、环境与文化

在古代，哈萨克族的发展主要靠牧业经济，其人民长期过着游牧的生活，只是在近代才有少数人开始经营农业。新中国成立后，城市居民增多，农、商、医、科、教、文等从业人员也迅速增加。虽然现在大多数哈萨克人民仍从事着牧业生产，但其就业结构已经大有变化。哈萨克族目前分布在新疆天山以北地区的伊犁哈萨克自治州（伊犁、塔城、阿勒泰三个地区）、天山以东地区的巴里坤和木垒两个哈萨克自治县以及甘肃省的阿克塞哈萨克自治县；其他如在新疆的巴音郭楞、博尔塔拉两个蒙古族自治州境内、昌吉回族自治州境内和青海省的海西地区等地也有哈萨克族的分布。

哈萨克族现有人口约一百六十多万，有自己的语言和文字，他们的语言属阿尔泰语系，突厥语族，克普恰克语组。历史上曾采用过古突厥文、回鹘文、阿拉伯文。20世纪初，对原有的阿拉伯字母进行了改革，制定了以阿拉伯字母为基础的哈萨克新文字。这种文字结合本民族的发音特点，容易掌握，对哈萨克族的文化教育事业的发展，起了很大的推动作用。

哈萨克族主要从事牧业，稍后亦兼营农业，所以活动之地，大多在河谷山间的广阔草原上尤其是哈萨克族主要居住地的新疆北部，诸如：巴里坤草原（图7-2、图7-3）、阿勒泰山川雪峰、伊犁河谷平原和额敏河、玛纳斯河、额尔齐斯河流域等地，都是上好的天然牧场和肥沃农田。那里冬季平均气温零下20℃左右，夏季平均气温为20℃左

图7-2 巴里坤草原上的哈萨克居住地

图7-3 巴里坤草原的哈萨克毡房

右，既利于放牧也适合农耕。那里是一个风景如画、水草丰腴、林木青秀、瓜果飘香、粮粟满仓、矿产丰富的地方，是久负盛名的新疆细毛羊、伊犁马和阿勒泰大尾巴羊的故乡，也是我国丰富的石油基地之一。

哈萨克族是一个勤劳、勇敢、豪爽、热情的民族。他们骁勇善骑、能歌善舞；尊重老人、爱护妇女；团结互助、乐于共济；真诚好客、注重礼仪。他们古老的社会组织最基层的叫"阿吾勒"，即由同一部落中的同一祖宗的几户人家组成的一个游牧聚落。他们的草场在一起，一起从事生产，一起按季节转场。由七代以下的几个"阿吾勒"组成"阿塔"，一般也是同祖的部落，大致每七代就产生一个新的"阿塔"，阿塔组合为"乌露"（相当于旧社会的百户长），再上层就组合成"乌洛斯"，也是最高一级的部落组织了，再高就是联盟了（相当于旧社会的千户长）。当代这种组织已经解体，只有阿吾勒的形式还能见到。但是哈萨克人的部落观念仍然很深，对本部落的谱系十分重视，铭记脑海，同一部落的人就好似一家人一样。假如其中某人遭到意外有了困难，向自己部落里的其他人要求济助，而全部落会尽自己的能力慷慨地给他帮助。若有客人到家（毡房），不论认识与否，都会热情欢迎、竭诚接待，把最好的东西拿出来待客。他们有一句俗语："祖先的遗产中有一部分是留给客人的"。特别是贵客临门，他们认为给客人宰羊是一种光荣体面的事。

以牧业为主的哈萨克人，目前绝大部分还停留在天然放牧阶段，一年四季按照草场所处位置不同、生长情况不同而将牲畜转场几次，其居住的地方也就以畜牧生产的要求来安排了。一般分为两种形式：一种是春秋两季通常在一个地方，夏季进入海拔较高的深山草场（俗称夏草场），人们都住在毡房里（图7-4），而冬天则住在叫作冬窝子的草场里，那里有土坯或石块垒成的房子（图7-5）。在林区则以木头搭成的木屋过冬（图7-6）。

图7-4　毡房

图7-5　石屋

图7-6　木屋

目前有不少哈萨克牧民已走向定居或半定居状态，这就产生了另一种搬迁方式，即为春末夏初到深秋季节，以青壮年为主携带毡房在山里放牧长达五个月左右，年老者带领孩子们留在定居点生活，有少量的牲畜，兼搞一些农业。孩子们可以有固定的学校上学。秋末冬初到第二年的暮春，全家都在定居点居住。这种定居点一般都选在春秋草场附近、靠近冬窝子的地方。牲畜靠吃那里的草和贮存的干草和饲料过冬，长达六、七个月。

哈萨克人把夏季的三个月及其前后的一段时间看作是草原生活的黄金时期。夏牧场上山花烂漫、碧草如茵，尽管别处正是赤日炎炎的酷暑季节，但这里却凉爽宜人，牧草茂盛、空气清新、很少蚊、蚋、苍蝇，更无飞扬的沙尘。溪水淙淙、山泉潺潺，正是产奶的旺季。尤其到了花期过去、花籽饱绽的时候，各种牲畜膘肥体壮，酸奶子凝重可口，马奶酒喷香诱人。哈萨克人经过严冬风雪的困扰，初春接羔的繁忙辛劳，现在来到这生机盎然的大自然里，陶醉在美不胜收的山水风光之中，不禁心旷神怡，舒坦开怀。在这美好的季节里，人们往往要举行一些喜庆和娱乐活动，诸如婚嫁娶亲、小孩首次骑马仪式；新生儿降世日则举行"齐尔达哈纳"，为产妇专宰"哈勒加"羊，大家都来祝福，弹冬不拉，唱祝福歌，这种仪式往往可连续三个夜晚。假如夏日里遇肉孜节和库尔班节则更是热闹异常。在这些日子里要举行很多游戏和活动，像赛马、骑马抢布、骑马拾银元、比武、跃马、马上角力、刁羊、姑娘追、摔跤、跳舞、阿肯弹唱、冬不拉演奏、长篇诗史吟唱等。哈萨克人除了肉孜节和库尔班节之外，还有一个与伊斯兰教无关的"纳吾热孜"节（新年），这是他们在信奉伊斯兰教之前遗留下来的传统节日，指中国农历"春分"的那一天，意为春天来临、辞旧迎新的意思。这一天各家都要做其成分有奶疙瘩、肉、大米、小米和麦子等七种以上的纳吾热孜饭，并且成群结队地从一个阿吾勒到另一个阿吾勒去吃"纳吾热孜"饭，唱"纳吾热孜"歌，互相拥抱，祝愿新的一年里牲畜兴旺、庄稼丰收。还把冬天宰牲畜时保存下来的"卡勒及力克"骨头奉献给老人以示尊敬、祝愿长寿，

但在城市中的哈萨克人对这个节日都已逐渐淡漠。

哈萨克人信仰伊斯兰教，但古代他们曾信奉过祖宗神灵和天地日月星辰。如遇到决赛或打仗时，就高呼自己部落的英雄或祖宗的名字。牲畜闹病时就吆赶到祖宗的坟上过夜祈求保佑。他们认为火是光明、阳光的象征，是驱除一切恶魔的神，象旧时代汉族信奉灶王爷一样，认为火是屋内锅灶的保护神。所以牲畜有病时用火熏，新娘过门时先拜火，每当从冬窝子往夏草场搬迁时，也要在启程的途中从点燃的两堆火之间，让驮载东西的牲畜和牛羊通过，通常还有两位老婆婆站在火堆两侧口念："驱邪、驱邪、驱除一切邪恶"的仪式。以后，他们信奉过萨满教、佛教、景教等。直至新中国成立前，还有耍神弄鬼的巫师。10世纪以后，随着伊斯兰教的传入，哈萨克人也逐渐信仰了伊斯兰教，但是这种现象在城市和农业地区比较普遍，而在偏僻的边远游牧群众中，伊斯兰教的影响并不很深。由于他们过着游牧的生活、居住不定经常搬迁，所以也没有固定的礼拜寺。他们在信仰伊斯兰教的同时，还继续保持着一些古老的风俗习惯，并使两者融合到一起了。新中国成立以后，在一些新建的定居点中有时有新建起的礼拜寺，大多是为了节礼、丧葬，有一个集会和举行仪式的地方。

（三）民居建筑与居民点

哈萨克人早在 16～17 世纪就有了建筑业，它和铁匠业、银匠业、鞣革、靴鞋、缝纫、木工等手工业先后在这时期兴起，那是哈萨克汗国哈斯木汗统治的兴盛繁荣的年代。那时曾经建起一些城堡，但并没有改变广大哈萨克人民的游牧生产方式，所以只是统治者及其附庸们和一部分商人住在城里。那时的建筑业一般是由木匠来担任的。他们同时还制作一些为毡房所用的木栅栏架、撑杆和顶圈等。在牧区的冬季住房多半是牧民自己动手，互相帮助而建的，从平面到立面都极为简单，墙体到室内几无装饰。还由于自古以来哈族人民过着游牧生活，不注意固定性住宅的营建，再加之近代为了反抗沙俄的殖民统治和本国本民

族的统治阶级的压迫，以及哈萨克族和外族人的争斗和本民族内各部落之间的倾轧，连绵不断的争战伐戮，使得本来就极少的也不坚固的民间土、木、石构建筑几乎荡然无存了。我们只能从极少的遗留下来的为当时在历史上殊有贡献的，或是对哈萨克人颇有影响的先辈英烈们的墓地上去探索哈萨克人民当时的建筑思想和技艺了。

我们从建于布尔津县西北部哈巴河旁的一座哈萨克古坟墓——姑娘坟上看到，坟墓是由两个部分组成的：一为墓的本体，土坯砌筑，呈穹窿形，无边墙，圆丘体的周边直接落地外形似简易帐蓬。另一部分为护墓的辅体，当时的哈萨克牧民们对埋葬在这里的，具有忠贞不渝的感情的哈萨克姑娘，怀着惋惜、同情和尊敬的心情，为这座坟墓加起了一个顶盖，以示上天和同宗亲人们对这位姑娘心理世界上的庇荫。在当时广阔无垠的草原上，建筑材料只有土和木，并且制作工艺又十分落后，于是只能在坟丘四周竖起几根柱子，担以横梁，梁上密排等长的木椽。为了抵御草原的大风使其稳固起见，柱周护以硕大的土坯砌体，顶盖上也覆以较厚的土层。墓体和护墓构架朴实无华，一无装饰，但却形成了一座完全不同于一般的庄严肃穆的坟墓形象（图7-7）。

图7-7　姑娘坟

我们从木垒哈萨克自治县大石头乡南面山麓阿克达斯的托列拜墓群中可以看到：这是一块比较宽阔的，地处群山怀抱之中，又能通向南、西、北和西北四个方向的会冲地带。在游牧时代，这里是来回转场的必经之处，其附近也是一片较好的冬窝子。先有一位颇有名望的长者死去后在此埋葬，以后他的亲属和同部落的人先后埋葬在他的周围。这也是哈萨克族人的一种风俗习惯，普遍认为自己死后能够埋葬在负有盛名的先祖的周围是莫大的荣光。一般人的坟墓是用石块或土块垒起来的，有些地位的人则要用一种经过特殊处理的泥巴和以两岁马驹的鬃毛作坟体的抹面，并用土块或石块砌成圆形或方形的护墓圈（也有呈八边形的），而在方形或八边形墓圈的每个角顶上，都要砌筑一个角状的突出物，有的还在突出角的顶上插上月牙形的标志，以表示死者是伊斯兰教的信奉者。在墓圈的墙檐处，用土坯、石块或斜放、或正置、或间隔地漏空以砌出简单的花纹，从建筑上做出一块平直墙体的收头，从而在视觉上收到了单调中有变化的效果，由于花式的不同也增加了墓体的可识别性。但是墓群的总的形象是和谐统一的，即使在别的哈族人的墓群中也看不到像繁华地区其他民族的公墓中的五花八门的墓体形式。这似乎能映射出哈萨克民族思维上的一统观念的强烈趋向性。从墓群中各墓穴的布局看，没有轴线，主、次性不强，自由散落，也无严格的程式性的安排，只能从墓圈的大小和墙檐花纹的繁简上去推测死者在当时人们心目中地位的重要程度。这种布局又极似牧民们生活中"阿吾勒"的布局的随机性，含有一种朴素的平等意识。这些总体到单体的形象固然含有建筑材料上的局限和建筑技术上的落后的因素，但也表露出当时人们在建筑思维方面的生活基础以及另一范畴中的单纯和滞息状态（图7-8）。

我们从坐落在布尔津县东部的阿勒泰草原上的哈萨克族将军艾木尔太公墓上可以看到，这是一座精工细作、形制特殊的伊斯兰教陵墓建筑。墓室前半部分是门斗，平面呈"凸"字形自下而上，层层收束，并砌出各种花纹。有基座、有檐头、有龛洞、有塔柱；在这不大的形体上有圆形、

图7-8　墓群全景

方形、三角形、梯形、锥形；有直面体、斜面体、凹面体、四面体、八面体、圆锥体等；顶上还竖有尖塔，并冠以新月的标记。墓室的后半部分是用砌筑成明显突出的十根矮柱头顶着一个穹隆顶的建筑。整个墓体集各种几何形体之大成，给人以繁复琐碎的感觉。它一反哈萨克族朴实、真挚的墓体建筑形象的常态，孤单而怪异地矗立在大草原上。这恐怕是当时的人们对这位将军特别崇敬，只怕显示不够自己的心意而尽量在墓体上和盘托出全部功力所致。也是伊斯兰教为哈萨克人所接受以后，伊斯兰教建筑形式在长途跋涉、转辗传播中，反映到哈萨克人心目中的淋漓尽致的表露（图7-9、图7-10）。

　　通过以上三种墓体的分析，不难看到古代哈萨克建筑文化之一斑。

　　哈萨克族虽然没有留下多少古代的固定性的建筑，但是他们的毡房却为我们提供了很好的研究线索。虽然他们因转场要一年迁徙多次，从无可能在一个固定的地方去寻找同一顶帐篷，但确因生活和生产的需要，在历年来牧民

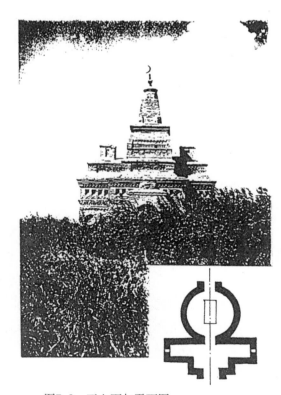

图7-9　正立面与平面图

图7-10 侧面透视图

们的拆卸，搬运、使用中已经提炼得非常轻巧、简便、实用和牢固了。无论从选材的因地制宜和制作的简易方便方面，还是从构体的设计和造型的美观方面来说，都达到了炉火纯青的程度。

哈萨克牧民受游牧生活的局限，几乎全年身居深山，平时除了与阿吾勒里一起生活的同祖的几户人家见面外，很少与别人接触，极少社交，但是他们爱美的心情是时时显露在生活之中的。除了哈萨克妇女身上穿的、头上戴的各种颜色鲜艳的、绣花的、各色绒、布、绸、缎缝制的衣裙、鞋、帽，有的还要插上羽毛，配上金、银、珠子、玛瑙等装饰以外，一般还喜欢在帐篷里挂吊各式的挂毯和布帘以美化生活，其上多配有经过精心刺绣的花、鸟图案。

毡房建筑是帷幕建筑的一种，从这个广义的角度来看，那些挂毯和吊帘也就是毡房建筑的一个组成部分，它犹如古典建筑的壁画和石膏花饰，也似现代建筑中的涂料、壁纸和墙布，为建筑主体增添光彩。他们的图案花样繁多：如云头形、三角形、弓形、公羊角形、双曲线形，漩涡状、流水状、起伏状、三叶草式、水草式，月季花、星花、日出花、太阳花等（图7-11）。

他们对颜色的视觉感情十分丰富，对画面的着色运用了象征主义的手法。如蓝色表示高尚、开朗、宽广；红色象征太阳、光明、火焰、热情；白色表示纯洁、真理、快乐、幸福；黄色表示智慧、苦闷；黑色象征大地、哀伤；绿色则象征着青春、春天、繁荣和生命。所以他们使用什么颜色都

图7-11　哈萨克族图案花式

有一定意义，并且把这些图案和色彩慎重地用到建筑上去。

　　哈萨克族在新中国成立前几乎没有村镇建设，极少数兼营或少营农业和其他职业的人多半是混居在其他民族一起，没有体现自己民族特色的居民点。新中国成立以后，哈萨克人民从事的畜牧业有了很大的发展，生产力逐步提高，使得哈族人民有可能逐渐改变游牧的生活方式，过上定居和半定居的生活。国家资助、政府派人组织设计和安排，一个个哈萨克的牧业村、农业村出现了（图7-12）。

图7-12　大石头乡鸟瞰

从此老人们不必跟随毡房迎风顶雨、长途跋涉地来回迁徙，孩子们可以不必颠沛流离地去上马背小学。在近年来定居点的建设中，通过哈萨克族广大人民和各族技术人员的一起努力，在其建筑上以及由建筑组合起来的居民点中，已经显现出具有哈萨克族文化内涵的居住气氛和建筑风格了。但这只是开始，探索和创造哈萨克族人民在当地的建筑风貌的前景正是广阔而美丽、任重而道远。

1. 民居建筑

哈萨克族民居可以分成五类，一为帐幕建筑，二为石块建筑，三为木构建筑，四为生土建筑、五为砖木建筑。

（1）帐幕建筑（毡房）：这是哈萨克族人民从古至今沿袭使用的最大众性的建筑了。它与其他种类的建筑有五个明显不同的特点。

它是一种从平面到立面，形体极为简洁的，既能遮阳隔热，又能避寒挡风，并与大自然融为一体满足牧民最基本栖息条件的建筑，只要有三、五十平方米的位置即能搭建，且朝向随意，适应于任何基地，而且不用基础。

它具有随意调节顶盖的启闭程度和帐篷根部毡子高低的可能，以使毡房内在各种场合下都能获得适当的光照和新鲜的空气（图7-13）。例如将根毡和门密闭、顶毡全揭便能达到室内明亮而保暖的效果；顶毡和根毡都以微启即达到室内光线柔和、换气缓慢的效果。

它的最外层的围护材料（围毡、篷毡、顶毡）都是用未脱脂的羊毛扞成，厚度在 0.5～1 厘米，且顶部做成了42°左右的坡形，所以泄水迅速、流畅。滂沱大雨无从漏水，毛毛细雨也不印渗。

它的受力构件均为具有弹性的材料制成，节点均为铰接。因为是通体绑扎在一起的圆形，所以它整体性强而具备了极好的柔性结构的特点。况且整个外形无论哪面都呈圆弧形，对任何方向刮来的风都能以最小的垂直于风向的面积去迎受，因此正面受力很小且某点受力能均匀地传递到各个部位分担。因为是圆形，在它的背风处可形成一个空气的涡流，对毡房有一股回推之力，因而从整体上又抵弱了它迎风面的压力，抗风力强（图7-14）。

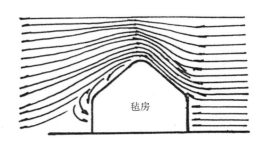

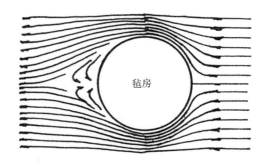

图7-14　毡房抗风气流图

图7-13　毡房气流图

它的全部构件极少、制作方便、质柔量轻、拆卸简便、极易搬迁，取材几乎全为来源于大自然的树杆（且不用大材）和自己牧养的牲畜的副产品等土产材料（见表7-1及图7-15）。

毡房各构件用材表　　　　　　　　　　表7-1

名称		哈语音译	材料来源及其尺寸
栅栏墙架		开列克	直径为3～5厘米的树杆
撑杆		伍沃克	直径为4～6厘米的树杆
顶圈		强俄拉克	直径为3～6厘米的树杆
毡毯	围毡	拖沃尔勒克	各色羊毛、呈矩形尺寸不一
	篷毡	伍祖克	各色羊毛、形状不一
	顶毡	脱额勒克	各色羊毛、尺寸不一
草帘			芨芨草及羊毛搓成的毛线
绳子		保伍、及普	羊毛或牛毛
围带（彩带）		巴斯壳尔（卡斯）	毡子、布片、毛线、宽40厘米左右，长2～3米不等
门		叶色克	木制，0.8米×（1.5～1.6）米

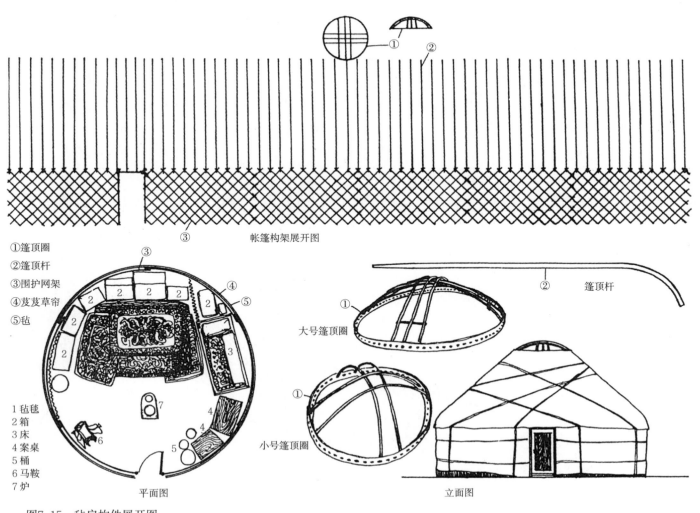

①篷顶圈
②篷顶杆
③围护网架
④芨芨草帘
⑤毡

1 毡毯
2 箱
3 床
4 案桌
5 桶
6 马鞍
7 炉

帐篷构架展开图

大号篷顶圈

小号篷顶圈

平面图

立面图

图7-15　毡房构件展开图

栅栏墙架：是用直径 3 ~ 5 厘米，长为 1.8 ~ 2.5 米的挺直树杆，剥去树皮并削制成宽为三厘米左右、厚为两厘米左右的扁宽形木杆，分两层斜交相连而成。其枝杆相连处，在杆上钻洞穿以马皮细绳，两边打结，起到了铆钉的作用，可折叠，折起时每片宽一米左右，放开时以每根支杆与地面成 45° 角为准，宽度有 1.4 ~ 1.7 米不等，总长在 3.5 米左右。这种栅栏墙架是围合毡房的墙体构件，通常以四片围成圆形，其直径在 4 ~ 5 米左右。在人口较多或经济条件宽裕的人家，则有以六片、八片、十片围成的。过去大牧主为炫耀自己的富有和权势，也有以十二片栅栏墙架围合的毡房，直径约十五米，以白色的毡毯围盖帐篷，美丽洁白、光亮显眼，人称"白色的宫殿"。现在这样的毡房一般只是在举行大型群众性集会或过节、举行娱乐活动时才有架设的。栅栏墙架有两种：一种是宽眼栅栏，又叫"风眼"，特点是携带方便，但稳定性较差；另一种叫窄眼栅栏，又叫"网眼"，特点是坚实牢固，抗风力强，但较重。随着时代的进步，材料的更新，现在也有偶尔用竹片和钢筋架代替木支杆的。

撑杆：是用直径为 5 厘米左右，长为 2 ~ 3 米的树杆去皮削制而成，一端弯成浅弧形，长约五十厘米左右，其他部位通体挺直。搭建时将弯弧部分的端头用毛绳绑扎在栅栏墙架的上部两支杆的相交处，另一端则插入顶圈的孔眼内。在靠近弧形、人的视线能看清的撑杆直线部位，一般还刻制一些花纹。如《◇》、"》◇《"、"》《◇》《"、"》◇◇《"等。

顶圈：是用直径为五厘米左右的树杆去皮，圈成圆形，其直径在 1 ~ 1.5 米左右，圈上每隔三厘米左右钻一孔眼（为撑杆插入用）。圆圈中以两对（共四根）或三对（共六根）细树杆弯成势高为 50 厘米左右的弧形，并相连接地作为圆中凸起呈穹隆形的形状，连杆相互垂直交叉地插入圈木中。这个部位是帐篷顶上盖顶毡的地方，可以随意开启顶毡，以调节通风量和采光量，所以它是毡房的唯一的窗户口，也是炉灶烟囱的出口处。

草帘：用芨芨草杆排列编成的帘子，宽度和栅栏墙架支起后的高度相适应。稍有匠心的主妇往往先用五颜六色的毛线按图案要求绕在每一根芨芨草上，然后再按图案仔细地编制成帘子。当栅栏墙架围好后，就以这种芨芨草帘围在墙架的外面，然后再在它的外面围上围毡，这也就是毡房墙体的全部内容。

毡毯：以羊毛扦制而成，形状大小不一，一般呈矩形。围在栅栏墙架外的叫"围毡"，盖在撑杆上部组成篷顶的叫"篷毡"，篷毡下侧往往缝制成收口的弧形，其弧度正好罩住栅栏的顶部，在外形上呈圆弧形，这也是哈萨克帐篷与蒙古包等其他帐篷的不同处之一。盖在顶圈上的叫"顶毡"，这三种毡毯上都系有宽窄、粗细不同的绳索。

绳子：都以羊毛或牛毛制成。以毛线编织成六厘米左右的宽扁式的绳带，有色彩或图案，连结在篷毡上或围带上的叫"强俄拉克保伍"，若这样的绳子三、两根挂在顶圈上，平时不用，当刮大风时，用它拉向地上绑在桩上或在这些绳上吊以重物（如大石块、面粉袋、甚至人自己），使帐房增加重量、拉紧顶圈、重心降低，构件之间的节点压紧，从而不使大风将其揭顶或掀走，这种绳子又叫"结力保伍"。连结在围毡上的绳索较细，直径约一厘米，双股或三股毛线搓成，叫"伍克保伍"。另一种又细一些的叫"开恩及普"和"卡勒马及普"，是用在绑扎撑杆和栅栏用的，也用在毡房外面作对毡毯的捆压上。由以上这粗细四、五种绳子将毡、架、杆捆绑得结结实实，再在毡房的四个方向上用粗绳拉紧固定在打入地面的斜桩上，一般四、五级大风吹来可以做到纹丝不动。

围带：宽为 40 厘米左右长度 2 ~ 3 米不等的，由毡子作底用色布剪出图案花纹，以彩色毛线缝制而成的色彩鲜艳的围带叫"巴斯克尔"，又叫"卡斯"，由"喀斯保伍"连结。它制作精细，专门披挂在撑杆和栅栏墙架连接处上部的斜面上，与人的视线同高，便于欣赏。节日或家有喜事时，有的也将它挂向帐篷外面的栅栏架顶部的位置以增加欢庆气氛。有些人家还专以黑锦丝绒绣花制成，则庄重秀美，别有情趣。

门：木制。高 1.5 ~ 1.6 米上下，70 ~ 80 厘米宽，常制成双扇开启，窄的也有做成单扇的。门上若有雕刻或做出花纹图案，那么这种门叫"斯克尔劳乌克"。门外常挂有用茇茇草编制的包着一层花毡的门帘，平时卷起搁置在门框上方的毡房檐上，夜晚和寒冷时才放下。

搭建毡房的程序是这样的：先以四片或六片栅栏墙架和一扇门围成圆圈用绳绑扎固定，再用几根撑杆顶起顶圈，固定在墙架上，然后将一根根撑杆依次拼插上去，用粗细绳索绑扎好，这就竖立起房架了。再依次围上草帘、围毡、围带、篷毡、盖上顶毡。哈萨克妇女们搭设一顶毡房，一般只需一小时左右的时间，拆卸时则可更快些（图7-16）。

图7-17　毡房内物品陈设

图7-16　搭建毡房

毡房内的布置情况是有固定程式的：物品和用具首先紧贴栅栏墙架安放，正中是做饭、取暖用的炉子，烟囱直上伸出顶圈。以面对进门而言；后半部的右方是长辈的床位，为老人特设的木（铁）床别人是不能在上面坐卧的，那里也是幼婴和哺乳主妇的憩息处；左方是晚辈的铺位；中央紧挨着栅墙放有垫桌（一般高60～50厘米），上面陈放箱子和被褥等东西（图7-17）。它的前面地上铺有毡毯，作家人起居憩息和待客用，靠床、铺、箱的栅栏墙架和撑

杆上挂着绣有各种花卉禽兽图案的挂毯和布帘，床的前沿和两端有垂吊的围帘，这些遮去了挂在栅架上的各色杂物，从而使帐房内整齐些。毡房的前半部右方放置炊具和食品，左方放置乘具、猎具和幼畜。

年轻人为了迎娶新娘搭起的小型毡房叫"吾陶"。"吾陶"里所有的家具和物品都是新添置的，婚喜之日，将新娘的全部嫁妆陈列在"吾陶"里，一顶毡房就被刺花、绣花、挑花、补花、嵌花、贴花、钩花和用金银丝线编织的装饰品装饰得五彩缤纷，十分漂亮。

为了转场途中临时居住或生产、生活的需要，则搭设省去栅栏墙架的更为简易的毡篷（图7-18）。

即以顶圈为顶的少量撑杆或直接将树杆的顶端捆住（二十根左右），杆脚撑开成圆锥形支架，撑杆上的铺盖与毡房相同，搭建方便，但内部低矮，活动受约束。

新中国成立前，一些穷苦牧民的帐篷非常简陋、家什极少，挂毯吊帘全无，只有一些被褥之类。帐房内举目都是灰暗的盖毡的颜色，所以就有"熏黑的毡房"之称。

图7-18　简易毡篷

　　毡房只是牧民们在放牧期间借以栖身的室内部分，因为它的面积小，功能简单，牧民们又习惯在野外生活，所以毡房四周一、二十米的地段自然成了这个野外居室的辅助面积了。一般在毡房外（以门的朝向为前方）的右侧或左前方搭有第二炉灶，专事烧水和煮肉、煮饭（毡房内的炉子以煮奶茶、做饭、取暖为主）。门左为鞍具的临时堆放点，帐篷后侧脚沿部分是各种杂物的堆放处。附近还有拴马桩。

　　（2）石块建筑：这是牧民们在冬窝子越冬的一种简易住房，用卵石或块石以泥浆砌筑。按当地石料大小、形状等情况，墙厚有50～80厘米的，有的也能到1米左右。在山区建造这种房屋、一般不做基础，就地清基后就砌墙，到檐口找平后即架以梁、椽，这种梁椽都为当地取材的粗细树杆制作。有的石屋开间（进深）较小，以密布小梁省去椽子，上盖以各种密枝的草木植物或小灌木作垫层，讲究些的在椽子上再铺一层草帘，垫层上即铺盖草泥封顶。平面和体形都很简单（图7-19）。

图7-19　冬窝子石头简易住宅

在游牧向定居过渡的今天，在某些适宜于作定居点的山沟里，也有以石块建造正规定型住宅的。但鉴于石块这种建材和施工技术的局限，其形体仍然是十分简单的（图7-20）。

图7-20　新定居住宅

在用材更为困难的地方，或穷困牧民无力筹集除土石以外的别的材料的情况下，也有仿效毡房形式用土石叠成圆锥形房子以作栖身之处的（图7-21、图7-22）。

图7-21　圆锥形土坯房外观

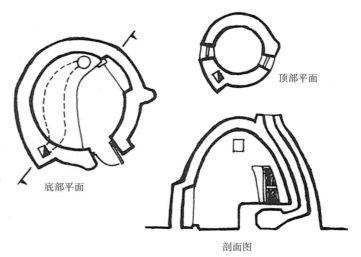

顶部平面

底部平面

剖面图

图7-22　圆锥形土坯房平面、剖视图

（3）木构建筑：在林区或木材充足的地方，牧民们的越冬建筑就选用挺拔坚实的木料来修筑，墙体至屋顶，通体都用木材，形成一种形式别致的民间居住建筑。其做法有两种：

①方形坡顶木屋：其基础比较简单，将墙基处铲除植被原土夯实，以石块砌筑勒脚，使木墙与地面隔离以防潮不致霉烂。石勒脚高度随地形及户主要求而定，勒脚面找平后，就将裁制好面的条木按要求拼搭起来作为墙体。那是将直径为二十厘米左右的挺直圆木剥去树皮，用锛子和刨推平两侧，使其断面为"▢"形，在其搭接处上下两面成凹口，其深度为圆木推平后所剩厚度的四分之一（上下均截）。在拼叠处，有用树胶、泥浆、灰浆等为黏合剂和填充剂的，用隐钉或蚂蝗钉为拉结件，使条木组成的墙体不致松散、严丝合缝。门、窗洞处都以门楣、窗楣作为门、窗框与墙体的连接构件，用钉钉牢，它既为构造上的需要，又作立面上的装饰。木屋的平面十分简单，一般均为并排两间一幢、三间一幢，呈矩形，其外墙很少有里外凹凸的，以减少木料搭接时的困难。屋顶有单坡、双坡之

分，其坡度也有大坡（25°～30°）、小坡（10°）之分。单坡顶多以檩木直接搁在前后大墙上，双坡顶则搁在山墙上（图7-23、图7-24）。

图7-23　木构民居

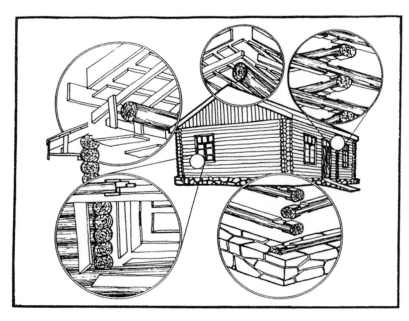

图7-24　木结构构造图

②圆形坡顶木屋：这是用木料仿照毡房的形式拼叠起来的，其拼接和节点的做法与方形木屋相同（图7-25）。

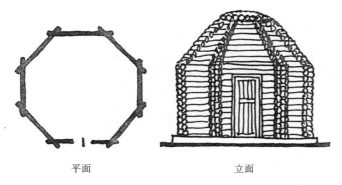

平面　　　　　　立面

图7-25　圆形木屋平、立面图

（4）生土建筑：这是目前哈萨克族固定性民居的常用结构形式，是指墙和房顶都是用生土为建材的建筑，只有梁、椽用木材和勒脚基础用砖块例外。它具有冬暖夏凉、施工方便的特点。在生产或运输砖块困难的地方，用石块（卵石）代替，铺填一层作防潮用，有的甚至省去了勒脚，以土墙直接落地，只是在墙体近地面的三、五十厘米处放宽一些，以防墙脚受潮后的剥蚀。

生土建筑的墙体大致有三种做法：

湿堆垒法：以干草和泥加适量的水，搅揉至可堆叠的程度，便在墙体位置逐层堆筑，每一堆筑高度约五十厘米，待其稍干结硬后，再堆第二个堆筑高度，如此反复直至檐高处为止。在墙体尚未干透之前，用铁锹或砍土曼（这是新疆少数民族的一种农作工具）将墙体削平。干后再以泥砂浆或草泥抹面。这种做法墙体整体性强、坚固，但砌作过程时间较长，居民们很少使用此法。

夹板夯土法：这种方法施工较为简便，有几根夹棍和几块挡板就可施工，三、五人行，即使一人操作也可，并且可以连续地逐层夯打不需间歇，所以当地居民常用此法。

以上两法所做的墙体都以下宽上窄以增加其稳定度，

所以看去有明显的收分。而且筑墙的材料就地取材，待至墙体完成，房屋四周已被均匀地挖去了30～50厘米的一层土，所以整个房屋也犹如建筑在一个台基上，有利于排水保持房舍干燥。

土坯法：这也是目前定居点常用的一种砌筑法。先用土坯模子将湿土拓成10厘米×15厘米×30厘米的土坯，干透后，以泥浆逐层咬叉砌筑，操作方便，也可按要求砌出各种形式。

（5）砖木建筑：在砖块生产和运输方便的城区及其附近的定居点中，已逐渐普及砖木结构的建筑，其做法与一般平房砖木建筑相同。目前在哈萨克族居民点中砖木建筑还不多。

2. 居民点

哈萨克族至今仍有大部分人民还过着天然放牧的生产方式所决定的牧业生活，因此"居民点"这个概念对于他们来说，应该有所延伸，即以占有大半年生活时间的毡房居住方式及其组织形态应是我们研究哈萨克族居民点的起点。哈萨克族牧民为了使羊在草场取食时分布合理和牧羊者不致每天往返距离太远，以羊群定草场的生产性布局要求使他们不可能大群地住在一起，但是三、五毡房，同移共驻的"阿吾勒"现象至今还保持着，它犹如一个流动的居民点。由于他们常年来逐水草而居，所以他们对水十分熟悉。毡房的驻地一般都要选择在常年奔突的清流小溪附近，对水流量的大小倒不甚计较，但决不在水流的回流地段和潴水地带下营，尤其不在混浊的水体旁生活。在符合他们对水的要求的前提下，毡房的驻扎地点也不一定就在水边，可以离开水流甚至远到三、五百米的林边，草坡或山冈上，他们认为可有稍大的活动场地、能够放眼远望的开阔视野和利于满足安全、乐惠有所依傍的居住心理的地方。因此，居民点十分分散，三、五家一组，七、八家一组，很少有大的村落。

20世纪70年代以后，政府有计划有组织地选择合适的地点建造哈萨克牧民的定居或半定居点。目前绝大部分牧民都有了自己的村落。定居下来的牧民的家属也有可能在宅院附近进行少量的农业生产了（图7-26）。

字形排开。图7-27是木垒县白杨村居民点的布局。村落规模一般在二、三十户左右，大的可到50～80户，建筑大都坐北朝南。在户数多的居民点中，将道路布置成棋盘

图7-26　尼勒克县乌增乡牧民定居点规划

图7-27　木垒县白杨村居民点

由于过去哈萨克族人民几乎大半年时间携带毡房游牧在外，所谓冬窝子的住宅，只住四、五个月，并且一旦赶着羊群进驻春秋和夏草场以后，就没有人再在住宅里看守房子。这也使这些哈萨克族的初级住宅不能保持完整良好，因而他们也不太重视建房的技艺和房内固定式家具的制作。所以在目前的定居点内，各式住宅的建造和室内陈设还保持了大量毡房生活的布置方式和冬窝子简单住房的形式。但也正因为他们在居住建筑方面刚刚起步，陈规戒律很少，建筑思想解放，容易吸收其他民族的长处，所以在他们的大部分新建筑中融入了当地区域内的与他们共同生息的维吾尔族、回族、汉族的某些建筑语汇，从而形成了现代哈萨克居民点的初步特色。概括起来有如下几点：

（1）布局整齐划一。除了极少数原有的居民点之外，大部分定居点都是近三十年来建的，其中大部分是经过技术部门规划设计和当地乡、村领导人的指挥来布局的，所以院落整齐、大小相同，一般都沿着道路（公路）"一"

图7-28　修建中的清真寺

式，每个方格中安排十来户人家。偶尔也有修建清真寺的，但一般不挤在安排整齐的庭院之间而偏于村落的一侧，其形式大体与维吾尔族修建的相仿，其实这是一种伊斯兰教礼拜寺的通用形式，信教的各民族在修建时都增添了一些匠人们自己的特色罢了。图7-28是正在修建中的木垒县大石头乡定居点的清真寺。

集镇的规模会更大些，约在100～200户上下，但这已不可能是单一的哈萨克族的聚居点了。

（2）庭院布置综合：哈萨克族人民为了满足自己在生产上的需要和生活上的习惯，每户除了饲养一、两群羊之外（一群约二百只），还要喂养多头奶牛和马、驴、骆驼之类，用来挤奶、骑乘和驮物。虽然有些农业村落的居民已经改变了生产的性质，但是牛马仍不可缺，少量的羊也是他们生活中不可缺少的肉源。因此，他们的院落为了容纳这些内容便相应的要大些，一般在0.8～1.5亩（533～1000平方米）上下。在宽阔的草原上或在路水之间条件许可的情况下，也有将院子放大到两亩（1333平方米）或两亩以上的。这样每户人家就相隔好几十米或上百米的。它们或沿路排列或顺坡就势犹如一个个小庄园。在这样的院落里包含了住宅、各种畜圈、库房、草堆、小农田（饲料地、菜地、果树等）、家禽舍等性质各异而内容众多。较为典型的宅院布置平面如图7-29所示。

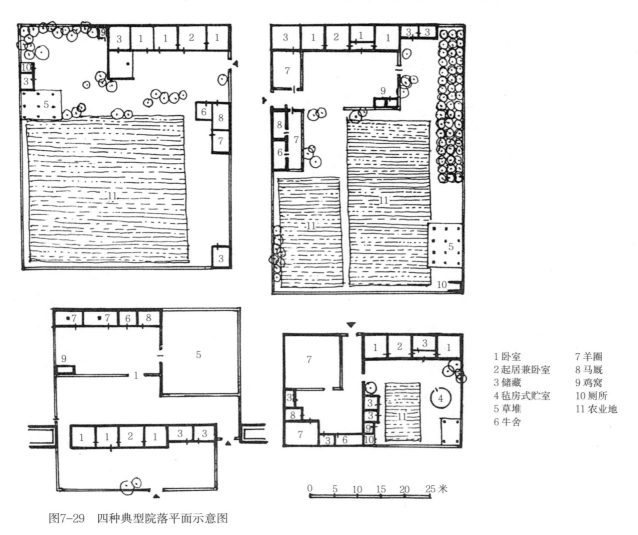

1 卧室　　7 羊圈
2 起居兼卧室　8 马厩
3 储藏　　9 鸡窝
4 毡房式贮室　10 厕所
5 草堆　　11 农业地
6 牛舍

图7-29　四种典型院落平面示意图

（3）建筑形式简单：哈萨克居住建筑几乎都为平房，虽有土木、砖木之分，但以"一"字形平面居多。有新规划的居民点中经技术人员的设计，有时也有人盖成组团式的，但数量极少："一"字形平面多半是一明两暗带一贮藏室，间或也有在房头作一拐弯做成一间半敞开的厨廊形式而成了曲折形的平面了（图7-30）。

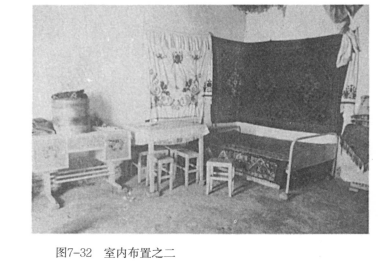

图7-32　室内布置之二

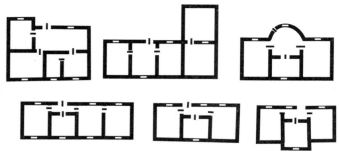

图7-30　六种建筑平面形式示意图

图7-31　室内布置之一

外墙极少装饰，房间内常以单向（朝南）开窗。门窗处理简单，窗户面积较小，一般只有室内地板面积的十分之一到二十分之一，所以室内光线较暗。室内布置大都还保留着在毡房内的形式，墙上挂有壁毯和吊帘，炕上或地下铺有毡毯，一家人都在炕上睡眠。床仍然是为老人或婴儿准备的，平时很少使用（图7-31、图7-32）。

虽然哈萨克族民居建筑属起步阶段，但通过他们的结合生活习惯的精心安排，利用当地材料的恰当处理，根据个人经济情况的妥帖运筹和源于本民族审美心理的实际创作，已经在建筑形象上呈现出来了。

（4）色彩朴素大方：哈萨克民居建筑的内、外墙体以白色为主，也有以天蓝色在外墙上勾画出色块的。门、窗常用天蓝色油漆，在山区通常以土的本色来显示生土建筑的固有特色。其他部位如勒脚、檐头、屋面等亦以砖、石、土的材料本色显示，所以在哈萨克族民居建筑上体现出的色彩给人以朴素无华、自然大方的观感。

（四）民居建筑实例

1.这是一个搭建在尼勒克县克令乡南山麓下的、由四片栅栏墙架围成的普通毡房（图7-33 ~ 图7-36）。

图7-33　毡房外景

图7-34　毡房内景

图7-35 毡房内景局部

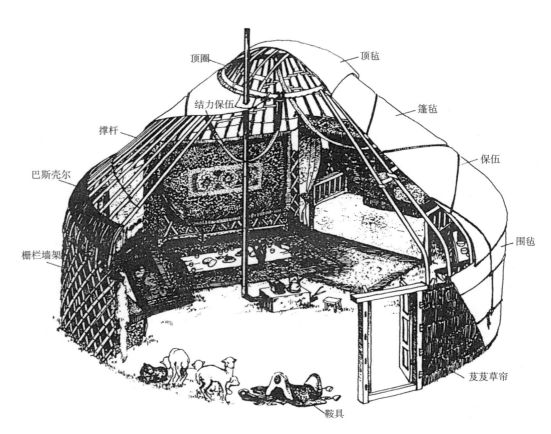

图7-36 毡房剖视图

2. 这是一个在春末夏初刚从定居房屋里搬出来搭建的
简易毡房（图7-37、图7-38）。

图7-37 毡房外景

图7-38 毡房内景

3. 这是一幢在木垒县大石头乡南山托列拜地方的石块建筑。它就山依坡，用当地的石块泥浆砌筑，石块大小自然搭配，很注意咬碴。窗户附近使用了湿堆垒的做法，并用泥浆抹平。屋顶材料也是当地的树杆、山草、铃铛刺、红柳条和土。整幢建筑约 20 平方米，只有一门、一窗，室内外不抹面全为材料本色。进厅约五平方米、低矮、黝黯，进得门去，只有从居室的小窗户通过内门洞传来的一片亮处，因此对入屋者的引向性明确而强烈，使你不用分辨地跨步向居室走去。居室内净高 2.2 米，四壁显露出石块的坚硬而粗糙的质感，色泽灰黄，在不亮的小室内倒给人以暖和的感觉。一扇 100 厘米 × 60 厘米的小窗在右上方，光线斜照下来，集中在炕沿周围。整幢建筑简单、朴素、和谐、协调，与山坡、戈壁等自然环境融为一体，稳固而安宁（图 7-39）。

图7-39　石头房外观及平面

4. 这是一组在木垒县大石头乡阿克达斯沟的牧民马格祖木和尼格买提自己安排的两户联立式定居建筑。它是自北向南由羊圈、毡房、住房、炉子、镶炕组成，临水依坡一字型排开，并呈微圆弧状，此圆弧的圆心距住房的前墙约60米，圆心处看这组建筑的两侧边沿的视角为60°。而羊圈的西北墙角到南边的镶炕也恰巧是60米左右，此三点的连线为一等边三角形。60米的视距恰是一般人的视力能达到辨别形象的程度。若站在主居住房前墙的中部看两根拴马桩，则其视夹角恰为90°，到水渠边的距离等于到羊圈边和到镶炕的距离，都在30米左右，是视线所及能够看清具体面貌的良好视距。而他们两家的有效实际活动范围，也正是在向前、向左、向右各30米的地盘之内。由于牧民们长期野外生活的习惯为缓和室内户外两个截然不同的空间，他们不用费工费料的廊的形式，而在作为自己活动主空间的居室的门外数米处支起了毡房作为过渡，于是两户各在建筑的一侧，毡房的周围形成了家庭活动的次空间。这个例子为我们显示了哈萨克族人民组织室内、外空间的典型手法。再看周围环境：水渠西侧一、二十米处是路，过路不远即上坡了。由于这组建筑坐落在南北走向的山沟里，泉水流向北去，风顺沟从南面吹来，羊圈布置在下风、下流处。从整体布局分析来看，这是老牧民经过精心思考，运用丰富的生活经验安排得十分合理而紧凑的一组适应哈萨克牧民生产、生活方式的居住单元群体；是一组符合朴素的功能分区要求、布置的含有人类生存的基本要素的良好组合；是一组人对自然界提供的原始条件进行充分利用的典型写照。从另一角度看，又为目前人们对哈萨克族牧民定居点内每户所需用地面积的大小提供了一个经过生活实践自发地提炼出来的数据（图7-40、图7-41）。

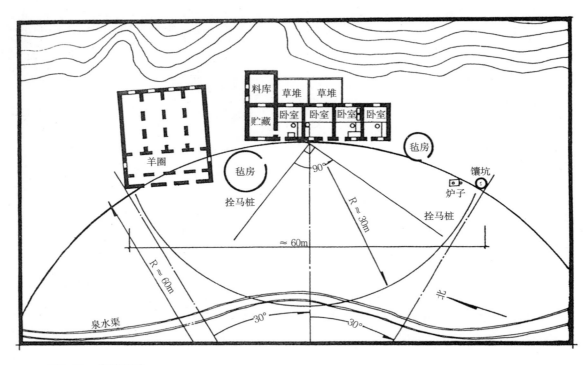

图7-40　总平面图

图7-41 鸟瞰图

5. 这是位于乌伊公路二台段山坡上的木构建筑，是20世纪30年代为哈萨克族养路工修建的（图 7-42、图 7-44 ）。

图7-44　室内

图7-42 外观

6. 这是一幢在霍城县境内可克达拉附近公路旁由石块和木构互相结合砌筑起来的人、马、羊分室组合在一起的综合性的住宅建筑，它由两户牧民共同居住。这幢建筑最初只有北侧的两间木构房子，以后逐步加建了贴邻木屋的专事抚养幼畜的羊圈和库房，最后又接建了南面的马棚，形成了一个"十"字形的平面布置。从修建者的安排可以看出，是想充分利用建筑四周的全方位的室外空间，使这些部位都与建筑发生不可分割的关系，犹如牧民们在利用毡房四周的空间一样（图7-45、图7-46）。

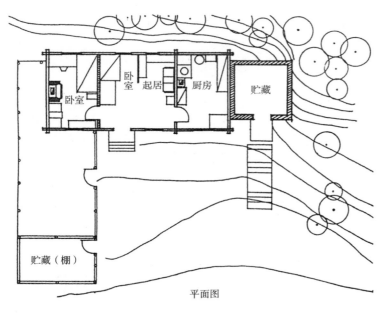

图7-43 平面图

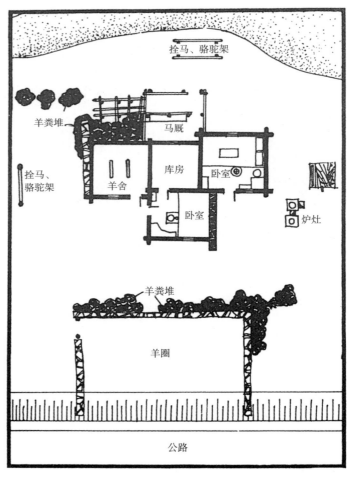

图7-45 总平面图

图7-46　外观

7.尼勒克县乌增乡北山沟的一户牧兼农的哈萨克族民居院落,建在路与水渠之间的较开阔的地段,它占地较大,约3.35亩(2233平方米),其西侧还有1.65亩(1100平方米)的农田。主建筑四大间带一厨廊,约140平方米,营建比较讲究,如砖勒脚上砌出了圆角的线条和花纹,采用了明廊和厨廊,在露橡式的檐头上也砌出了花式。值得指出的是,他们将住房、库房,牛、羊、马圈等建筑、围墙和果树组围成大、小不等的空间。这些空间从进口到农田,又排列出中、小、大和小、大、大的突放性的空间序列。使人在这个院落中活动时能感受到大、小空间不断变化的气氛,从封闭到开放、从窄小到宽大,产生出明显的对比效应,增加了情趣。这个手法在今后的哈萨克族建筑设计中很有沿用和发扬的价值(图7-47、图7-49)。

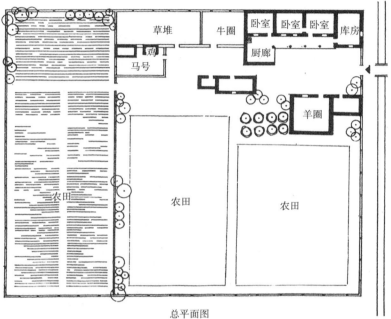

总平面图

图7-47 总平面图

图7-48 庭院透视图

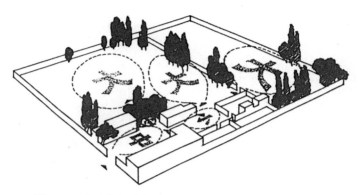

图7-49 庭院空间分析

（五）结语

　　哈萨克族民居是起步较晚的一种居住建筑。它植根于游牧时代毡房生活的深厚基础上，在其生产方式逐渐改变的情况下，居住建筑也正以一种充满活力的试探式的势头萌动着。目前虽然尚未充分显露出鲜明的特色，但是哈萨克人民纯朴、踏实、坚毅的性格已经赋予了民居建筑丰富的文化内涵；他们在旷野中长期生活的结果，已经为民居建筑一开始就提供了室内外的紧密联系、建筑及其环境互相交融的良好基础。在今后的不断实践中必定能够创造出一种具有独特风格的建筑文化来！

第八章
多民族聚居区的伊犁民居

伊犁民居是指伊犁地区及其相邻村镇的民间居住建筑，它们是由各族居民根据当地的自然条件、历史文化、生活习惯、生产需要、经济水平和民间的传统建筑艺术，本着因地制宜、就地取材的精神修建起来的。这些建筑在庭院布局、房间安排、立面处理、建筑结构和构造方面，经过当地各族居民长年累月的鉴别取舍和建筑工匠们的不断创作总结、推敲归纳，已形成了一种模式，这种模式的类型较多，其内涵是丰富的，在空间处理、动静过渡、明暗配合等方面是有个性的，因此在其体型面貌上显示出强烈的地方特色。也由于它结合当地的气候情况，合理而节约地运用了地方材料，在结构、构造和适当的艺术加工等方面都有独到之处，给人一种朴素自然而又亲切的感觉。

（一）自然、人文、历史概况

伊犁是新疆伊犁哈萨克自治州所辖三地一市中偏为西南的一个地域（图8-1）。它位于新疆西部边地伊犁河上游山间河谷盆地。东、南、北三面环山，西面敞开，天山支脉将本区顺东西方向分割成各具特色的多个自然经济地理区。伊犁河及其支流巩乃斯河、喀什河、特克斯河横贯其中。本地域处于北纬42°14′~44°51′，东经80°09′~84°56′，东西长350余公里，南北宽280余公里。北面和博尔塔拉蒙古自治州接壤，东北和东向分别与塔城地区、巴音郭楞蒙古自治州毗邻，南面与阿克苏相连，西面同独联体交界，边界线约390公里（图8-2）。这里深入内陆与祖国东部和欧洲西部的经济发达区相距甚远，交通不便致使当地经济较为落后。

本区域属中纬度内陆大陆性温带气候，因天山支脉及其形成的谷地由东向西坦荡舒展。整个地形东高西低，西来湿气直入区内，气候温和而湿润，昼夜温差大，夏热而少酷暑，冬冷而少严寒。春温回升迅速而不稳定，秋温下降较快而多雨雪。平原谷地年平均温度在7℃-9℃；最高温度40℃；最低气温为﹣43℃；无霜期150天左右；年降水量150毫米~300毫米（山区在800毫米左右）。这里土地肥沃，草场丰美，有较多的森林资源和风景优美的旅游胜地，是新疆的农、牧、林业和旅游业基地之一。当地民居建筑大量利用生土（作墙体）、木材等土产材料，采用厚墙、高台基、平坡顶、厚顶盖（草泥）、窗小、门厚等形式，当与本地的自然资源、气候因素和经济条件有关。

伊犁哈萨克自治州地图

注：图 8-1、图 8-2 引自中国地图出版社根据 1989 年出版的 1：400 万《中华人民共和国地形图》编绘的《新疆维吾尔自治区地图》 书号：ISBN7-5031-1162-4/K·442 1992 年 3 月第 1 版 天津第 1 次印刷 编辑：孙强 编绘：孙强 清绘：辛素敏 审校：沈桂梯 傅马利 验收：杨守一

图8-1 伊犁哈萨克自治州地图

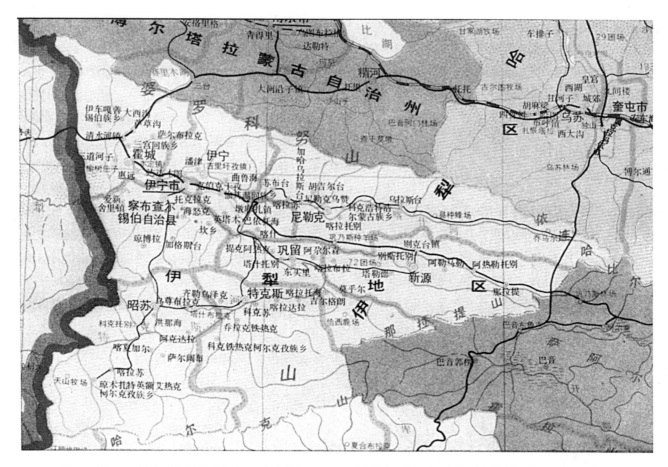

注：图 8-1、图 8-2　引自中国地图出版社根据 1989 年出版的 1：400 万《中华人民共和国地形图》编绘的《新疆维吾尔自治区地图》书号：ISBN7-5031-1162-4/K·442　1992 年 3 月第 1 版　天津第 1 次印刷　编辑：孙强　编绘：孙强　清绘：辛素敏　审校：沈桂梯　傅马利　验收：杨守一

图8-2　伊犁地区图

　　本区境内居住着汉、哈、维吾尔、回、锡伯、蒙古、乌孜别克、柯尔克孜、塔塔尔、俄罗斯、塔吉克、达斡尔等十多个民族。总人口约 155 万人；少数民族占 64%，其中哈萨克族占 22%，维吾尔族占 23%；蒙古族和哈萨克族的牧民生活在山区的居多，锡伯族的居民大部分聚居于察布查尔县境内，上述民族的其他人员以及其他民族都混居在各个城镇和农村居民点中，城镇人口约为总人口的三分之一。在少数民族中除了蒙古族、锡伯族、俄罗斯族中的部分人员分别信仰喇嘛教、萨满教、东正教外，别的民族以信仰伊斯兰教为主。

　　伊犁自古以来是塞克人、大月氏人、乌孙人的居住地，以后回鹘人西迁转辗至此，以及蒙古族、锡伯族、回族等其他民族的不断迁移逐步定居而成为今天各民族共同的生息之地。又因为伊犁地处中亚的边缘，经济、文化甚至人种都与中亚方面互相影响着。同时它是中西经济文化交流的通道之一，也是古丝绸之路的北道，希腊、波斯、印度和中国的经济文化交流，从四面八方汇集过来，这里成为一座民族和文化的大熔炉。从十九世纪初开始，更有英帝国和沙俄的不断侵掠，以及清政府与其签订的各种丧权辱国的条约，给本地区带来了某些西方殖民文化。尤其在20世纪初期世界历史大动荡时期，沙俄对本地域的渗透更为嚣张，十月革命后大量白俄的流入，都对本地区的经济文化有较深的影响。这些反映在建筑上也就形成了今天的伊犁民居既有强烈的当地居民习俗反映出来的地方色彩，又受到上述西方各国在各个不同历史时期人员流动所带来的建筑文化方面的某些影响。

（二）村镇布局和街坊、小巷

乡村、集镇、城市的形成及发展，与当地自然、经济条件、社会、文化、历史因素是密切相关的。伊犁地区的山地已占67％强，丘陵、沙漠、戈壁又占去了总面积的10％，平原只剩20％左右了。山区内交通闭塞，除了部分林地外，大量的是草场，只有牧民散落地生活在那里，在漫长的历史年代里一直处于落后的自然放牧的生产形式中，随季节草情而迁移，一年至少得搬二、三

次家。近年来虽然有定居或半定居形式的牧民居住点出现，但是数量很少。经济是不甚发达的。农民和城市居民大都聚居在伊犁河及其支流——巩乃斯河、喀什河、特克斯河的沿线，因此村镇的分布都为沿河或顺着水源丰盛的水系附近布点。河流上游，村镇稀疏，越至下游，平地越为宽广，水渠纵横，阡陌交错，农事兴旺，因而村镇也逐渐密集，大者数百户，小者三、五十户。由于公路的修通，一些位置靠近公路的村镇便有了发展的机会，商品、货物源源运来在此集散，进行交流，一些小工业也应运而生了，人口增多，住户增加，尤其是在清政府为了巩固边防于伊犁修建九城[①]的基础上发展得更快些，有些逐步发展为城市。如伊宁市、霍城县的水定镇、清水河镇、伊宁县的吉里格朗镇、察布查尔县城、特克斯县的特克斯镇等（图8-3~图8-6）。因为这些城镇所在地都为山间河谷平原，因此大都依山傍水，风景十分

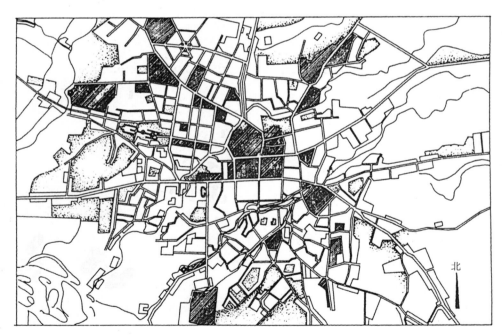

图8-3　伊宁县图

北

---

① 清政府于18世纪中叶在伊犁先后修建了惠运、惠宁（今巴彦岱乡）、绥定（今水定镇）、广仁（今芦草沟乡）、瞻德（今清水河镇）、拱辰（原霍城县）、熙春、塔勒其、宁远（今伊宁市）等九城。

图8-5 伊宁县吉里格朗镇图

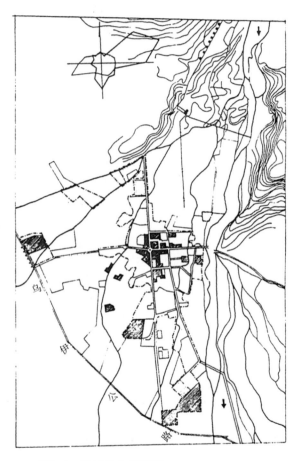

图8-4 霍城县水定镇图

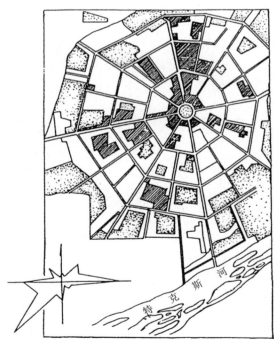

图8-6 特克斯县特克斯镇图

图8-7 顺路排列的庭院

秀丽，一幢幢民居在那里或顺路排列，或依渠串连（图8-7、图8-8），各户自成庭院、家家栽植花木果树（图8-9）。院门前遍植杨、柳、榆、槭等树木，使整个街巷深隐在绿荫之中，自有一种西北边陲的小巷深院景色（图8-7）。

图8-8 依渠串连的民居

图8-9 各户自成庭院、植满花木

（三）伊犁民居的平面、立面

伊犁民居的平面布置是由各民族在原有的民居习惯形式上逐步融合而成的，一般为将各种用房并列地安排呈"一"字形，通常以一明一暗或一明两暗为基本单元，经济宽裕者或人口多的人家就在这个基础上连续顺延地加建。其平面形式可分三种：

1. 一字形式（图8-10～图8-12）

在伊犁民居的平面布置中各居室的功能明确，以一明两暗的三间式单元为例：进门一室为明室，是过渡性的房间，或作为普通常客的接待室、卧室或餐室。左手的暗室（套间）为主卧室，也是主要会客室，进门处挂有门帘，室内陈设讲究墙上挂有壁毯、画幛、家人的照片、琴、枪和一些工艺品挂饰；炕上铺有地毯、毡子、软褥之类，炕头靠

壁处整齐地叠满被褥，上有花布、纱巾遮盖，炕侧或地上有柜，杯盘都陈列其上。窗户一般漆成天蓝色，设有考究的窗帘盒，窗帘一般为纱帘和布帘两层。大窗台上摆有几盆鲜花，所以进得室来，给人以琳琅满目、五彩缤纷的热烈感受。有的住户将土炕拆去，摆上成套的家具，将这一房间作为纯粹的会客室用。右手的暗室（套间）为次卧室，是子女或老人所用，其家具、摆饰要稍逊于主卧室。这一间里砌有锅台，是冬天室内做饭的地方，它又是冬天的餐室。若一明一暗的单元，则将次卧室隔在套间之外，门单独开向走廊，互不影响，保持各室的宁静。通常的住宅在三间之外还要接建一间贮藏室和一间厨廊，一连五间带廊便是伊犁民居的典型形式。

其立面如（图8-13～图8-15）。

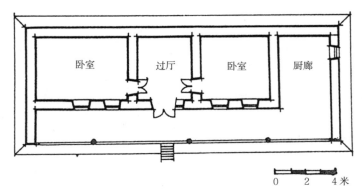

图8-10　一字形平面之一

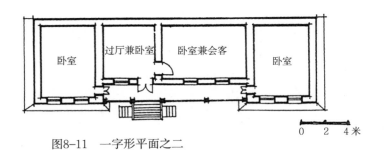

图8-11　一字形平面之二

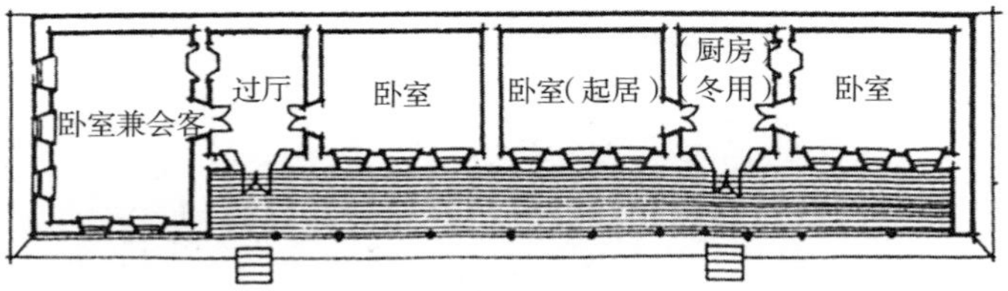

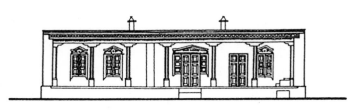

图8-12　一字形平面之三

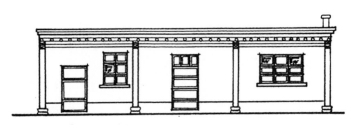

图8-13　一字形建筑立面之一

图8-14　一字形建筑立面之二

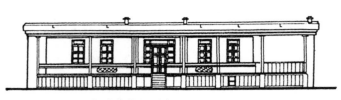

图8-15　一字形建筑立面之三

2. 曲折形平面（图8-16~图8-21）

　　因为建筑基地的形状大小所限或户主的个人喜好，便有曲折形平面的产生，其各室的组合关系大致和"一"字形的平面布局相似，其立面如图8-22~图8-24所示。

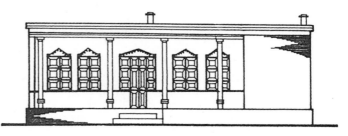

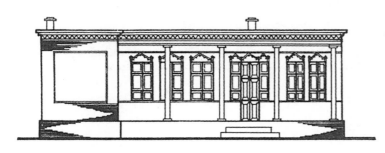

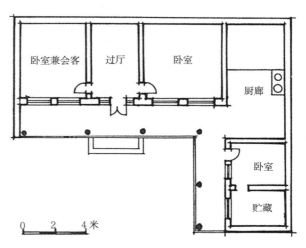

图8-17　曲折形平面之二

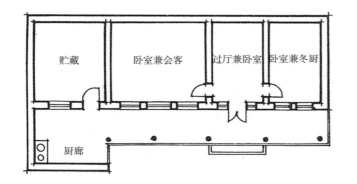

图8-16　曲折形平面之一

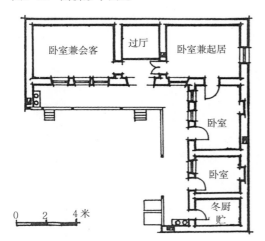

图8-18　曲折形平面之三

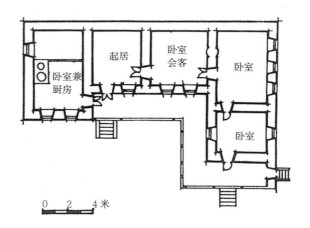

图8-19　曲折形平面之四

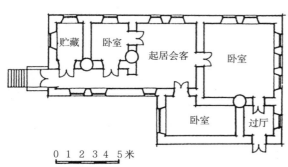

贮藏　卧室　起居会客　卧室

卧室　过厅

0 1 2 3 4 5米

图8-20　曲折形平面之五

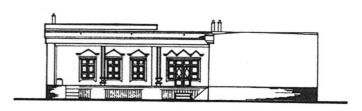

图8-22　曲折形建筑的立面之一

图8-23　曲折形建筑的立面之二

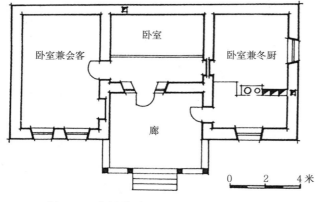

卧室兼会客　卧室　卧室兼冬厨

廊

0　　2　　4米

图8-21　曲折形平面之六

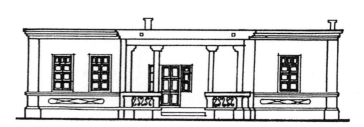

图8-24　曲折形建筑的立面之三

3. 组团形平面（图 8-25~ 图 8-28）

有的民居进深较大、房间较多，各室分布于前后两列，并安排了御寒挡风的门厅，这便产生了组团式的平面布局，其内部各室或互相套门相通，或设内廊相连，所以虽有外廊，但整个平面显示出较强的封闭性。这种建筑一般受俄罗斯建筑布局的影响较深，铁皮屋面、四坡水，进门处还做门廊、门罩，做功讲究，形成了另一种风格。其立面及外观如图 8-29~ 图 8-33。

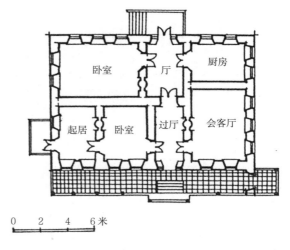

图8-27 组团形平面之三

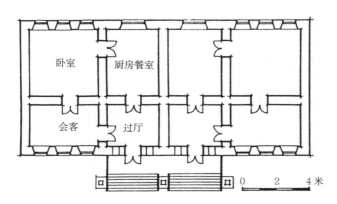

图8-25 组团形平面之一

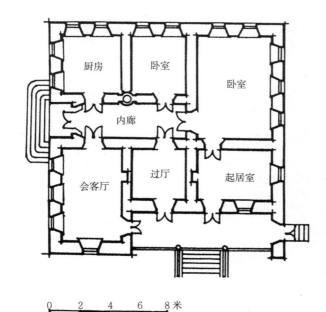

图8-26 组团形平面之二

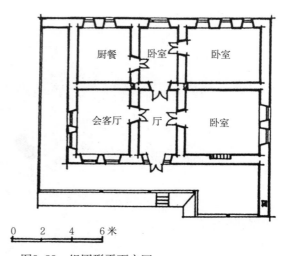

图8-28 组团形平面之四

图8-29　组团形建筑立面之一

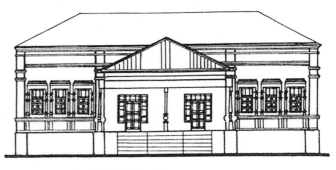

图8-31　组团形建筑立面之三

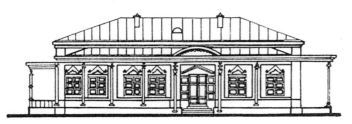

图8-30　组团形建筑立面之二

图8-32　组团形建筑立面之四

图8-33　组团形建筑外观

（四）建筑艺术处理

伊犁民居在建筑艺术的处理上有以下四个特点：

1.线条整齐、轮廓简洁：伊犁民居的地面线、勒脚线、窗台线，檐口线都整齐划一，极少大起大落；柱子线和墙上的分割线互相呼应、整齐排列，很少曲折变化。整幢建筑的外轮廓，给人以亲昵、简单、素雅的感觉（图8-34、图8-35）。

2.繁简有致、突出重点：伊犁民居的大墙面都朴素无华，偶有将扶壁柱线凸出以示变化，但平直挺拔一无装饰，突出了一个"简"字，可是在护窗板、窗眉（图8-36、图8-37）、护门板、门楣、檐口线（图8-38）、墙角柱（图8-39、廊柱的柱根及托梁（图8-40、图8-41）等地方却加以精细的雕凿，给人以一个"繁"字，在人们着眼点的部分，充分显示出自己的特色。

图8-34　轮廓简洁的建筑外观之一

图8-35　轮廓简洁的建筑外观之二

图8-36　窗眉

图8-37 护窗板

图8-38 檐口线

图8-39 墙角柱

图8-40 托梁

图8-41 柱根

图8-42 对比鲜明的民居建筑

4.协调环境、性格鲜明：伊犁民居虽有明快的色彩，但白、蓝、赭三色在天光的照耀下显得协调而和谐，虽然三色有明显的对比关系，但在一幢建筑中规律地、有比例地重复出现，又使它统一在一个线条整齐、轮廓简洁的实体之中，庭前院后的层层叠叠的扶疏绿叶，阶前栏旁的星星点点的鲜艳花朵，廊下棚中的闪闪忽忽的红裙花衫，活画出边地居民们宁静、舒适、活泼、生动的生活气息（图8-43）。而民居建筑又在这一环境中不抢不争，不退不让，从而体现出自己朴素、亲切、平易近人的居住建筑的性格。尤其是家家户户、连连续续的千万次的重复，便形成了洋洋大观的伊犁民居的鲜明特色了。

3.色彩明快、对比恰当：伊犁民居喜欢用白色、蓝色、赭色来涂饰，整体感是暖（赭色）、冷（蓝色）、明（白色）、暗（阴影下）对比鲜明。而柱廊之下形成的虚感和大墙围护部分造成的实感；墙体的简，柱、窗框等的繁；室外色调的平和与室内摆设的艳丽都形成对应的对比关系，使人在平淡无奇中感受到跃动，又在繁琐变化中得以舒展，恰到好处地组成了当地居民的活动空间（图8-42）。

图8-43 优美环境中的民居建筑

上述这些特色假如从外部特征方面看，其表现得最明显的是三个部分，即门头、庭院和柱廊。

（五）门头

做法与众不同的门头是伊犁民居的特色之一。它是居民们从街到小巷等公共性地段进入私人生活场所的分界线。伊犁人民对这一临界点往往倾注了很大的人力和物力。他们把门头修筑得十分得体，虽然门头都是出于一个模式，诸如两根柱子上搁置横梁，梁上再作少量的砖砌体，做出和住房主建筑的檐头相似的门檐（图8-44）。门是双开的，门上、柱上一般十分简洁，但个别也有描花、嵌纹、雕凿、磨、抹出各种图案来的，或精美细微或朴素大方，其造型和用材往往能体现出主人的审美观点和经济水平（图8-45、图8-46）。

图8-45 朴素的民居大门

图8-44 门檐

图8-46 经过装饰的民居大门

最有特色的是几乎每个门头都结合柱子勒脚的四、五十厘米高处相对的一侧，放出一台，作为坐凳之用。这个台做法各异，有方、有斜、有大、有小，大的可并排坐下两人，小的只有一二十厘米宽，只够人们倚墙斜靠时作一臀部支撑之用，有的在这个台上还专门镶一块木板，抵御人们坐在土坯或砖上所受寒气的侵袭（图8-47）。有的除了门柱作凳外，在门外树旁渠边又将树棍、木板等塔一长凳，以弥补柱凳之不足（图8-48）。住户的主人，不管是老人、小孩、主妇，每日里总要在门口这种专设的凳子上坐上片刻，一则可在门口小坐，得以休息调剂家务的疲劳；二则观望沿街景色、过路行人的衣着时色，倾听社会动态、市场行情；三则与邻居或熟人攀谈小议交往友谊；四则解除独居的寂寞，开辟一个在时间上不受任何拘束，可以任意久留地与社会交往的地方。可见门头在伊犁民居中便起着这样三种作用：一是起到了围护和通道的作用，二是提供了家人休养生息得以小憩的地方；三是创造了户主进行社交的场所。

图8-48　门旁木板长凳

图8-47　门柱勒脚处的方台

（六）庭院

这是伊犁民居的第二个特色，几乎每家都有一个院子，小则几分地，大的二、三亩乃至更多些。他们大都将院子置于居住建筑的南面，使居室朝阳，前有开阔的空间，美好的景观。一般还将杂务用房或畜棚安排在居室之侧，与居住建筑前形成一个开放性空间，而院子就是这空间的主体。也有将建筑置于基地之中，使院落分成前、后两个部分，前院种植花木、果树和葡萄，后院种些树木、蔬菜（图8-49～图8-53）。庭院在居民生活中起到了须臾不能离的重要作用。它是从户外到室内空间变化的第一层过渡，从户外车马喧嚣的街市中视觉形象是狭长的，被树木、水渠、墙垣等分割的条形的动空间，是强烈消失于中心灭点的各种透视线（图8-54）。听觉感受又是各种高低、疏密不同的声音，有时还尘土飞扬、气味繁呈。但是进入大门，视觉形象便变成了被栏杆、葡萄架、花格墙、花槽（池）等分割成矩形的静空间，葡萄树荫下花香、草香扑鼻而来，红色、绿色迎面摇曳；廊廓尽端菜香、肉香缭绕锅台，毡毯、花布安然铺盖，给人一种充满宁静安逸的气氛（图8-55）。

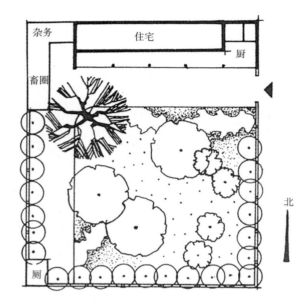

图8-49　庭院布置示意图之一

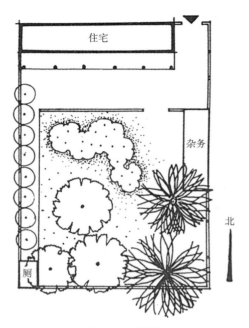

图8-51　庭院布置示意图之三

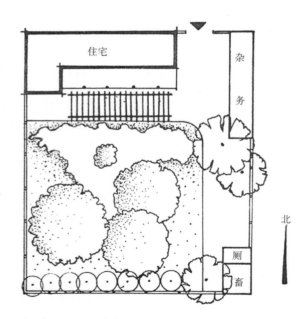

图8-50　庭院布置示意图之二

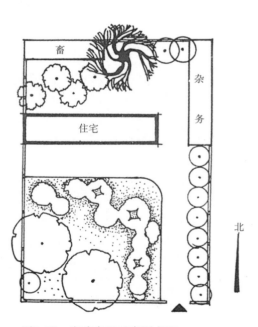

图8-52　庭院布置示意图之四

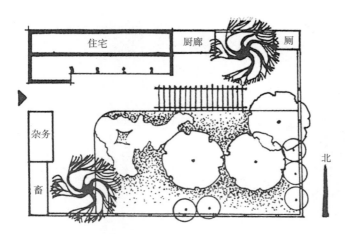

住宅　厨廊　厕

杂务

畜

北

图8-53　庭院布置示意图之五

图8-55　廊下的安逸气氛

图8-54　户外长条形空间

从功能上看，其庭院可分成四个部分：

1. 引渡部分：即从大门跨入院内的三、五米范围处，这里是户外到院内的过渡，有的使这部分直通内部，有的则适当给以阻隔，或用花墙，或用花架（葡萄架）造成空间的转折和院内的封闭感（图8-56）。

图8-57　庭院生活起居空间

图8-56　庭院中引渡空间

2. 起居活动部分：这是指主建筑廊前及厨廊前的三、五米宽的空地部分。它紧接在过渡部分之后，是居民们日常生活的活动场地。他们在白天的大部分时间就在这里度过（包括廊内部分）。这里的地面一般为经过压实的素土地，有的也进行铺砌，通常用材为条砖、方砖、石砾、扁平的卵石或水泥混凝土，上部空间大都为葡萄架覆盖。夏天里藤叶繁茂，架下荫凉舒适，透过叶隙洒下点点光斑，更增添了活动空间的生活气息。冬天里藤叶收起埋于土中，阳光直晒空地，明亮暖和，即使白雪积存的时日，这一部分用地，居民们也要把积雪打扫得干干净净，以便让孩子们跑跳玩耍，老人们朝阳小坐（图8-57）。

3. 种植部分：庭院中除了一、二部分之外，几乎均为种植部分。所种果树一般为桃、李、苹果、海棠、樱桃、杏子等。院子四周也有种植杨、柳、榆、桑、槭、白腊、洋槐、皂角等树的。在起居活动部分和种植部分的交界处常是花池及葡萄树地床的所在，这里有砌沿石、低栏、矮台的，池中缀以月季、芍药、大理、扶桑、灯盏、金菊等花卉。台上、栏旁搁置盆花，使起居活动部分向阳的一侧四时鲜花争芳斗艳。有些居民也有在种植部分内辟出一席菜地，种些韭菜、辣子、黄瓜、豆角之类。

4. 私密部分：在庭院不易见的角落是居住者安排厕所的地方，那里常以木板、苇席、树杆等围隔，也有意种植一些灌木为绿篱作遮掩处理的。厕所内就地挖坑，坑有浅坑（坑深五六十厘米，定期清除粪便）、深坑（坑深米余至数米，上加盖留洞，一般不清除粪便）两种，上搁木板作蹲踏之处。

（七）廊

廊是伊犁民居的又一重要特点，几乎幢幢住宅都有廊的设置。它和庭院中的起居活动部分紧密结合，在民居的组成部分中占十分重要的地位，所以当地居民对于廊的处理也十分重视。或直通、或曲折、或在尽端放大作为厨廊之用。廊宽1.5～2米，有的更宽些，能容纳人们生活中的各种大小动作的幅度。房的台基与房屋的勒脚吻合，一般高度在50～60厘米以上，若有地下室者，则会更高些，并在台基墙上开窗作地下室的采光之用。廊内地面均作铺砌与室内同高，平坦通畅。廊柱选用上好木材，裁切平直、挺拔俊秀，或雕以图案花纹，雍容华贵，柱顶托梁也往往作出各种花饰，增加情趣。

廊的主要功能第一是很好地创造了室内外的空间过渡。这种过渡起三种作用：

1. 亮与暗的过渡

因为冬天保暖的需要，墙厚而窗小，因为要创造室内收敛型的宁静气氛，当地少数民族喜欢用一种淡蓝色的颜料作室内墙壁的粉饰涂料，并在窗户上挂上纱帘、布帘和遮挡视线用的半帘，层层叠叠，使室内光线幽暗柔和，与光天化日之下的室外是一个强烈的对比。在人们生活中从室内到室外给视觉上造成一种突变，瞳孔不能很快收缩以趋适应，有很大的刺激性，而廊就是光线由弱变强的过渡场所（图8-58）。

图8-58　廊从明到暗的过渡

2. 动与静的过渡

自院外到院内，对居住者这个主体来说，其客体——环境已创造了从动到静的过渡条件，而主体并未由此而静下来，因为他们大量的起居活动就是在廊及廊前的空地上进行的，所以主体由动到静的全进程才具备了一半（从院外的大幅度、大"位移"到院内的小幅度、小"位移"动作）。主体除了在严寒的冬天、刮风、下雨及晚上迫使他们进房活动以外，一般来说主体入室就是为了获得安静地休息（包括与家人叙谈等广义的休息），而廊就是使主体获得动到静进程中在形态和情绪上的过渡场所。

3. 大与小的过渡

从室外的大空间到室内的小空间，廊给人以空间形态上的过渡。它又是从开放型空间（室外）到封闭型（室内）空间的过渡。

它是人们生活活动的主要场所，如孩子的戏耍，主人的家务操作，小憩、洗刷、晾晒、对近邻近亲的一般性的接待、对话都是在廊下进行的。尤其是家庭主妇，一日三餐的备餐、烹饪就是在廊的一端，半敞的厨廊内完成的。该处又是全家（除了冬天）的进餐所在。这里砌着高50厘米左右的土炕，上面铺着毡子，正中放着高40厘米左右的小桌子，吃饭时全家盘腿围桌而坐。当然，这儿既是婴儿摇篮的常驻地，又是幼婴咿呀学话、颠簸学步的启蒙场所（图8-59、图8-60）。这种偏于一端的厨廊形式因环境、基地的条件不同和主人的喜好不一，它会以各种不同的形式布置出来，有离开柱廊接在住宅山墙的一端的；有安排在两幢房子之间的空隙处的；有组合在偏于一侧的辅助用房内的（图8-61）；更有脱离住房、辅助用房，单独地建于一个适当的位置上的（图8-62）。这种位置最能见出主人在庭院经营上独到的匠心。他能利用主辅建筑形成的空间，运筹并平衡着立体构图，或倚角、或就势隔断墙的一壁，或靠树木围植等客体条件，处理成一席安适、舒坦的进餐空间，有顶盖、有露天，这种空间也是一种廊的形式，一种广义概念上的廊，我们权且叫它为"飞廊"吧！

图8-59　围坐在廊下进餐

图8-60　廊下婴儿活动场所

图8-61　偏于一侧的厨廊

图8-62　独立的飞廊

当地居民在廊上的活动由于各段分工不同，有时他们也作一定的分割，这种分割的材料有以土坯砌成漏花的，有用苇席或苇杆编成花格状的，有用向日葵杆、木板条钉成栅状隔断的，但它们大部分是透空的，被隔两侧都能通视，声色互见。

伊犁民居的建筑和庭院的有机布局是组成当地民居的统一体。它十分妥帖地处理了劳逸、闹静、隐现、污净的功能关系。生活在这个空间内，春日里一片青葱，生机盎然、花色烂漫、花香习习；夏天里浓荫覆盖，葡萄架下、琴声笑语、隐约飘忽；金秋季节，果实累累、牛羊咪哞；等得冬日，白雪盖地，居民们的生活活动移向室内。艳丽的地毯上，素净的窗帘内，华灯之下，在四壁挂毯、彩画、杯盘、箱奁、被褥的陈列之中，暖气融融，每当开门启户之际，奶香肉香随举步移影溢漫空间，形成了有花果之乡、奶肉故里盛名的伊黎民居特色。

图8-63 气孔

（八）结构、构造、装修与施工

伊犁民居为平房，大都以土木、砖木结构为主。除有地下室以外，基础较浅，30～50厘米至1米深，素土夯实后以石砾或碎石填充，再夯实后砌砖基础、砖勒脚。室内地坪正负零点定得较高，一般均在50厘米以上。若作木地板者，则勒脚部分均留通气孔（图8-63）。

墙体砌作方法有几种：1. 以土夯墙外抹草泥作主要墙体，立柱承重，用土坯调整檐下部分的标高。2. 先立构造柱，以土坯作填充墙。3. 砖勒脚以上，按开间大小，内外墙的相交处，墙体转角处砌49×49的砖柱（甚至更宽些），用土坯填充其间，或有在窗框、门框两侧砌砖以资加固。4. 外墙用砖砌筑，内墙用土坯泥浆砌筑。5. 墙体以土坯泥浆砌筑。6. 内、外墙均以土坯砌筑，但外墙部分外包青（红）砖，并与土坯咬茬砌筑。7. 全部用红（青）砖砌筑。墙体凡用土坯砌的，均用泥浆填缝，砖砌体则为石灰砂浆（近代有用水泥砂浆的）砌筑。内墙上为了利用空间，常设有贮藏东西的壁龛，龛边也有贴以各种木雕、石膏、砖砌或泥抹的花纹，但数量较少。

因为墙厚门框、窗框大都砌成内八字形以利采光，木窗台板满铺。窗户分单层、双层两种。一般住户喜欢加做护窗板和窗眉，并在其上制作简单的花饰（门也如此）。有的还把外层窗户改成板窗，在木板上也刻纹做出立体图案，与护窗板和窗眉互相呼应，白天打开，夜晚关上，封闭性强，既保暖、又隔光、还安全。门为单层，但厚约5～8厘米，并且选用较好的木材，以利保暖。有的将门、窗顶部的护门（窗）板适当放大做成各种形状并雕以花纹图案，用来装饰建筑，带有一定的伊斯兰风格，形成了伊犁民居别致的特色（图8-64、图8-65）。

檐头部分的简单做法是直接在伸出墙体的木檩或椽子上钉木封檐板，但大部分建筑都做三至五层封檐砖，有的做到十多层，并将砖块磨成斜角、圆形、楔形、拼成各种不同的图案。这种磨成特殊形状的砖块还用在砌勒脚或砖

图8-64　门板雕饰

图8-65　窗板雕饰

柱、砖墙上，使其显示出各种线条来，既朴素又美观。

　　屋面常为一坡水，坡度在10%～15%左右，两坡及四坡水较少，歇山屋面更为少见。屋顶做法自下而上，一般为：梁、檩、椽、望板（或苇把子、苇席、木板条）、油毛毡、麦草、草泥封面抹光（因年年上一次房泥，厚者可达二十多厘米）或铁皮屋面，较少挂瓦。室内也作顶棚，一般均以木板吊顶，用小板条封死板缝。

　　伊犁虽属大陆性温带气候，但寒季较长，温度甚低，其民居的冬天取暖是建筑构造处理上的重要问题。各室的平面布局既要考虑到使用功能上的方便合理，又要考虑到取暖时炉子（毛炉）、火墙的最佳位置，使其既不占使用

面积，又能节省用煤（往往使一套炉子、火墙由两间甚至三间共同使用）。

　　室内地坪通常为木地板，也有做成条砖（方砖）地坪、水泥混凝土地坪的，普通人家则以素土夯实或地表用马粪泥处理一下。

（九）民居建筑实例

　　1. 这是一个典型的伊犁民居院落。"一"字形建筑坐北朝南，门、窗、柱子、檐头都反映出当地民居的特点。水渠在院子前部穿过，庭院中四个部分分工明确。四周高大的白杨树和院内茂密的果树，将蓝、白、赭相间的住宅

掩映起来，分外宁静（图 8-66 ~ 图 8-69）。

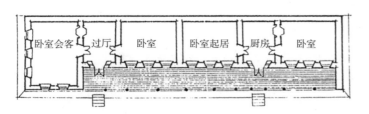

图8-67 住宅平面图

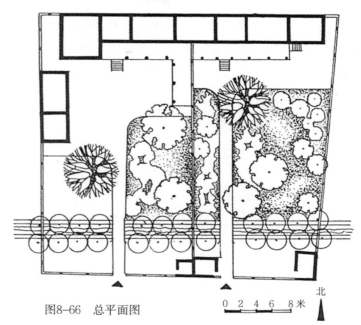

图8-66 总平面图

图8-68 立面图

图8-69 鸟瞰图

2. 伊宁市塔西库勒克乡某院宅是一个侧向进院的实例。因为人、畜同院，户主以树枝、小灌木编成篱笆把院落分成两大部分。沿篱笆向南依树就势作一转折，形成一个小空间作为厕所，既隐蔽又得体，使污净截然分开。而篱笆与畜棚之间的空档又形成了一个敞开的门口，使狭长

的基地变成了两个长宽比都很恰当的连续空间。人的起居饮食、活动场所都布置在城市道路的一边，进出方便。烹饪和进餐部分虽为露天，但东、南面的围墙，西侧的果树、灌木和花卉围合着它，迎向住宅的开口部位，又有老榆树覆盖其上，实在是一个安适乐惠之处（图8-70、图8-71）。

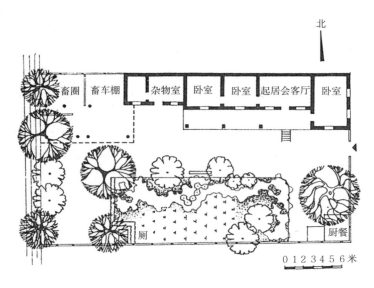

北

0 1 2 3 4 5 6 米

图8-70 总平面图

图8-71 庭院局部

3. 坐落在伊宁市果园街某院的是一个两户合院的实例。其中在路边的曲折型平面的一幢建于1921年。它有一个自街入通走廊的与院门近在咫尺的大门，并做了精制的门廊。这扇大门平时是不开启的，只是在严冬雪封、大雨滂沱之日，或是有人深夜回宅、贵客临门以及主人感到特别需要的时刻才启用。另一幢建于1982年，两幢都有地下室。因为院落口小内大且狭长，主人巧妙地在院子宽度变化处布置了一架葡萄，从而将院落分割成两个十分得体的空间，并把烹饪饮食等杂务事项移向葡萄架西南侧的果木丛中，造成两个若即若离的呈阶梯形错落的互不影响的宅前活动空间，在这里显得干净、文雅和宁静，从春到秋绿叶拥簇，花果不断（图8-72～图8-76）。

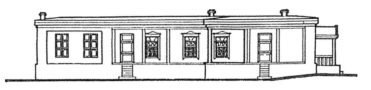

图8-73 老住宅的立面图

图8-74 新住宅的立面图

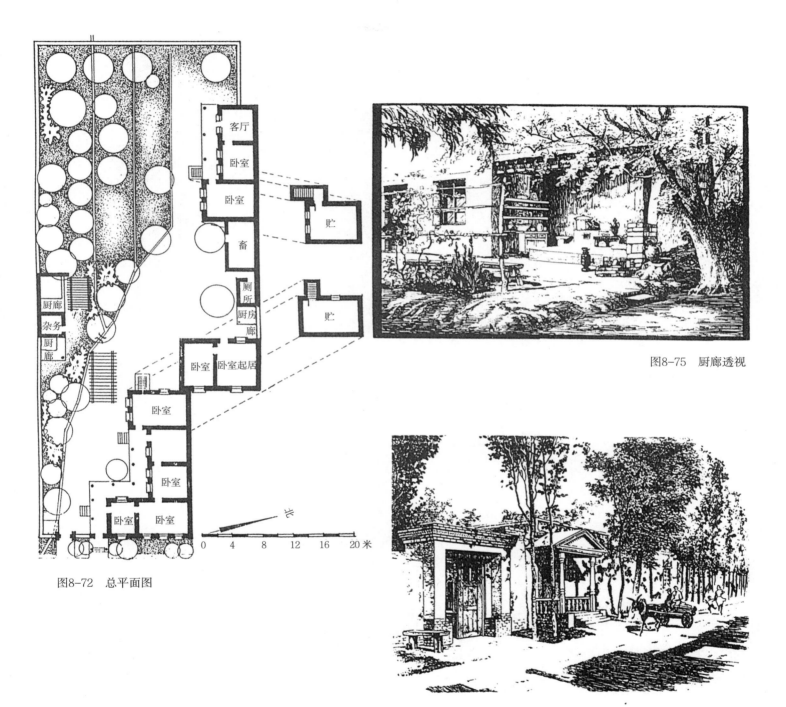

图8-72　总平面图

图8-75　厨廊透视

图8-76　大门透视

客厅
卧室
卧室
畜
贮
厕所
厨房
廊
卧室　卧室起居
卧室
贮
卧室
卧室　卧室
厨廊
杂务
厨廊

北

0　4　8　12　16　20 米

4. 建于 1972 年的伊宁市石头桥乡某宅基于传统民居的基础上有了新的发展。门、窗装饰趋于简洁、走廊面积缩小、平面安排灵活，基地布置紧凑并大幅度地节约木料，是一个布置得极为精美的宅院，但仍保留着伊犁民居的鲜明特色（图 8-77 ~图 8-79）。

图8-79 鸟瞰图

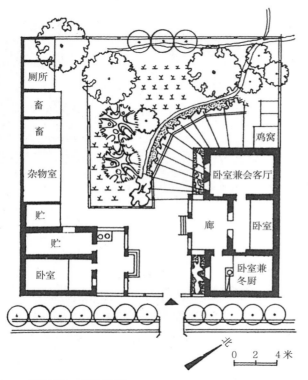

图8-77 总平面图

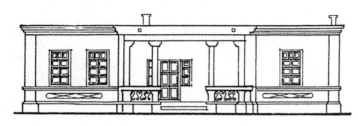

图8-78 建筑立面图

5. 这是一幢组团式的住宅建筑，距今已有七、八十年的历史了。它除了具有当地的固有特色外，如四坡水、铁皮屋面、毛炉采暖、木质雨棚和柱子的线脚还带着一些俄罗斯的风味。主入口处的两根门柱的柱头显然是学了欧洲某些古老建筑的柱头做法，但也明显看出是换了地点而入乡随俗了，因为当地风貌的影响，致使这柱头的图案已经有了变化。从这幢住宅上还可以看到在同一建筑上两种檐头处理的做法，因为西、北两面原来是沿街的，主人为了显示自己的阔绰，特地改变了手法，把檐头做得比南、东两面更为复杂（图 8-80 ~图 8-83）。

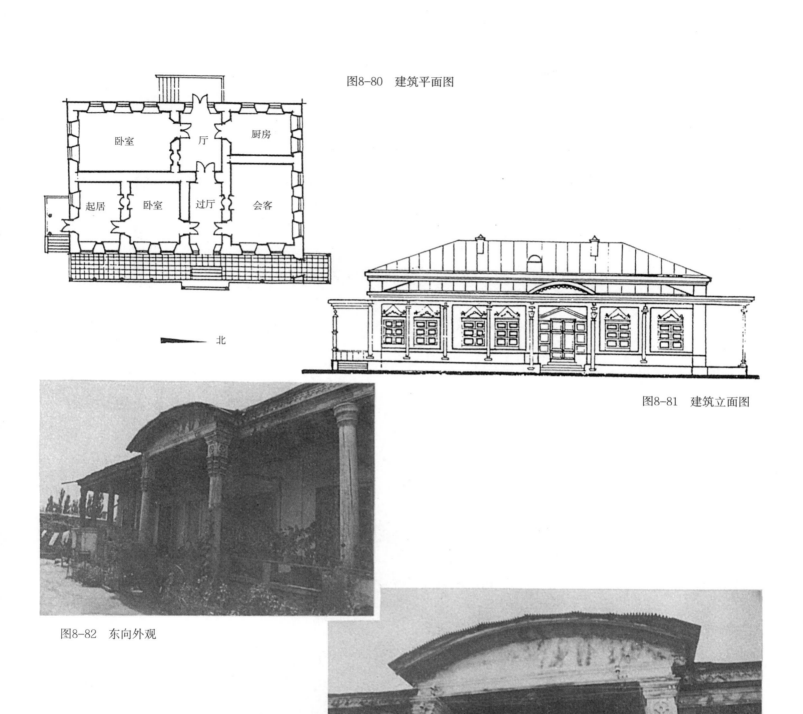

图8-80 建筑平面图

卧室　厅　厨房

起居　卧室　过厅　会客

北

图8-81 建筑立面图

图8-82 东向外观

图8-83 主入口门廊柱头

6. 这是一幢建在街边的标准很低的小屋。土墙、泥顶、杨树檩条、苇席顶篷、不做封檐处理，门低矮、窗极小，占地总共只有 82 平方米，建筑占去四分之三的用地，剩下二十余平方米的空地呈曲折型。主人没有照搬伊犁民居的通常模式，而是将它的几个组成部分灵活地重新组合了一下，在小小的用地上仍然包容了伊犁民居内含的各种功能，而各居室和厨廊朝向小院围成一圈，使小院成了一个朴素的共享空间。请注意：院子虽小、院内却有三个锅灶，进门右侧的专为烤馕（少数民族的主食）用，左侧的蒸煮用，偶尔生火，燃料为柴草。厨廊上的炉灶才是一日三餐烹饪用的（图 8-84 ~图 8-86）。

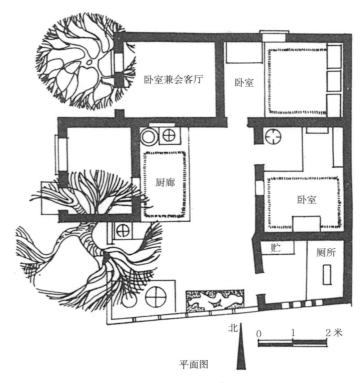

图8-84　总平面图

图8-86　庭院一角

图8-85　庭院局部

7.这是一幢坐落在伊犁察布查尔县金泉镇(爱新舍里)西侧的锡伯族人民居。它位于锡伯族人西迁伊犁后在伊犁河南岸扎营屯垦时(1766年以后)靠西边的一个牛录(旗)所修筑的城池的西南角。当时每个牛录都筑有城墙,周长三至四公里不等,城内住人,形成一个村落,是一个作战单位和生产单位。这幢民居的院墙南面二十余米处即为城墙。它建造至今近二百年,在它西侧的姊妹宅已经倒塌。它自己也经历代主人的多次维修,在檐头的砌筑、门窗的形式和室内的隔断上有了变动,但在平面布置、立面处理和结构架设等方面还保持着原有的面貌。它还保留着东北

锡伯族房屋两坡顶锡伯族之前在新疆农村盖的住房其顶盖因当地少雨水而逐渐改成平顶或起坡很小的单坡顶了。室内设火炕、门扇上描金彩绘和在卧室房梁上悬挂育婴吊床的习俗。

这幢民居原与其围合成三合院的两侧耳房,以及原来的院墙和院门都已荡然无存。现在的院墙是夹板夯土而成,院门入口西侧的畜舍兼停放牛车的敞棚是户主为方便今天的生活生产所需安排的。西边是菜地,宅后是果园和杂树丛,显示出边境地区一派宁静安适的田园人家风光(图8-87～图8-97)。

图8-87 鸟瞰图

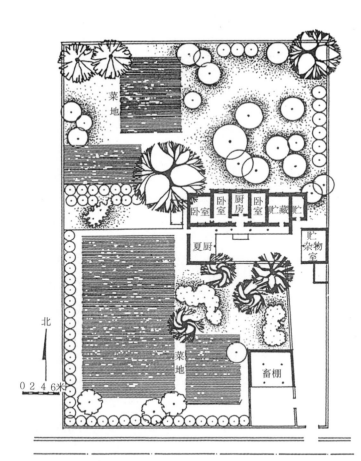

北

0 2 4 6米

图8-88 宅院平面图

图8-89 住宅南向外景观

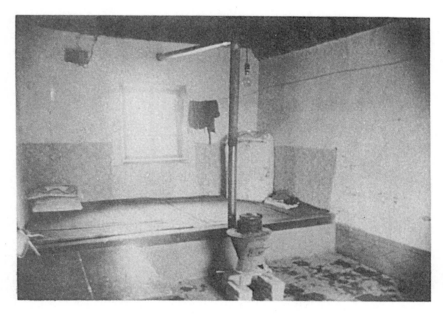

图8-90　室内一角

图8-91　室内布置情况

　　图8-90所示系锡伯族人起居室习惯布置情况。靠南、西、北墙布置睡炕，西墙的炕稍窄，上放置木柜、矮桌，一般是年长者和宾客的休息处。

图8-92　描花内门

图8-94　维修时更换的窗户形式

图8-93　原有窗扇形式

图8-95　维修时从别处移来的带有伊斯兰风格的窗户

图8-97　柱、梁和檐头的做法

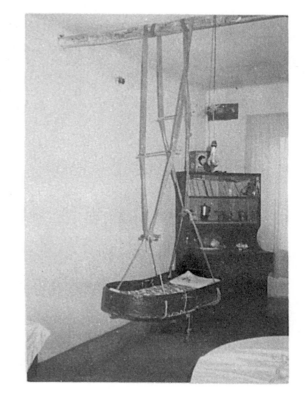

图8-96　在卧室内专门架设一根悬挂育婴吊床的横梁，保留着锡伯族人西迁到新疆之前的生活习惯

（十）展望

伊犁民居从内容到形式是植根于人民的生活中的，它产生于伊犁地域上丰盛的自然资源的襁褓之中。它有强大的生命力。在过去的年代里，年年月月、世世代代不断地发展着，今后还将继续涌现出无数幢伊犁民居来。但是时代在进步，时至今日人们对树林的砍伐使得森林的覆盖率越来越小，从而对绿化大地的重要性也越来越警觉了，因此不可能再以大量的木材来建造耗木量较高的过去的伊犁民居；水泥制品随着工业的发展必将大量地、相对来说又是廉价地生产出来，也会改变民居用材方面的习惯；科技的日见发达，人们烹饪、取暖所用的燃料结构也会逐步向燃气化、电气化过渡，它必定影响着民居的锅灶炉台、火墙暖炕的形式；大气的暖向趋势和人们生存活动的气流循环影响着伊犁地区的降水数量，因而原来的平缓坡度的屋顶及其用材也必然要加以改变以趋适应；由于人口增加、城镇发展，人们越发对土地，尤其是农田的珍贵认识得更为清楚，从而节约建设用地的目的促使伊犁民居的楼房化也将势所必然；随着人们的就业方式和种类的多样化、闲暇时间的消遣方法和娱乐形式的不断丰富，物质和精神等生活方式也必然幡然而异，那庭园的组织方式、居室的布局安排、门窗的开启方法、大小形式等都将会随之而变。

总之，现今科学的昌明，促使时代的进化远比过去要快得多。因此伊犁民居既然扎根于生活，而当生活有迅猛变化的时候，它也必将跟随这种变化而起着变化。除了在部分偏远落后地区还会保持一段时期原来的形式，而城镇地区、工矿地区、交通方便的农村、庄园、牧场一定会率先改进。事实是目前已经出现了不少新的民居形式，而那种组团式平面、大量使用木材的结构方式已经逐步消失了；那种大量烧煤的毛炉（过去曾以牛粪和柴作它的燃料）式采暖方式和湿叠法的墙体砌筑方法几乎绝迹了。当然，这种变化仍然是源于故宅而循序渐进的。

这里说的源于故宅是指伊犁民居中那些由于生活的提炼而产生的好的平面组织关系和空间处理手法还会被继承，并且会从中生发出更好的更耐人寻味的建筑文化来。精心描绘下去，是指伊犁民居的立面及空间形式所表现出来的与当地人们的视觉形象爱好和心情风俗需求都丝丝入扣、密相吻合的气氛特色会得到继承，并从中总结出弥漫于伊犁民居这个三度空间中的构图哲理来。发扬光大开去，是指伊犁民居中体现出来的因地制宜，因材构筑、因习设计的朴素的思维方式和灵巧匠心还需继承，并从中探索出一条现代文明和传统习俗间十分熨帖的合乎逻辑的设计思想并继续经营下去。这里说的循序渐进是由低到高的层次，其进展形式一定是台阶式的，必须是向前向上的，没有退缩的余地。伊犁民居必将开出更为艳丽的花朵，结出丰硕的果实来！

第九章

回族民居

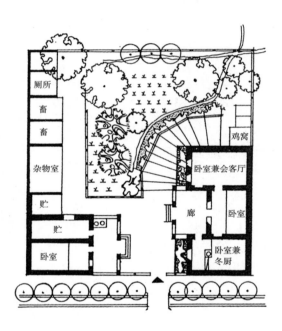

厕所

畜

畜

杂物室

贮

贮

卧室

卧室兼会客厅

鸡窝

廊

卧室

卧室兼
冬厨

我国民族大家庭成员之一的回族，是一个人口众多、历史悠久、生活色调丰富并具有自己鲜明个性的民族。作为中华民族史中一个不可分割的重要部分，回族人民与全国各族人民一道共同劳动、共同生活，共同创造了悠久的历史和灿烂的文化。

建筑是人类文化的一个重要组成部分。回族建筑由于人文历史、宗教习俗、地域环境和气候的影响，形成自己特有的风格。不论是个体建筑、建筑组群还是村镇规划，都有不少优秀作品，是传统建筑文化的一份珍贵遗产。

（一）新疆回族的发展沿革

回族是我国信仰伊斯兰教民族中人数最多、分布最广的民族。1985年底，新疆回族人口是59.96万人，它遍布天山南北，主要分布在昌吉、乌鲁木齐、伊犁、焉耆、哈密、吐鲁番等地区，其中聚居人口比较集中的有昌吉、米泉、乌鲁木齐、伊宁、霍城、焉耆等县市，聚居人口都在两万以上；聚居人口在一万以上的还有阜唐、

吉木萨尔、呼图壁、奇台、巩留、特克斯、乌苏、沙湾、吐鲁番、哈密十县市。

新疆是回族人民长期耕耘生息的地方。早在13世纪初叶，元朝统治者西征，使得一批信仰伊斯兰教的波斯人、阿拉伯人不断被征发或自动迁移到我国，被编入"探马赤军"，后又按元世祖之令"随地入社"，"与编民等"，大批军士在"社"的编制下，进行屯垦。

13世纪东来的回族人，是我国现今回族的先世之一。现今新疆的回族，主要是18世纪以来由内地迁入定居下来的。清乾隆二十年至二十四年（公元1755～1759年）出兵伊犁，平定准噶尔统一南北疆以后，便在新疆实行大规模屯垦，大批从陕西、甘肃迁来的回族和汉族参加了新疆的开发事业；同治、光绪年间，陕、甘、宁、青回民起义失败后，随白彦虎进疆的一些回族流落昌吉、伊犁、吐鲁番、焉耆一带，一部分还到了乌兹别克斯坦的撒马尔罕，后又返回伊犁一带定居。

1884年（清光绪八年）清政府建立新疆行省以后，

新疆同内地联系加强了，又有大批陕、甘及其他省区回族人民陆续迁来定居。清朝定居下来的回族，是新疆回族的主要成分。

1928年，甘肃固原地区发生大地震，加之连续多年的新老教派之间的流血斗争，迫使成千上万的甘、宁、青地区的回族人民流离失所，背井离乡到新疆谋生；1934年马仲英进疆，部下有部分回族士兵留在新疆。新中国成立后，随着内地人民来疆支边，其中也包括回族。新中国成立后，新疆回族人口增长较快，1982年比1949年增加近3.75倍。

新疆的回族，由于定居时间不一，有"老本地"（或称"口外人"和"新来户"之别。18世纪和19世纪来新疆定居的回族，已繁衍好几代人，被称做"老本地"，以后迁来的都被称为"新来户"。不论老户和新户，都保持着全国回族大分散、小集中的居住特点。在城镇，回族人大都集中在一个城关区，如昌吉市的西街，奇台县城和西梁，伊宁市的小东梁，鄯善县城的东巴扎都是当地的回族聚居区。在农村则自成村落，围绕清真寺而居。有的地方与汉族和其他民族杂居。

由于新疆的回族大多是18世纪以后从内地迁来的，因此保存下来的古建筑不多，年代也短。新疆回族民居或其他建筑除保持自己的特色外，也可看到陕、甘、宁、青各地建筑的影响（图9-1）。

图9-1 乌鲁木齐市陕西大寺外景

（二）回族聚居区地理环境及气候特征

横亘新疆中部的天山把新疆分割成两部分，习惯上称天山以南为南疆，天山以北为北疆，哈密一带称之为东疆。新疆回族聚居区主要分布在北疆，东疆次之，南疆主要分布在焉耆地区。

北疆回族居住区又相对集中在天山山地和古尔班通古特沙漠之间的冲积平原上，这里交通发达，古丝绸之路北道从这里经过，现在的乌伊公路、乌奇公路横贯其间，第二座欧亚大陆桥随着北疆铁路的建成通车也已开通。北疆气候属内陆干旱性气候，平均年降水量200毫米，无霜期150天左右。一月平均气温－20℃，极值最低气温－40℃；七月平均气温20℃，极值最高气温40℃。昼夜温差一般在10℃以上，最大可达到20℃左右。

南疆和东疆历史上也是丝绸之路南道的必经之地，现今交通也较方便，兰新铁路、兰新公路、南疆铁路为当地的经济文化的发展提供了便利的条件。南疆和东疆气候较之北疆更为干旱炎热，年降水量才50毫米左右，无霜期约200天，昼夜温差也相当大。

建筑是人们战胜自然赖以生存的人为空间。在这样干旱少雨、冬季漫长、严重寒冷的气候条件下，民居建筑都是以防寒避风为主旨建造的。因此室内外空间都做得严密而低矮；平面布置严谨；屋面和墙体厚实；房屋朝南向。

由于雨水少，新疆回族民居大多是平屋顶，一廊出水，出檐不大，有的是砖砌平檐，这与内地回族民居的大出檐形式形成鲜明对照。

（三）民族文化与宗教习俗

由于长期与汉族人民相处和睦，回族人民的语言、文字和汉族一样，但宗教信仰是伊斯兰教，因此在经文学校也教授阿拉伯文字和语言。宗教信仰直接影响各民族的政治、经济、思想、文化和生活面貌。毫无例外，宗教信仰也必然影响建筑的发展，使之呈现出明显的民族特色和艺术规律。回族民居由于宗教习俗的影响，与其他民族有较大的区别，形成自己的特有风貌。

伊斯兰教极其重视洗浴，回族也是爱清洁的民族，十分讲究庭院和室内的整洁，特别是注意用水的洁净。在庭院，如果没有自来水供应，就几乎一院一井。水井、泉眼、涝坝等水源，不许在其中洗手、洗脸、饮牲畜，水井一律加盖，汲水工具一定要洁净。

伊斯兰教信奉"安拉"是宇宙独一无二的神，风吹草动，只见草动不见风，"安拉"是主宰万物的无形的力量，因此回族人民不崇拜偶像。在回族人民的居室中，特别是老年人的居室，一般不贴人物画或动物画，只是悬挂山水花卉画，宗教人士家也悬挂阿拉伯字或古兰经书法条幅以及绘有圣地、天房的挂毯。在建筑装饰中大多为花卉图案。不论是廊檐彩画、木刻砖雕以及窗棂花饰，大多是花草等程式化的几何图案，很少有动物形象（图9-2、图9-3）。

图9-3 廊檐彩画图案

图9-2 某民居室内布置

回族人民生、丧、嫁、娶及节日，一般都要举行宗教仪式。男孩七岁时要行割礼；结婚要唪"尼卡哈"，丧葬要唪"古兰经"，安葬以后的第三天、头七、二七、月斋、四十、百天、周年一般都要在家"念索儿"；开斋节及古尔班节都要走亲访友。为了在节日或吉日开展宗教仪式活动和接待亲友，每户居民都有一间上房。这间上房一般在西面，面积也大，最小是两开间。考虑人流聚散和空气流通，上房既有内门又有外门。上房中一般都有一个大火炕，墙上悬挂古兰经字画，既方便老年人作礼拜，也便于接待客人。

回族人民喜洁净，服饰多用素色。男喜戴小白帽，穿白衬衣及青色或棕色坎肩；已婚妇女常蒙白色盖头或戴白色的帽子，喜缀金银首饰。因此，回族建族色彩淡雅，一般用白色或浅绿色等冷色调，不像维吾尔族建筑喜用对比强烈的多色调。

（四）村镇与街坊

村镇的形成和发展，与当地的自然地理条件和经济、文化等社会因素有着密切的关系。新疆干旱少雨，加之地广人稀，村镇的布点与历史上游牧居民一样，逐水草而居。有水草的地方就有居民，沿内陆河两岸建立了许多聚居点，而且相对来说比较集中，在黄沙滚滚的浩瀚戈壁中，村镇是散落的绿洲。

村镇除建在水源处外，一般都在交通要道两边。新中国成立前交通不发达，大多是车马驿道和牧道；新中国成立后，县乡之间都修建了沥青公路，在公路两侧，人们逐步按习惯的方式建设村镇，虽然在一定程度上反映出规划思想，但更多的是保留了自然形成的特点。因此，新疆的村镇又像用道路这根金线串起来的绿色珍珠。

村镇的规模除乡镇人数较多以外，一般自然村在20～30户左右，占地大小不等，多数每户占地约两亩。每户有用围墙圈定的院落，庭院中除有住房外，还有库房、牲畜棚圈、厕所、水井及宅前园地。公共部分有道路、林带、水渠、桥涵、晒场。大些的村镇还有小学校、清真寺、小型日杂商店及农副产品初加工场所（图9-4）。

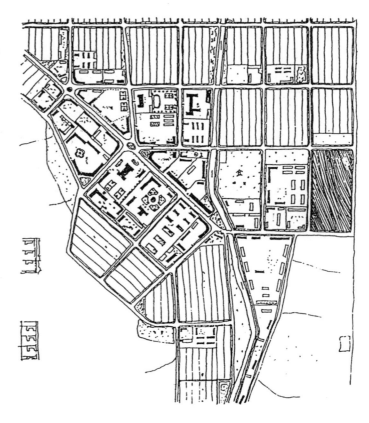

图9-4　米泉县三道坝乡村总平面示意图

乡镇户数在150～200户左右，它与附近的村连在一起。乡镇有行政机构，有文教卫生单位，有供销、银行、邮电等部门，有清真寺，有各种小型加工作坊和服务行业，还有公共车站、集中供水设施及公共厕所，是一个乡的政治、文化、经济中心。乡镇居民与村镇一样，一户一院，但机关单位住房是集体连排式，建筑布局都有一定的朝向，道路的分布和宽度都有一定的规矩，体现出一定的规划思想。

回族聚居区的形成是以回族人民的职业，经济生活以及宗教习俗分不开的。城镇和农村稍有区别。

城镇的回族居民新中国成立前大多是小商贩，正如民谚中说的："回民三大行：蒸馍、凉面、芝麻糖"，更多的是"跑街巷、串货郎、卖皮帽，贩牛羊，揽脚户、跑小商、开食堂、当牙行"。因此城镇回民一般都住在城镇商业区，与其他民族杂居，只是某个街区相对集中一些。

城镇居民用地紧张，有的是前店后房，有的有院落，但面积不大。清真寺在聚居区是中心建筑物，每个聚居区最少一座，有的有几座，它是根据回民原籍和教派不同而建立的（图9-5）。

图9-5　昌吉市西街街景

　　乡镇回民的定居和繁衍，是随屯田制的发展而形成的。在新疆，大多数回族居民是耕作务农的，据昌吉州1984年统计，全州回族人口12.9万，农业人口10.96万，占全州回族总人口的80%。由于农业经济单一，与其他民族交往不多，因此聚居区一般不与其他民族杂居，而是根据宗教派别，祖籍宗派自成村落。村镇的大小不等，多则上百户，少则十余户，但一般都有清真寺（图9-6）。

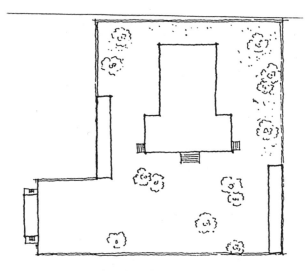

图9-6　昌吉市本地寺总平面示意图

回族村镇也是一户一院，住房、库房、棚圈、水井、厕所等都自成体系。小村镇没有公共性建筑，一般是自然形成，道路、林带、渠网缺乏整齐的建设。乡镇一般是新中国成立后随着经济的发展，特别是自治区党委在20世纪60年代号召在农村搞"五好建设"（即好道路、好条田、好林带、好渠道、好居民点），乡镇建设都是经过一定的规划的。像回族聚居的六工乡，伊宁县的榆群翁回民乡等，乡镇道路整齐，有完整的林带水渠系统，建筑布局严谨。

（五）民居建筑

民居是人民群众战胜自然，为自己创造的生活空间。新疆回族民居与其他民族民居一样，都要求有一个防寒保温，避风沙，美观舒适的生活、生产环境。但由于习俗、地域不同，回族民居呈现出丰富多彩的格调。

1. 庭院及环境

庭院是回族民居中的一个重要组成部分，不论是城镇或乡村，庭院是不可缺少的生活空间。它不仅是堆放杂物、修建库房、厕所和夏用厨房的场所，同时也能通过绿化、水池、水井来调节小气候，供人们室外休息、活动。另外，庭院在组织家庭副业生产方面也起着十分重要的作用，它可以栽种果树、蔬菜，也是饲养牲畜的场所。由于新疆回族民居大多向阳，因此住房前的庭院地坪还可在秋收季节充当晒场。回族民居庭院与新疆其他民族民居一样，一般都比较大，村镇中的占地一亩至两亩，城镇中的占地约半亩。

新疆回族民居庭院环境优美。回族人民喜爱花草，一般庭院中都是绿树成荫，花团锦簇。在新疆干旱气候条件下，人们用树木、果林、葡萄架、花草多层次绿化，来创造一个安静舒适，空气清新的室外空间，大大改善了居住环境。当我们历经黄沙浩瀚的戈壁跋涉后，一进入回族民居庭院，就仿佛进入了另一重天地，美不胜收，心中产生强烈的对比感，使人心旷神怡。

在庭院的布置中，更是灵活多变。归纳起来下面三种形式具有代表性：

一是构图严谨的三合院或四合院，这种庭院适合大家族集居。住房及库房、厨房等都布置在庭院四周，中间是绿地。这种庭院虽然对外比较隐蔽，内庭却一览无余，显得即安谧又亲切。转角处房屋采光通风差，交通占地面积大。

二是不拘一格的院中院。这种院落把生产和生活分成两部分，中间用花墙隔开。所谓生产部分是指种植果木，蔬菜和饲养牲畜的区域，并在畜棚附近设置旱厕。生产区在庭院的前半部。日照好，便于果蔬生长。生活部分紧靠住房，它有杂物间、厨房、水井和观赏花木等组成。这种庭院大门可以开在院前和左右，可以与村镇街巷有机地结合起来，而不影响住房的朝向。庭院空旷，交通占地不大。由于功能分区明确，栽种的果蔬不致遭人和牲畜践踏。缺点是畜棚、厕所在住房前部，显得比较零乱，对庭院卫生有一定影响。

三是整齐美观的前后院。这种院落是住房建在庭院中部，前庭院种植果蔬花草，挖水井，是融生活休息和生产为一体的空间。前院与后院用一通道相连，后院里比较脏的杂物间、畜棚、厕所等，这种院落整洁干净，功能分区明确，前院是舒适美观的空间环境，避免了脏乱现象，但这种庭院占地面积较大。

2. 室外空间的分隔与联系

每年5～10月，人们的日常生活在户外，因此这个户外中心总是安排在庭院的重要位置上，其他各功能用房围绕这个中心而布置。做到室内室外有区别、有联系而又能互为渗透，浑为一体，达到安静舒适、清新明快的效果。围墙是为了与外隔绝并起防卫作用，往往作得高大厚实，一般高在两米以上。庭院内的分隔由于只是功能空间的划分，因此做法巧妙，手法灵活，用材多样。例如在住房前栽一架葡萄，形成大片绿荫，用葡萄架分隔果蔬园与房前活动区；也可以砌上低矮的花墙，或者设置木栅栏杆，使人们活动能与自然融为一体，如置身于果林之中。这种空间分隔，功能分区明确，又能使生产庭院与生活庭院贯通，连成一气。

外廊是回族民居中室外空间又一重要组成部分，它一般设在南向，夏天乘凉，冬天晒太阳，是家庭户外活动的主要场所，用廊来联系庭院和住房，使室外空间富于变化而有层次。

3. 平面类型

新疆回族民居平面类型很多，由于人口不同，经济条件差别，以及住户的职业爱好与地形限制等因素，从而产生了各种不同的平面与空间的布置形式。这些不是出自建筑师之手的建筑作品，一般都经济适用，平面组合生动活泼，体形丰富多彩。

（1）"虎抱头"：这是一种"凹"形的平面组合形式，它两端突出，中间以柱廊连接。这种平面形式是建筑面积较大、房间较多的住户所建，特别适合两辈人分居的户型，它可分可合，联系方便（图9-7）。

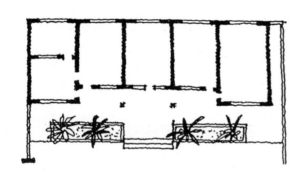

图9-7　"虎抱头"民居平面示意图

（2）"钥匙头"：这是一端突出的"凹"形平面。这种平面形式灵活紧凑，空间构图丰富，适应性强，人口多或人口少的住户都可采用（图9-8）。

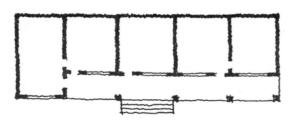

图9-8　"钥匙头"民居平面示意图

（3）"一颗印"：这是设内天井的平面形式，它围绕天井四面建房，门窗朝天井设置，创造一个封闭的，独立而安静的生活环境。但它占地面积大，适合于几世同堂的大家族采用。

（4）"一明两暗"或"一明三暗"：这些都是"一"字形平面，构图简单，施工方便，朝向好，适合于一般住户采用。

在我们的调查中发现还有三合院或四合院的发展形式，这是在住宅规模不断扩大时形成的。它和"一颗印"平面形式一样，是大家族聚居习俗的体现（图9-9）。

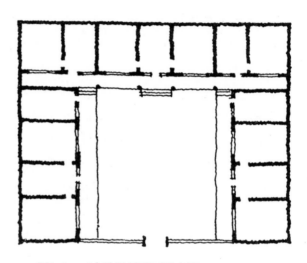

图9-9　三合院民居平面示意图

4. 室内空间的分隔与布置

回族民居内部房间各有明确的功能特性，进厅、上房、居室、厨房之间由于各具特性，除联系用的门以外，隔断要作得较封闭，一般用实墙分隔。但在各室的内部，为了具体划分功能区，通常用火炕、木格扇甚至家具分隔，营造了既美观又适用的空间效果。

在室内布置方面，回族的居室，特别是老年人的居室，一般都不贴人物画，只悬挂花卉山水画、阿拉伯字的书法条幅或绘有圣地、天房的挂毯。

上房是回族人民接待宾客的地方，也是老年人做礼拜的场所，因此上房布置特别讲究，一般都有一个通长的大火炕，上铺地毯，并有叠放的被褥或上置一个炕头柜。除火炕以外尚有条案等家具，用对称式手法布置，陈设古朴典雅。

回族人民喜欢收集瓷器、玻璃器皿、搪瓷等工艺品，有的家庭设有三面镶玻璃的角柜，以便摆设工艺品。

随着生活水平的提高，回族青年人的室内布置也日趋现代化，在室内设置方面，更是百花齐放。火炕已被席梦思床所取代，现代式的沙发、组合家具以及家用电器成了室内必备陈设。色彩也更加鲜艳丰富，除白、绿的传统色彩外，现代流行色也逐渐渗透到回族人民的生活中。

5. 建筑构造及建材的应用

回族民居用生土和木材最多，原因是就地取材，经济实用，施工简便。

（1）土木结构的做法：土在回族民居中应用很广，既作墙体等围护结构，还用作地面、屋面及墙面装修。

用作墙体的构造方法基本上有两种，一是生土夯筑；一是土坯砌筑。夯筑的墙体一般高约两米，下厚上薄，墙基约80厘米，上约50厘米，上部再用土坯砌至搁放檩、

椽的高度。夯筑的方法是先用水把土泡湿，使土阴干到"手捏成团，落地就散"的时候就可夯筑。夯筑用木夹板作模具，分层分段进行，每段（农民称"每板"）长约2米，每层厚约20厘米，每层至少夯两遍，拆除夹板后用平铲修整，墙面光滑。为了抗震，在夯筑墙的转角处每层放置10～15根质量好的芦苇。夯筑墙一般不作基础，把原地铲平夯实就可筑墙（图9-10）。

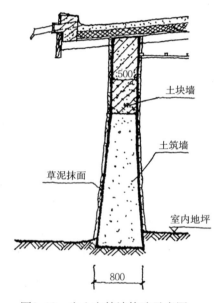

图9-10 生土夯筑墙构造示意图

砌筑是用泥浆平砌土坯（也叫土块），土坯规格为80毫米×160毫米×330毫米，干透的土坯抗压强度一般为5～8kg/cm²。土坯墙的厚度外墙是500～700毫米，内墙是330～500毫米。砌至屋面檩条高度时要放一块约厚40～50毫米厚的木板，或用水泥砂浆砌红砖三层作檩条垫板，以便均匀传递荷载。土坯墙要作基础，基础用地产片石或大卵石砌筑，埋深在600～800毫米之间，高出自然地坪200～300毫米，厚度比墙体每边宽5毫米左右，砌筑用水泥砂浆、石灰砂浆或泥砂浆。如果经济条件许可，在石基上再砌五层红砖（图9-11）。

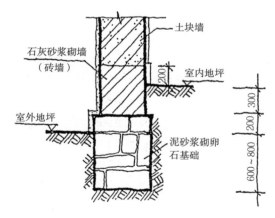

图9-11 土坯墙基础做法

土坯墙最怕水和盐碱的侵蚀,新疆虽然雨量少,但有的地区地下水位高,所以基础必须进行很好的处理。人们在实践中积累了许多经验,诸如在焉耆地区采用填高房基地坪来降低地下水位,用砂灌基础来防止地下水的渗透,用芦苇把铺在基础上作防潮层,当然现代防水材料也逐渐进入民居建筑,像油毡和防水砂浆也在基础防潮和屋面防水中得到应用(图9-12)。

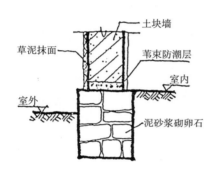

图9-12 焉耆地区民居地基做法

土木结构屋面承重的构件是木檩条,檩条大多是圆木,剥去树皮。直径和排列间距视房间跨度而定,檩木直接搁置在山墙和内墙上;檩条上置椽木,椽木是剥去树皮的小树,直径100毫米左右,间距250毫米左右,用铁钉固定在檩木上;椽木上铺芦苇把,用细铁丝捆扎成直径100毫米的苇束,紧密铺在椽木上;苇把上再满铺100毫米麦草,麦草和芦苇都可起保温作用;然后用草泥作屋面,草泥屋面厚度约150~200毫米,分三层作成,即底层是60毫米湿草泥,在尚未干透时立即再上60毫米干土,然后再在干土上作60毫米草泥面层,抹平压光。屋面用草泥必须多泡几天,使土发透,这样房泥才不容易干裂。

(2)木构架的构造方法及特点:新疆回族民居的木构架比较简单,以抬梁式为主,就是柱上承梁,梁上搁檩,檩上架椽,这样屋面荷载通过间接传递到柱。

在许多民居中,住房是墙体承重,檩条直接搁置在墙上,只是檐廊用木构架,这种构架简单,它的穿枋一端埋于墙内,一端与柱相接,柱间用檩条连系,以保持柱的稳定。檐柱檩条两端都作雀替,这一方面加强檐檩端节点的受力作用,同时也起到了立面装饰的效果。

木构架梁、柱、檩接头都用榫卯相接,椽子直接搁置在檩条上,用铁钉固定。回族民居椽子直接挑出廊外,这种既省材料,又排列整齐椽子头,使建筑檐口装饰显得朴实而有韵味。

(3)其他结构和构造:在回族民居中还常见有砖木结构,它墙体用砖,其他和土木结构相仿,砖木结构坚固,但造价高。另外有砖混结构和土混结构,就是屋面受力构件用钢筋混凝土预制板或预制檩条,这些都是近年才采用的构造方法。

6. 建筑装饰及细部处理

(1)外檐和外墙

回族民居外檐分木檐和砖檐。有四面都作木檐或砖檐的,也有砖檐木檐混合作的,如山墙用砖檐,前后墙用木檐,或者山墙,后墙都用砖檐,前墙用木檐。

木檐的做法有的是椽子直接挑出(图9-13);有的是

图9-13 奇台县民居木挑檐

直接在墙上压挑檐木，檐口挑出外墙皮约 300 毫米挑檐木间距也是 25 毫米左右，挑檐木长度必须满压墙，上压通木，挑木前端上铺望板，滴水用平瓦、平铺红砖或铁皮制做（图9-14）。木檐挑出外墙面较大，能保护外墙不受雨水侵袭，并能在墙面形成阴影，增加空间的层次效果。

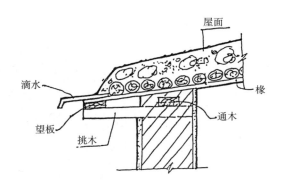

图9-14　墙上木挑檐做法

砖檐一般砌砖五至七层，层层逐步外挑 4～60 毫米砌时把砖凸出、凹进或夹砌犬牙状砖，使檐头外观收到一定的装饰效果。有的作工精细，把砖磨成各种几何形状，然后进行镶砌，艺术效果更为显著。砖檐排水一般都是有组织排水，每个开间安一个木水流子，水流子挑出檐口 100 毫米左右，这样也可以防止雨水侵袭墙面，弥补砖檐的不足。

在回族民居中，外墙装修朴实无华，山墙及后墙一般不开门窗洞，前墙门窗洞都多加装饰，以突出装饰重点，有的作木刻门窗套，有的作砖雕门窗楣。

壁面装饰大多利用墙体材料质感，造成虚实和色彩的对比，使其达到构图上的分隔变化的效果。

（2）门窗和门窗套

新疆冬季严寒，要求门窗密封性能较好，因此，民居的门窗常用纸框门窗。门分单扇门和双扇门，有亮子或无亮子，一般外门像人流多的上房多用双扇，其他均为单扇。

门扇有拼花门、拼板门、装板门、起鼓板门等做法。门亮子是用于外门上的，起采光通风作用，门亮子有的作成半圆形，有的作成弧形或矩形，加强了立面装修的艺术效果。在老式大户住宅中，门的做功极为考究，下部为雕花装板，上为透花棂格。

回族民居的窗比较大，一般都是双扇或三扇，绝大多数是双层，窗台也宽，便于冬天养植花卉。窗的形式大多是矩形，为增加建筑装饰效果，也有圆形和多边形的，在老式窗中有造型优美的格栅窗。新中国成立前窗扇多用纸糊，而现在是用平板玻璃镶装，更使室内开敞明亮。

在回族民居中，门窗套是一种必不可少的细部装修，特别是砖作的门窗套更为普遍。砖砌门窗套都是经过特别打磨加工，精心镶拼而成的，它们花纹图案美丽，变化万千。这些砖雕都是以青砖或红砖为原色，用白石灰浆勾缝，更显得朴素而具乡土气息。

（3）门窗棂格及木雕

门窗棂格在回族民居中是一个重要的建筑艺术表现手段，它以精巧而变化丰富的构图，衬托出不同的建筑气氛，增强了建筑艺术的表现力。

回族民居中的门窗棂格图案多是程式化的几何性图案，常见的有直棂纹，回纹，井口纹、锦纹等。一般是单一纹式的重叠，组成大面积的疏漏棂格，不强调构图中心，这种处理手法多用在雅静的处所。值得一提的是，在回族民居门窗亮子处理中，也有圆尖拱的图案，增添了伊斯兰建筑意趣。

木雕在民居中主要用在檐廊上的挑枋和撑拱结构的艺术加工上。按照伊斯兰教风俗，不能采用人物或动物图形，因此在檐枋及撑拱的雕刻中，而是根据构件的直圆趋势，雕成卷草、云卷、花果、叶蔓等自然程式化纹样以及圆环、回纹、方胜等几何纹样。这些雕刻中有的粗犷简明，生机益然；有的刻工精细，图案匀称流畅。总的来说，这些木雕不仅减少了构件的僵直效果，也增加了建筑的艺术效果（图 9-15、图 9-16）。

图9-15　民居檐枋木雕

图9-16　柱廊木雕

（六）民居实例

1. 乌鲁木齐市小东梁白宅

是新中国成立前一富宦人家宅第，它采用四合院形式，内院用回廊连接，四周不开窗，屋面排水汇集内院，故称"一颗印"。这种宅院静谧安全，适合大家族居住（图9-17）。

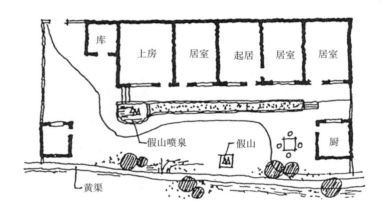

图9-18　奇台县马宅平面图

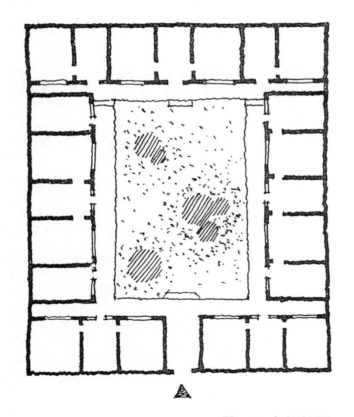

图9-17　白宅平面图

2. 奇台县东大街马宅

它建在一水渠旁的高坡上，它依山傍水，很好地利用环境进行庭院绿化，体现了回族人民喜爱花草的特性（图9-18、图9-19）。

图9-19　庭院

3. 奇台县古城路于宅

虽然没有外廊，但用矮墙与庭院分割，并用葡萄架覆盖，形成一个天然外廊（图9-20、图9-21）。

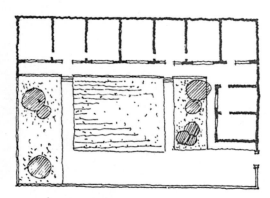

图9-20 奇台县于宅平面图

图9-21 庭院

4. 吉木萨尔县东大寺谭宅

平面布局是典型的回族形式，上房宽敞明亮（图9-22）。

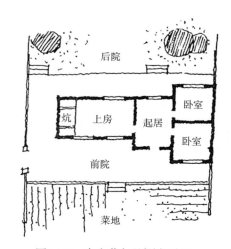

图9-22 吉木萨尔县谭宅平面

5. 阜康市鱼儿沟乡马宅

是用花墙将庭院分割,形成院中院(图 9-23、图 9-24)。

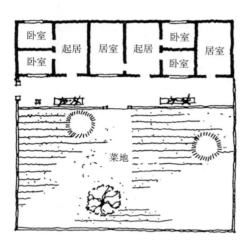

图9-23　阜康市鱼儿沟乡马宅平面图

图9-24　用花墙分隔庭院

6. 焉耆县居民新村高宅

是填高地基建房。"虎抱头"平面布局,采用露天通长平台,在使用上可起到外廊的作用 (图 9-25、图 9-26)。

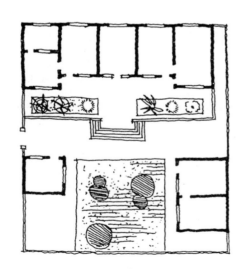

图9-25　焉耆县高宅平面图

图9-26　住房外景

7. 哈密市解放西路统一巷马宅

是建于 1790 年的老宅，木构架二层建筑，平面为四合院形式，二层为通长五开间书房。该建筑是前店后房，临街面是二层，气势雄伟，木作也非常精美（图 9-27 ~图 9-29）。

图9-28　从院内看二层外廊

图9-29　檐廊上的精美木刻

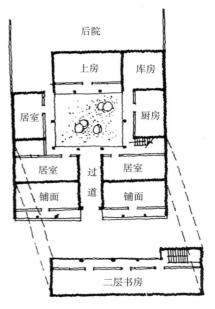

图9-27　哈密市马宅一、二层平面图

（七）结语

新疆回族民居是在保持自己的生活习俗而需要的特点的同时，又能很好地融汇当地其他民族民居建筑的优点，平面和空间布局合理，适应性强，用材广泛，施工简便。

近年来，由于农村经济的发展，回族人民生活富裕了，建房成了一个家庭的大事。大量的坚固耐用的砖木结构和砖混结构已在民居建设中广泛应用，传统的土木结构和木构架建筑大有被淘汰之势；同时也应该看到，砖木、砖混结构技术比较复杂，如果缺乏应有的技术指导和设计，其建筑的安全度就难以保证，民族建筑风格也难以保持和发扬。

新疆回族民居是新疆各民族民居建筑百花园中的一朵奇葩，但愿她在今后的岁月中开得更加鲜艳、娇美。

第十章

柯尔克孜族民居

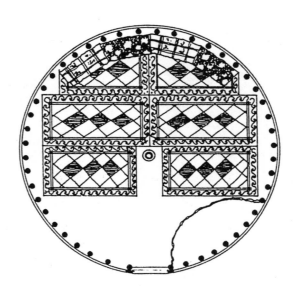

（一）柯尔克孜族变迁历史

柯尔克孜族是我国古老的民族之一，是一个勤劳、勇敢、智慧和诚实的游牧民族，有着悠久的历史。在漫长的历史发展中，他们始终与历代中央政权保持着密切的政治、经济、文化联系，是我们伟大祖国大家庭的成员。"柯尔克孜"是柯族人民的自称。

在公元前2世纪，古柯尔克孜人就生活在叶尼塞河流域，从事畜牧生产。他们不满匈奴统治，联合丁零、乌孙等部，推翻匈奴统治，迫使匈奴西迁。部分柯尔克孜人也随之西迁，多数居住在当时的尉头国（今阿合奇）一带：是西域三十六国之一，先后辖于汉朝西域都护府和西域长史府。汉朝称柯尔克孜族为"坚昆"。

公元三、四世纪，三国、晋朝时称柯尔克孜族为"鬲昆"、"坚昆"、"契骨"、"纥骨"。属中央政权"西域长史府"管辖。

公元七、八世纪，柯尔克孜族发展成为我国北方的一个"拥众十万、胜兵八万"的强大部族，摧毁了威胁他们的回鹘汗国，唐朝设坚昆都督府，予以保护与支持，成为唐朝在北方的一个坚实屏障。回鹘被摧后，被迫西迁，部分柯尔克孜族人再度随之西迁，进入中亚、天山一带；其中，一部分与原居阿合奇的柯尔克孜族人汇合，另一部分进入乌恰与喀什噶尔一带。大部分仍在叶尼塞河流域，发展壮大，至公元9世纪，建立了附属唐朝的"柯尔克孜汗国"，辖于安西都护府。此时，是柯尔克孜族历史上的一个强盛时代。唐朝称柯尔克孜族为"黠戛斯"、"黠戛司"。

宋朝称柯尔克孜族为"辖戛斯"，属西辽管辖。

元、明朝称柯尔克孜族为"乞儿吉斯"、"吉利吉斯"。明末，进入喀什噶尔一带的柯尔克孜族，随着力量的强大、地域的开拓，建立了"叶尔羌汗国"，在16世纪，有自己的农业、冶炼业、手工业。这是柯尔克孜族历史上的又一个强盛时代。

到了明末清初，柯尔克孜族由于长期与准噶尔蒙古人进行战争，沙俄乘机入侵叶尼塞河流域的柯尔克孜族地区，施行残酷统治与剥削，迫使柯尔克孜族大动荡、大迁徙，时间长达两个多世纪。战争伴随着疾病与瘟疫，使柯尔克孜族人畜大量死亡，财产大量损失，民族元气挫伤，部族故土丧失。柯尔克孜族人最后全部离开叶尼塞河流域，经阿勒泰、准噶尔到达天山南北的伊犁、喀什噶尔及中亚塔什干、莫尔干盆地，和帕米尔高原的兴都库什山、喀喇昆仑山区定居；也就是今天居住在克孜勒苏柯尔克孜自治州境内的这部分柯尔克孜人，和原苏联吉尔吉斯斯坦的柯尔克孜人。

清朝称柯尔克孜族为"布鲁特"，意为高山牧人，辖于喀什噶尔道和阿克苏道。

国民党统治时期，仍辖于喀什、阿克苏行政区。

新中国成立后，柯尔克孜族和其他民族一样，翻身做了主人；特别是实行民族区域自治后，柯尔克孜人民能充分行使自治权，发挥自己的聪明才智，为建设繁荣富强的家乡，建设强大的社会主义祖国，贡献力量。

（二）柯尔克孜族人口分布

据历史记载，在公元 7～9 世纪、16 世纪，柯尔克孜族是我国北方的强盛部落，以后由于受沙俄侵略，长期迁徙，受疾病、瘟疫和战争的折磨，以及反动统治的压榨，人口大量死亡，至全国解放时人口仅有 55000 余人。

新中国成立后，在党的民族政策光辉照耀下，柯尔克孜人口有了很大增长，现有人口 14 万 4 千余人（以 1992 年"新疆年鉴"为准），主要分布在阿图什市、乌恰县、阿合奇县、阿克陶县。

（三）柯尔克孜族的文化艺术和宗教信仰

柯尔克孜族是历史上古老的突厥民族之一，是一个勤劳、智慧的民族，它不仅创造了自己灿烂的文化，同时在我国和亚洲的文明史上，也留下了光辉的篇章，作出了卓越的贡献。

据中外文献记载，早在公元 5 世纪，柯尔克孜族就使用鄂尔浑——叶尼塞文（或称突厥文）；一种有四十个字母的象形文字。当时，古柯尔克孜人称这种文字为"巴克甫提"（意为象形文），直到十四世纪皈依伊斯兰教后，才放弃鄂尔浑——叶尼塞文，改用察哈台文。

在文学方面，《玛纳斯》史诗是柯尔克孜族民间文学的代表作品；它是口头形式流传于民间，经过千百人口耳相传，不断去伪存真，去粗取精，加工琢磨而成的三十万行的英雄史诗。除史诗外，还有叙事诗、歌谣、谚语、寓言、笑话、传说、故事、谜语等民间文学。

柯尔克孜人能言善语，多数都是歌手，随编随唱，不需准备。诗歌语句含义深刻，内容丰富多彩，具有一定的韵律。就民歌而言，有牧歌、颂歌、情歌、婚礼歌、告别歌、劳动歌、摇篮歌等多种。演唱形式，有对唱、独唱、弹唱：对唱活泼风趣、旋律多变，在婚礼和其他娱乐活动中占有主要地位。独唱有固定的歌词和曲调，旋律优美，音域宽广。

柯尔克孜族不但有古老的民族文字和语言，而且还有文明的进化史，据史书记载，至迟在九世纪，柯尔克孜人已能够用铜、金、银制作非常精美的铜壶、铜盘、手镯、耳环、戒指、银扣等工艺品和装饰品。玛纳斯时代，柯尔克孜族就有了较先进的兵器加工技术，如"阿克开力台"（火药枪）、"恰哈尔"（土炮）等。文献记载，马鞍子是柯尔克孜人最早发明制作的。

柯尔克孜族是突厥语系民族中最早运用日、月、季、年及十二生肖历法的民族，其十二生肖按顺序排列是：鼠、牛、虎、兔、鱼、蛇、马、羊、狐狸、鸡、狗、猪。

柯尔克孜人最早信仰自然神，后来信奉萨满教、佛教。约公元十五六世纪在天山中部、西部居住时，逐渐信奉伊斯兰教。但散居在黑龙江富裕县的柯尔克孜人仍信奉萨满教。额敏县的少数柯尔克孜人信奉喇嘛教。由于不固定的游牧生活，所以很少建固定礼拜寺。

（四）柯尔克孜族的风俗习惯

柯尔克孜具有悠久的历史，灿烂的文化，淳朴的民风，注重礼仪，热情好客。随历史的变迁，生产的发展，生活的提高，社会的进步，在漫长的岁月中，逐渐形成了他们独特的风俗习惯和风土人情、道德伦理。

1. 家庭：柯尔克孜族家庭，一般由三代直系亲属组成，儿子结婚后，多与父母同住。家庭中实行家长制，家长决定一切事务。男女明确分工；男子从事放牧牲畜、割草、打柴、耕地、收割和其他野外繁重的体力劳动。妇女除从事家务劳动外，还负担挤奶、剪毛、接羔、擀毡、搓绳、加工畜产品，晚上守圈等工作。

2. 婚姻：新中国成立前，柯尔克孜族人的婚姻，由父母包办，实行"白勒库达"（母胎订婚），"白布克库达"（幼年订婚）和成年订婚，都是封建性质，并多买卖婚姻；男方至少要给女方骆驼一峰，牛马各四头，或相当于这些价值的羊群以及其他财物。由于聘礼过重，有的也实行"长依奇库达"（男女双方换亲制）。

柯尔克孜族实行族外婚，不受民族部落的限制。本氏族和直系亲属五至七代之内不许通婚；但有姑表和姨表婚，与汉族相似。

柯尔克孜族人结婚的日子要选在月底，希望夫妻长久之意。婚礼在女方家中举行。当新郎来到女方家，由男方一老者用木棍挑开新房的天窗，由一未婚青年从天窗向外抛撒杏干、沙枣、干奶酪、糖果等食物。以散喜糖的独特形式，拉开婚礼序幕。然后设宴招待男女双方宾客。婚宴之后，举行叼羊、赛马、唱歌、跳舞等游戏。婚礼结束后，新娘的亲嫂和若干女友陪伴新娘到新郎家，新娘跳过火把进屋，向公婆及其他长辈敬礼，然后男方宰羊请客，举行迎新娘典礼。

3. 服饰：柯尔克孜族男子和姑娘常年戴圆顶小帽"托甫"；用红、黑、紫、蓝色的灯芯绒制作的。男子和姑娘冬季还戴"台别太依"，是一种边缘用羊羔皮或狐狸皮做的卷沿圆形帽子。有的地区帽子里用羔皮、黑色羊羔皮或狐狸皮卷沿，外用灯芯绒，顶部方形用黑色、绿色（男子）、红色（姑娘）的绸缎做成的高顶圆帽子。在寒冷季节，男子还爱戴用狐狸皮制作有突出的两块护耳的"衣提扣拉克"。夏季则戴下沿镶一道黑线，上卷并在左右两边开一道口的"卡尔帕克"白毡帽。妇女普通包红、黄、蓝色"高落克"（头巾），老年妇女包"艾勒切克"（白头巾）。

柯尔克孜族男子穿"裕祥"（一种无领长衣），外束皮带，腰挂小刀。里穿长袖竖领和单襟扣领的"克木再勒"（衬衣）。男女下身都穿各种布料长裤。男子冬季还穿皮裤。女子穿"奎衣奈克"（连衣裙），外套坎肩。男女都穿皮靴和毡靴。牧民们多数穿自制的"乔勒克"船形皮靴。

柯尔克孜人民喜爱首饰。妇女喜爱戴银质耳环、项链、戒指、手镯等。坎肩前襟缝白扣子、银扣子、铜钱或银币。发辫上系链子和银圆等饰物，有的还佩戴铸花纹的银制胸饰。男子戴戒指外，还在皮带上镶嵌金银饰物。

4. 饮食：柯尔克孜族是从事畜牧业生产的民族，饮食中肉和奶制品为主要成分，面食也是其主要食品。忌讳吃猪、狗、骡、驴肉，以及未经宰杀而死亡的畜肉。

柯尔克孜人进餐，面前铺一块餐布，不论多少人都围在餐布周围，盘腿而坐，进食用手、刀、匙。餐具多为木制，也有皮、铜、铁制品；如铁锅、铜壶、铜盘、铜盒、图鲁阿（支锅的三脚架）等。

5. 礼仪：柯尔克孜族是重礼节和好客的民族。互相见面，不管认识或不认识，都要用手抚胸躬腰彼此问候。客人到家门口要迎上前去扶客人下马，掀帘让进屋，以最好的食品招待。天晚要留客住宿。主人不在家，主妇同样招待客人，待客不周，要受到舆论的指责。客人走时，要为客备马，扶客上马，然后告别。迁居时，邻居互相待，以示告别和迎送。

柯尔克孜族的生活礼节和禁忌也多；饭前、饭后要洗手，手上的水不能甩，必须用布擦干净；主人让吃食品时客人要吃，但不能吃净，要剩下一点退还主人。对尊贵的客人要宰羊，先请客人吃羊头。厨房和新房的布帘不能揭开看；客人出门时要背朝门退出。每月单日不能搬家，单日不出门，主麻日（星期五）不能走远路等。

6.节庆:柯尔克孜族依照伊斯兰教习惯，过"肉孜节"（开斋节）、"古尔邦节"（宰牲节）;并根据自己的历法每年岁首过"诺鲁孜节"，用小麦、大麦等七种以上粮食做"克缺"饭，相互请吃，预祝新年粮畜双丰收。节日傍晚，毡房前生篝火，畜群放牧回来，牧人唱着《诺鲁孜节歌》先从篝火上跳过，接着将牲畜从火堆上赶过，以消灾驱邪，愿人畜两旺。

7.丧葬:柯尔克孜族实行土葬，葬礼庄严、肃穆、隆重、气氛悲哀。人死后，请阿訇（宗教职业者）念经，并举行葬礼。尸体停放时间不能超过三天，一般是早亡午葬，晚亡晨葬。葬前用清水洗尸，洗后用白布裹身;女人还要缠腰和盖头，盛尸用"塔布"（抬尸的灵床），运尸用骆驼，运到墓地埋葬，出殡时，只允许男子送殡，不许妇女送葬。葬后，死者亲属要服孝，要在三日、七日、四十日和一周年时举行祭奠。一年内，家中来了亲友和客人，要唱"葬歌"以示哀悼和思念。

（五）草原上的流动式民居——毡房

柯尔克孜族牧民，过着逐水草而居的游牧生活，流动性大，他们的住房，也必须适应这种生活特点。经过长期演变，形成了现在的流动"住宅"——毡房。

毡房，古名"穹庐"。柯尔克孜族叫"勃孜吾"。一般高三米多，直径三、四米左右，四周用红柳或条木制成"开列盖"（圆形木栅），上接80～120根"乌窝克"（木棍支架），最上面接"昌格尔阿克"（圆形天窗）。"开列盖"外面先围一圈芨芨草帘，帘上再围白色厚毡，用毛绳从外面勒紧。"昌格尔阿克"上面盖一块活动的方毡，晴天和白天将方毡拉开，阴雨、刮风和晚上将方毡盖上。毡房中央和外部四周，用绳捆绑拴固在大石或木桩上，防止大风吹动。毡房门向东或南开，挂门帘（图10-1～图10-4）。

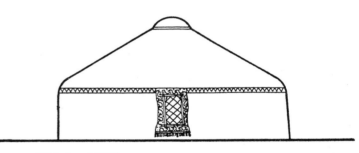

图10-2 立面图

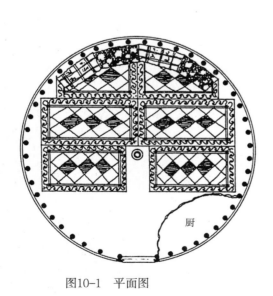

图10-1 平面图

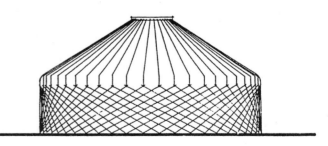

图10-3 "勃孜吾"骨架

图10-4 "勃孜吾"内景

室内布置：内挂图案美丽的挂毡和刺绣围布，地上铺花毡。右侧为厨房，摆设餐具和食品，用精心编织的芨芨草帘子遮拦。正中央对准天窗的地方放三角锅架，是做饭的地方。正面放置木箱、被褥、枕头等。木箱前是客人的座位和铺位，右后角是老人和年幼子女的铺位，左后角为儿子和媳妇的铺位。

毡房有拆搭迅速、搬迁方便、冬暖夏凉能抗风暴等优点。

（六）柯尔克孜族固定式民居

据《元史》记载，元政府派刘好礼任柯尔克孜地方官时，刘好礼请工匠帮助柯尔克孜人发展农业、汽修水利、修建仓库。此时，柯尔克孜人不仅学会了较先进的耕作技术和手工业操作，而且学会了造船、乘舟、建造房屋，但后来由于民族大迁徙，这些技艺就失传了。

新中国成立后，随着生产的发展，生活水平的提高，定居的柯尔克孜农牧民越来越多，广大农牧民，住进土木结构、砖木结构房屋的越来越多。

但柯尔克孜人定居较晚，民居建筑无独特格局。平面组合：一般正门一间为客厅，左套客房，右套主人卧室1~2间（类似一明两暗）；根据需要，在两侧再布置儿媳住房、

伙房、库房等房屋，均以敞廊相连。正门多朝南或东，房间正面开窗，背面无窗。平面组合多呈"一"字形、"L"形、"凵"形几种（图10-5~图10-7）。个别有以内廊联系所有

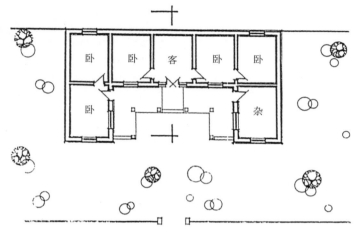

图10-5 平面图

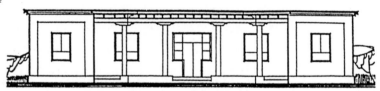

图10-6 立面图

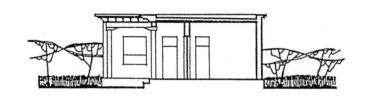

图10-7 剖面图

房间，再加外廊和门斗者（图10-8～图10-10）。内廊于冬季隔寒保暖，外廊于夏季露宿乘凉，能满足生活习惯的需要；但内廊光线较暗，走道面积太多，不够经济。

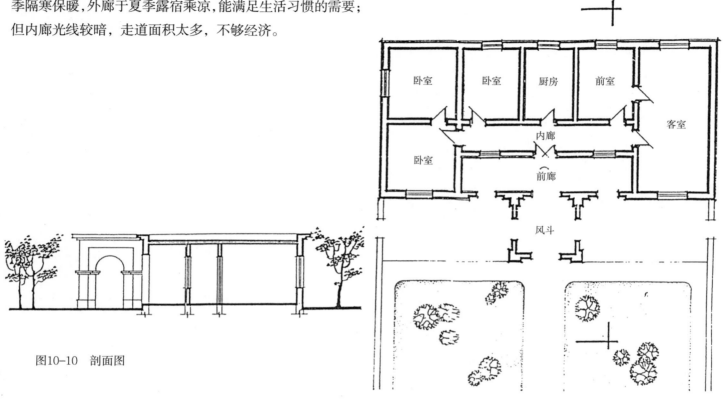

图10-8　庭院平面图

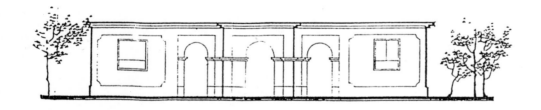

图10-10　剖面图

图10-9　立面图

建筑结构：基础多为浆砌卵石或条砖，墙身有泥浆砌一块半土坯（厚500毫米）或砂浆砌二砖（厚490毫米），净高3.20米左右。木檩条密排瓦斯（椽子），均刨光，刷漆。瓦斯上铺苇席及柴草垫层。草泥屋面，平屋顶，流水槽排水。敞廊设木柱、木梁、木梁托、木檩、木瓦斯，均刨光，简易雕刻，刷漆，梁上砌砖檐头（图10-11）。也有以胶合板做柱头花饰，砖檐头抹灰拉线条或饰以石膏花者。

室内装饰：客厅布置有二；一是土炕上铺柯尔克孜式花毯，墙面挂"库西都克"壁毯和刺绣围布。二是不设炕，中摆条桌，两侧摆座椅和茶几。卧室和客房均设炕，铺花毯，挂"库西都克"和围布、壁毯，炕头叠放各式被褥和枕头（图10-12）。

图10-11　檐头

图10-12　室内一角

壁挂柯语叫"库西都克"，意为挂起来的美丽好看的艺术品。一般长6米，宽2米。用红、紫、黄、绿布或金线绒做面料，上边和左右两边镶15~20厘米的黑、黄、红边，在边上用各种色线和金线绣成飞禽走兽、大山河流、草原畜牧、波浪雪峰、树木花草、瓜果等。顶部下垂30~40厘米的黑、绿、蓝色的三角3~4个。三角上多绣红、黄、黑、白色水波浪和云彩等图案，边上饰3~4厘米的黄穗和红穗。壁挂中间不绣任何图案。

柯尔克孜族花毯，柯语叫"希尔达克"，是柯族妇女用各种颜色的毛毡，按各种图案，套剪套贴，手工缝制而成。中部多用刀、枪、戟、戈等古兵器等图案；边部多用山鹰、高山、波浪等图案；造型美观大方，形象生动，富有明显的民族特点和浓郁的生活气息。

随着生活水平的提高，环境的影响，居住在城布的柯尔克孜族人，也有摆中、西家具、安装土暖气、安装太阳能淋浴器和电热水器者，随着时间的推移，生活水平的不断提高，不论城市或农牧区，柯尔克孜族人民的生活将会更甜更美！

第十一章

蒙古族民居

（一）概述

1. 社会概况

新疆的蒙古族现有人口 14.18 万人（以 1992 年 "新疆年鉴" 为准）。分别聚居在南北疆和东疆的部分县市里，以巴音郭楞蒙古自治州、博尔塔拉蒙古自治州、塔城地区的和布克赛尔蒙古自治县和阿勒泰等地为多。

聚居在新疆的蒙古族人民，多为漠西蒙古厄鲁特部的后裔。公元 13 世纪初，成吉思汗统一蒙古诸部后，又于公元 1219 年至 1224 年西征，建立了横跨欧亚的蒙古大汗国，并把所征服的地域，分封给四个儿子。其中察合台汗国就是封给其次子察合台的，其疆域东至伊犁河，西至阿姆河，包括天山南北西辽旧境之地。

目前生活在新疆的蒙古族，主要是托儿扈特部、和硕特部、察哈尔部和准噶尔部。其主要生产活动是以牧业生产为主，也有部分从事农业生产。

蒙古族人民勤劳勇敢，在历史的长河中为维护祖国统一，保持边疆稳定，繁荣塞外做出了英勇不屈的努力。托

儿扈特部在西迁伏尔加河 140 年后，于 1771 年 1 月 5 日，在首领渥巴锡的率领下，17 万人组成浩荡大军，不顾沙俄官兵的前堵后追，毅然向着太阳升起的地方——祖国前进。经过多次浴血奋战，克服病魔与大自然的侵袭，历时半年，终于回到了祖国的怀抱，完成了这次震撼世界的壮举。届时只剩下 7 万多人，但却实现了回归祖国的夙愿，这一壮举为祖国统一写下了可歌可泣的历史篇章。

新疆的蒙古族多聚居在天山、阿尔泰山和焉耆盆地一带水草丰美的山区。这些地方，草木旺盛，阳光充足，一年四季都能满足蒙古族人民放牧的需要。

2. 风俗习惯和宗教信仰

新疆的蒙古族人民，以牧业生产为主，世世代代过着游牧生活，逐水草而居。为了适应生产、生活的需要，蒙古族人民形成了自己独特的生活方式和习俗风尚。

蒙古族人民主要吃奶制品、牛羊肉和面食，喜欢喝奶茶。蒙古族的婚姻是 "一夫一妻" 制。蒙古族的家庭是以夫妻和未婚子女组成，儿子成家后，通常住在父母的住房附近，共同放牧劳动。蒙古族的丧葬有火葬、天葬、土

葬三种形式。蒙古族每年要过春节、麦德节、塔格楞节和珠额节四个较大的节日。最大的节日是春节和塔格楞节(与"那达慕"合并),届时举行赛马、摔跤、射箭比赛和商业活动。节日期间,会场舞台高筑,彩旗飘扬,远处赶来的牧民们在悠扬的马头琴伴奏下,纵情歌唱。

蒙古族信仰喇嘛教中的格鲁派——黄教。西藏的喇嘛教是十六世纪后传入东蒙的,很快在蒙古族中传开。喇嘛教的普及发展,对蒙古族的社会发展产生了巨大的影响。无论在政治、经济、文化等各方面都有密切的关系,又给蒙古族人民开拓了新的知识领域。藏族的医学、天文历算知识、建筑艺术都是经过西藏喇嘛教传入为蒙古人民所吸取与利用。

3. 建筑的发展历史

新疆的蒙古族自古以来一直从事牧业生产,过着逐水草而居的生活,茫茫草原上,夏日清新凉爽,冬日寒冷。他们冬居山涧阳坡,喂养牲畜,称为"冬窝子"(蒙语"玉木种"),夏转山阴处或草原临高处,称为"夏窝子"(蒙语"锡林")。由于蒙古族这种游牧经济和逐水草而居的生活方式,决定着住宅为可随畜群移动的、可拆可装、畜运方便的"房屋",因此帐篷式的"行屋"就必然成为蒙古族特有的居住形式——蒙古包(图11-1)。蒙古包为圆形,用河柳做骨架,外围毛毡。蒙古包一般不高,受风面小,保温通风都较好,而且拆装方便。汉文古书中把古代游牧民族统治者的驻地称"牙帐",蒙古西进后分封的小国也称为"金帐汗国"和"白帐汗国"。

明清时的统治阶级为能长期稳固自己的统治地位,对蒙古族人民采取了压迫和愚民的政策,一方面在政治上歧视和压迫蒙古族人民,另一方面利用落后的习俗束缚他们。如嘉庆二十二年(1817年)仁宗给理藩院(清政府专门统治和镇压各少数民族的机构)下达的手谕写道:"近来蒙古,渐染汉民恶习,竟有建造房屋演戏听曲之事,此已失其旧俗,兹又留雅教,尤属非事"。致使蒙古族人民长期居住在简陋的蒙古包内,在很大程度上影响了整个民族的经济和文化

图11-1 蒙古族传统的居住房屋——蒙古包

的发展。作为文化的代表——建筑,除寺庙和贵族府邸外,其住宅建筑,尤其是广大牧民的住房一直停留在原始的状态中;另一方面,清政府为了进一步达到统治蒙古各部的目的,竭力推崇黄教,以麻醉蒙古族人民,乾隆五十八年曾下手谕:"本朝 之维持黄教,原因系蒙古所皈依,用示尊崇","各部蒙古,一心归主,兴黄教所以安众蒙古,所系非小"。因此在新疆蒙古族聚居区,都建有许多金碧辉煌的喇嘛庙,这些庙宇集中地体现了蒙古族人民的创造智慧。

喇嘛庙是由供奉各种神佛的庙宇及喇嘛的住房组成,寺庙是举行各种宗教仪式,制造和储藏祭祀用品、保存蒙文和藏文经书、教育僧侣的场所。蒙古族信仰的喇嘛教是藏传佛教,因此寺庙的建筑艺术也充分体现出其特点,庙宇形式多为汉藏结合式(图11-2、图11-3),喇嘛庙一般都有檐廊,并雕梁画栋,装修大多用黄色、白色、蓝色和红色,建筑形体组合错落有致,十分优美。喇嘛庙的建筑形式与构图对其今后的民居建设起了很大的促进作用。

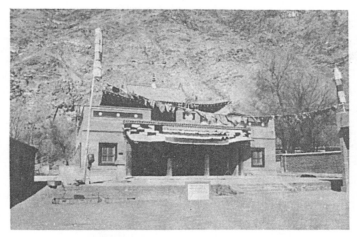

图11-2　和静县巴仑台黄庙外景

图11-3　博湖县黄庙外景

　　喇嘛庙有一定的土地、牲畜，一般由小喇嘛或租给农民耕种、放牧。这样就使一部分喇嘛和牧民由游牧生活变成半定居和定居，并且有了自己的住宅、院落、圈棚、巷道等较完整的居住环境。另外，一些贵族的上层人物，也将榨取牧民的所得来修建自己的府邸。但这些建筑活动都为以后的蒙古族民居的建设提供了宝贵的依据（图11-4、图11-5）。

图11-4　和静县原王爷府外景

图11-5　和布克赛尔县一喇嘛住宅

新中国成立以后，蒙古族人民当家做主，生活条件有了很大的改善，尤其是党的十一届三中全会以来，生活水平有了很大的提高。蒙古族人民在新的历史条件下，对文化、生活等各个方面的要求也日益提高。各地政府在有关部门的协助下，为牧民建立起了一个个定居点。在定居点内建起的居民新舍、学校、医院、商业网点及生产经营场所，为农牧民的子女教育、老人抚养、产品加工经销等都带来了广阔的前景。

在建筑活动中，蒙古族人民也吸取了兄弟民族成功的经验，同时也将兄弟民族的建筑艺术用到自身的建筑活动中，为其生活服务。

（二）村镇及其特点

1. 概况

蒙古族人民长期生活在水草丰美的山区，这是因为：一、成吉思汗西征时，是以千里铁骑为主要交通工具，因此就需要选择水草较好的山区作为行动路线。二、上述地区与其他疆域大多以山为界，因此为巩固自己的疆域，统治者就将能适应这一地区的勇敢善战的蒙古族将士安排在这里，守卫边防，并从事生产经营活动。三、由于蒙古族人民长期过着游牧生活，与水草相依为命，建立了密切的联系。旧时的居民点，只有三五个蒙古包组成。新中国成立后，党和政府为更快地发展牧民的经济，选择了一些较好的区域，建立起了一些新的农牧民的定居点，形成了较完整的村镇体系。

新疆蒙古族聚居地区的村镇命名大多是以地理位置命名的，如巴音布鲁克——丰富的泉水，阿勒泰的"哈拉布鲁"——黑貂，"沙尔胡松"——黄色芦苇等，也有以历史的、宗教、社会的含义定名的。

2. 村镇的形成特点及规模

蒙古族人民主要以牧业生产为主，生产经营活动内容较为单一，因此蒙古族村镇建设有以下特点：

首先，要受到自身生产条件的限制。蒙古族人民大多从事牧业生产这种单一的经营活动，因此也就决定了其生产和生活要有一定范围的草场和水流，人们沿河渠在一定的草场范围内建立起了一个个居民点，进而形成了一个个的村和镇。第二，要受到自然地理环境的影响。蒙古族人民的基本生产资料——牧场的区域是与生活资料——牲畜数成正比的，一定量的牲畜就需要一定范围的草场，而且这些草场又不可能远离居民点。另外草场质量的优劣，也对村镇建设起着制约作用，一定范围的草场中，草质好而且肥厚，它所能放牧的牛羊数就多，村镇规模也就略大；草场内的草劣或瘦薄，可放牧的牛羊数就少，村镇规模也就小。因此蒙古居民村镇的建设规模有一个明显的特点：居住户数不多。另外，新疆冬季寒冷，因而居民点的选择大都选择在"冬窝子"，这是由于冬季这些区域较温暖，适于人畜的生活、生长。第三，要受到人文因素的制约。蒙古族人民信奉喇嘛教，因而也就需要有自己精神上寄托的场所——喇嘛庙。古时的喇嘛庙只不过是内设佛像、挂黄旗的较大的蒙古包。朝佛与祭祀是信仰喇嘛教的重要活动，每当开展这些活动时，蒙古族牧民就从远处骑马而来，欢聚一堂，开展一些庆祝活动，并且进行贸易交流，这就需要一定的活动场地。因而村镇中的居民点大都围绕或傍依喇嘛庙而建，并与喇嘛庙有适当距离，以保证朝佛活动的开展。第四，要受到经济结构的影响。随着社会发展，人们对经济、文化和其他各个方面的要求越来越高，因此也就需要一个较为理想的交流环境。现在各地都建有一些集中的贸易点。另外，在新的经济结构影响下，又有许多牧民转向农业和加工业，而这种生产活动所需的用地范围相对地越来越少，越来越集中，而村镇建设的规模也较大，而且村镇建设也能较有计划地进行，并体现出一定的规划设计思想。

蒙古族村镇的规模一般都不大，小的二三十户，大的则一百来户。在村镇组织上，一般考虑对每个居民家庭有畜牧圈棚、自留地和住房，因此每户牧民的宅基地大多为2～3亩，另外还加有一定范围的饲料地。从事农业生产的蒙古族村镇，则按一般农业生产性质进行宅基地分配，一般为二亩左右。

3. 村镇的空间艺术

蒙古族村镇落位的最突出特点就是充分利用自然环境，这些村镇或隐于绿树丛中，或坐于葱绿的山脚下，或落于幽静的山沟里。

蒙古族村镇在立体空间形态中，民居大多为一层，因此在立面轮廓上无明显的变化。旧时是以喇嘛庙和上层人物的住宅（如王爷府）为构图中心（图11-6、图11-7），现在则以一些公共设施，如影剧院、办公楼、百货商场等，来起着支配地位（图11-8）。这些建筑不论在形式上，还是在体量上，以及装修上都与民宅不同，控制着整个村镇的立体轮廓。

图11-8　和布克赛尔县古宅区东眺

图11-6　和布克赛尔县古宅区北眺

图11-7　和布克赛尔县古宅区南眺

在色调处理上，民居过去常常是以草泥抹面，不做粉刷，呈现出朴素的自然美，现在民居则多以白色为主。喇嘛庙则用黄色，王爷府多为青砖，而现代公共建筑在用色上则在简洁中透出灵感。它们在整个村镇的建筑环境中的色彩中起着点缀效果，使整个村镇在人们的视觉中既有层次感，又协调统一，也不失灵活多变的风格。

4. 现代村镇建设

随着蒙古族人民生活水平的不断提高，农牧民们大都开始了定居或半定居的生活。各级政府对这些活动也十分支持，村镇建设也进入了一个新阶段。在新建的村镇建设中大多有以下特点：

第一，有统一的建设规划：为合理的利用草场资源和土地资源，在新村建设中，将民居宅基地统一划分，以便形成合理的生产及生活环境。

第二，有统一的规定：在新村建设中，都十分注意环境的整体美。在建设过程中，对建筑的落位定出了一定的控制红线，也给予一定的图纸作为参考。但对其形式和体量组合无过多限制，这样即可满足规划要求，又可产生风格不同的建筑形象（图11-9、图11-10）。

图11-10 博乐市贝林哈日莫墩乡苏度里新村外景

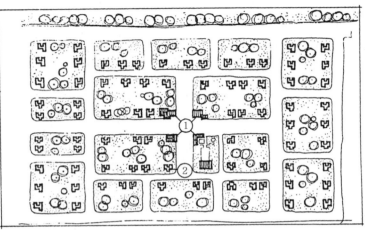

图11-9 博乐市贝林哈日莫墩乡
苏度里新村规划　　① 公建　② 住宅

第三，有完整的设施：新的村镇建设，都将广大农牧民日常生活有关的福利、经贸、商业、文化娱乐、交通等设施进行了统筹考虑和规划。新建村镇中，居住建筑都是围绕着贸易中心向周围放射，并已逐渐同经济发展相关联的各个部分：如文化、教育、卫生、交通、地理环境、生产流通等各个方面进行综合考虑。

由于上述特点，新建村镇中，不论在整体布局上，还是在单体建筑上，大多都规整而有秩序。

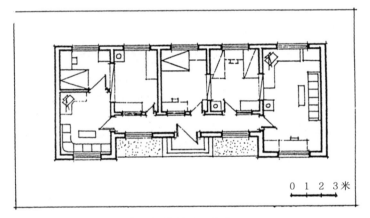

图11-11 和静县南哈拉莫墩乡一住宅

（三）平面类型及空间组织

1. 蒙古族民居的渊源

蒙古族人民由于长期从事牧业生产，住的大多是蒙古包，就连过去的喇嘛庙和王爷府也都是一些较大的蒙古包，以后逐渐有了一些永久性建筑，如喇嘛庙、王爷府和一些喇嘛住宅。但像喇嘛庙这类大型土木建筑，大多是由内地的汉族工匠根据喇嘛们的意图修建的。因此在近代的定居建设活动开始后，他们对自己居住环境的建设往往借鉴兄弟民族已建好的住宅格局及构图，结合自己的生活经验，进行建设（图10-11、图10-12），也有借助喇嘛住宅的平面及构图形式（图10-13）。另外就是根据城建部门有关的定型设计图进行建设。

图11-12 该住宅立面

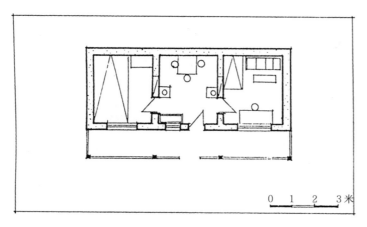

图11-13　和布克赛尔县城内一住宅

蒙古包的围墙用长2.5米左右的柳条做骨架，以皮或绳串成斜方格，并可折叠，做成的墙高1.4至1.6米（图11-15），三面围成，一面留作门洞出入。蒙古包顶部也用四周有小孔的圆圈木做顶，用小木杆插入再用绳索与墙系牢（图11-16）。蒙古包顶部设天窗（蒙语"鄂尔库"），采光和通风，以活动毛毡开启和掩闭来调节。蒙古包冬春用毛毡覆盖，夏秋则用白布做围护，芨芨草编的帘子衬之，以透风凉爽。

2. 民居的类型

蒙古族民居的风格不同，这些形式大多还是来自于建筑师之手，而是农牧民们根据自己的生活经历，经过借鉴，创造出的适用而经济的居住环境。蒙古民居按其类型可分为二大类型：毡房类和土（砖）木类。

（1）毡房类——蒙古包

蒙古包平面呈圆形（图11-14），空间呈筒锥形。作为住房用的蒙古包蒙语称之为"色格勒"。蒙古包为内框外护式结构，木构架外围毛毡。

图11-15　蒙古包的围墙

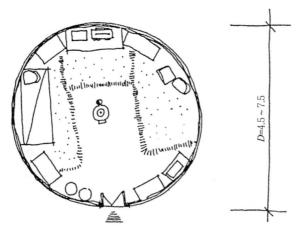

图11-14　蒙古包平面

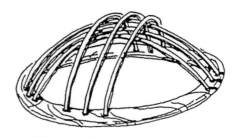

图11-16　蒙古包圆顶

蒙古包的大小是以墙面的组合部架的数量来确定的。古时开会，迎来送往以及宗教、文娱活动等都在蒙古包里举行（图11-17）。那时的蒙古包比现在的要大得多，为满足结构上的需要，中间往往需要设柱子。而现在大多根据部架分为四种形式——十部架、八部架、六部架和最简易的蒙古包（图11-18～图11-21）。一般十部、八部架的蒙古包比较注意外装修，在毛毡外面围上带有各种色彩鲜艳图案的白布。六部架和简易的蒙古包一般不做装饰，仅仅在门上挂一带有图案的毛毡门帘，作为重点装饰。

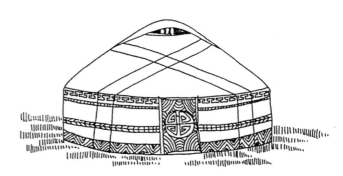

图11-19　八部架的蒙古包

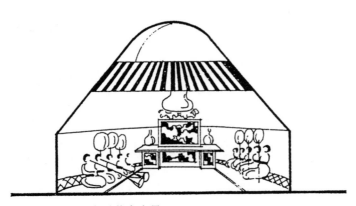

图11-17　古时黄庙内景

图11-20　六部架的蒙古包

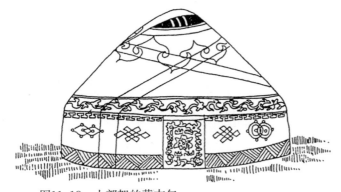

图11-18　十部架的蒙古包

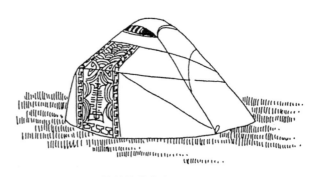

图11-21　最简易的蒙古包

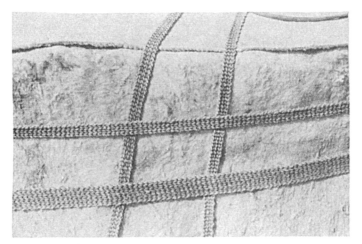

图11-22　毛绳的编织图案

（2）土（砖）木类

土（砖）木类建筑在新建民居中是一种主要的建筑类型。其平面形式有圆形（图11-23）、矩形（图11-24）、"冂"字形（图11-25）和曲尺形（图11-26）。就其结构形式有单一木结构和土（砖）木混合型的。

单一木结构的民居，大多位于林区，屋面、墙面均为圆木削砌后垒盖而成，屋盖上覆土防雨雪。圆木连接用榫锚式。

毛毡一般都用毛绳拉结并与蒙古包系牢，毛绳被编成各种图案，十分精美（图10-22）。蒙古包的墙内挂有各种壁毯，用于室内装饰，显得十分豪华，内墙与顶联接部柳条，也可作为悬挂家庭日用品的地方。

蒙古包内的布置为，右侧"靠墙"作佛桌，下置箱柜，再下边为宾客坐卧处，最下边为小牛犊羊羔喂养处。左侧为主人卧榻处；以帘隔断，下为炊事处，中间设灶，冬天取暖，也可用它。

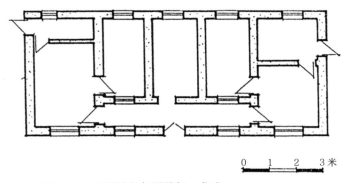

图11-24　和硕县包尔图牧场一住宅

图11-23　圆形木结构民居

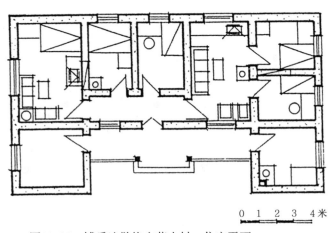

图11-25　博乐达勒格乡苏木村一住宅平面

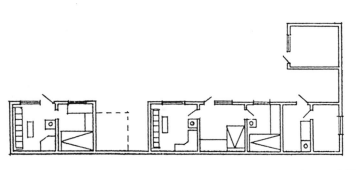

图11-26　温泉县昆都仑牧场一住宅

1 2 3 4 5 米

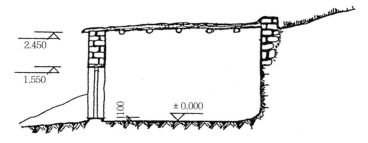

图11-28　半穴居住宅外景

土木结构类民居大多建于平原地区，土砌墙，也有用砖包砌——砖包皮，内外墙均为生土或生土制品（土坯）砌筑，顶为木檩橼结构，苇束草泥盖顶。半穴居房屋：借助于山坡地，沿斜坡下挖，与坑对应高出部分，用石块或土坯砌成，屋顶为圆木和苇束铺盖（图11-27～图11-29）。

图11-29　半穴居住宅剖面

2.450

1.550

100

± 0.000

3. 民居的平面组合及特点

蒙古族民居在平面布局上大多由下列房间组成：客厅、过厅、卧室、厨房、库房和杂物房。在空间组织上，有两种方式：一是由客厅与卧室直接相联。这种方式，房间内各部空间联系方便，但干扰大。另一种则以过厅和走道联系客厅和卧室。这种形式功能分区明确，而且相互影响小，易于保证其卧室的私密性。蒙古族民居中厨房、库房、杂物用房则为家庭辅助系统，一般位于其住宅后部或中间联系较方便的部位，并设有通向后院的门。

客厅与过厅这个公共性最强的空间大多位于住宅的中心部位，也有的偏设，这主要是根据主人自身的使用而定，没有一定的规律，蒙古族是一个十分注重礼仪的民族，蒙

图11-27　木结构住宅外景

古族人民热情好客,淳厚诚实,十分讲究礼节。招待客人时,总是端上最好的食品,为客人敬上香甜的奶茶和美酒,然后唱歌祝福。客厅的布置上,蒙古族人民也十分讲究,蒙古包过去大多设地铺,上铺毛毯,主人客人席地而坐。现代大多陈设沙发、组合柜、八仙桌、新式床铺、电视机、录音机等,但室内布置却体现蒙古族的特点,床上大都铺着有美丽图案的毡毯,沙发后边挂着带有浓郁民族特点的壁毯。客厅中常常摆放着朝佛桌。表现出蒙古族人民对喇嘛教的信仰和虔诚。客厅的面积都比较大,一般为 20 至 25 平方米,大的可达到 30 平方米,并有良好的采光和通风。

卧室,作为家庭休息的空间,在平面布局中一般布置在较安静的区域,大都由过厅进行连接的方厅。卧室的面积都不大,一般都在 10 ~ 15 平方米左右。内部只陈放床铺和箱柜之类的物品。

图11-30 焉耆县包尔海乡一住宅外观

（四）立面构图及环境艺术

1. 立面构图

蒙古族居民大都以自己的生活习惯来划分其使用空间,因此其立面构图也就略显得自由些。但在整体关系中较注重主体建筑在环境中的地位,一般都将主体建筑放于宅地的中央或主要位置上,而将牛羊圈以及库房等依附于其旁并退后,同时住房的外装修标准也高于其他用房。蒙古民居在立面构图中主要有以下四种形式:

（1）蒙古包式

形为筒锥形,门位于一侧,一般不开窗,用绣有各种图案的白布罩在毛毡外进行装饰,其立面构图典雅、大方。是蒙古族人民喜爱的一种形式。

（2）自由式

这种形式的平面大多为曲尺形,这种形式在平面中不对称,车立面上也无严格的轴线位置关系,这种形式立面构图自由活泼,高低可随地形和使用上的需要而进行变化,因而可以产生一个丰富的天际线,而整个住宅的入口,大多位于其中心部位（图 11-30）。

（3）对称式

这种形式在主体建筑上大多有明确的中轴线,立面对称构图,但其平面形式不一定完全对称。主入口上设雨篷、柱廊加以强调,有些民居在构图上还采用三段式划分,使其构图特点更加鲜明突出。

（4）檐廊式

这种形式来源于喇嘛住宅,外檐廊作为户外一个重要的使用空间,同时也丰富了建筑的立面构图。这种形式立面构图中虚实对比强烈,能产生较好的光影效果。檐廊不但丰富了其立面,而且具有一定的韵律感,同时又是室内与室外的过渡。过去喇嘛住房檐廊下的平台地面,大多为木板铺设,而现在新建民居中檐廊下的平台大多为水泥和砖砌成。栏杆用砖砌成花格式,夏季里摆上花草。廊下是一个理想的生活空间,整个建筑构图亲切活泼,有着浓郁的生活气息（图 11-31）。

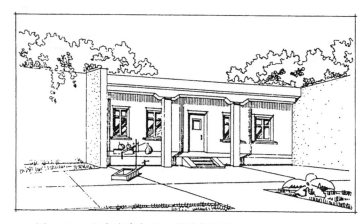

图11-31　和布克赛尔县一喇嘛住宅外观

2. 建筑的外观与质感

民居建造的基本特点就是就地取材、因地制宜。蒙古族民居的基本建筑材料主要是土、砖、木、毛毡、石等。

蒙古包的外围护结构主要是以毛毡为主，因而给人一种亲切温暖的感觉，但由于毛毡开洞处理不方便，使得蒙古包在外观上往往给人一种封闭的感觉。

旧时的民居由于建筑材料及技术的限制，大多是以草泥抹灰，不做粉饰，加上受到技术上的限制，门窗洞口开设不大，建筑外观显得厚重而又封闭。目前新建的民居，人们除了加大门窗洞口外，还在外墙上用涂料装修，使整个建筑外观简洁而又明快。另外用砖木做成各种不同的檐头，美化了建筑形象。另外在新建民居中，为增加建筑抵抗风雪的侵蚀能力，出现了砖毛皮的构造方法，使建筑的外观也发生了变化。

蒙古族民居在立面构图与质量上显得极为简洁和质朴，它的立面装饰较少，这正体现了蒙古族人民纯朴而又爽快的性格。

（五）民居的构造

新疆蒙古族民居由于自然环境、生产条件的不同，其构造方法也各不相同。

1. 建筑材料

蒙古族民居的建筑材料以毛毡、木材、生土及木制品和芦苇为主，其次砖、瓦、石、砂、石灰、麦草也为民居建筑中常用。

毛毡为蒙古族人民传统的建筑材料。毛毡一般为羊毛杆制而成，每家每户都可自产。毛毡具有保温性好，质地柔软，便于拼装和携带等特点，用来可做围护墙和门帘，是一种较常用的建筑材料。

土，可塑性强，导热系数小，因而用生土和生土制品建成的民居冬暖夏凉。由于新疆土的含碱量大，因而蒙古族民居用土和土坯做墙时，一般不直接从地面上夯筑，而是用砖和石做基础，并用苇束或砂浆做防潮层，以保证墙的耐久性。施工方法：土筑墙一般都为分层夯打生土，墙断面也是下宽（500～600毫米）上窄（350～450毫米）。土坯墙则用草泥砌筑，内外墙大都为500厚。

木材大多以杨木、柳木和松木为主。杨木干直而细，大多用来做屋顶的檩条、椽子等构件。柳木，尤其是河柳是蒙古包最理想的骨架材料，河柳韧性好而又十分结实，为蒙古族人民所喜爱。松木挺拔结实，耐久性极强，在靠近林区的牧场是一种理想的建筑材料，筑墙、盖顶、围院等组合十分方便。另外木材也常被用来做檐头、柱廊等装饰性强的构件。

新疆的石材，如卵石、块石等，材质好、防腐抗酸碱等也都十分理想。石材在民居中大多被用来砌基础。

砖在民居中目前用得不多。旧时的喇嘛庙和王爷府大多也只不过是外墙的外皮用砖包砌——砖包皮。新建民居中大多是用来砌檐头，也有砌基础的，还有少量民居也采用了砖包皮的做法。

芦苇在蒙古民居中被普遍采用，编制的苇席可做顶棚，扎好的苇束可做屋面的基层。麦草则可用来和泥抹墙面和屋面。现在用石灰、砂子抹墙面的也越来越多。

2. 民居的构造

蒙古民居大多以木材为水平承重骨架，土木结构的房屋中,墙体为竖向承重骨架。其结构构造方法为:墙上檩椽、檩椽大多以铁钉固定,其上铺设苇席(也有木板),席上铺苇束,最上面用草泥或灰草泥做防水材料。也有直接在椽子上铺苇束,但这种构造的顶棚大多用彩色塑料纸做吊顶。蒙古包的构造则是以柳木为承重骨架,毛毡为外围护结构。

民居中的屋面大多以单坡和双坡为主,蒙古民居的院落较大,因而在确定排水方向时较为自由,一般以其方便为主,并结合房屋的结构形式而定。

蒙古民居的檐头一般有挑檐式和封檐式两种。檐头一般以砖为多。

3. 建筑结构

蒙古民居结构形式主要有内框外护和土(砖)木结构两种。传统的蒙古包为内框外护,目前半定居和定居的住宅,大都为土(砖)土,其承重方式是以檩条的长度而定,因而结构体系较为灵活,无一定的规律。

(六)民居的装饰艺术

新疆的蒙古族民居建设历史短,因而大多数居民仅仅注重房间主体的建设,因而还没有民居的装饰艺术总结出一定的经验,大多数民居的外装修较为简洁,而在室内则用一些传统家具和布置进行点缀。但在过去一些较大的王爷府和早期定居的喇嘛住房中,建筑装饰有着很浓郁的民族风格。

1. 檐廊

檐廊一般位于建筑的前部,檐廊的装饰可使建筑更加富有美感。木梁柱是檐廊的结构受力构件,在蒙古民居中,大多没有太多的装饰。但在梁柱交接处的梁托,则将其做成一定的形状进行装饰(如图 11-32 ~图 11-35)。就其构造来看,梁托是个很重要的受力构件,但从艺术方面来看,它不但装饰了檐廊,同时也将这两个受力构件有机而巧妙地结合成一体,适用而又美观。

图11-32 旧时梁托处理之一

图11-33 旧时梁托处理之二

图11-34 旧时檐头端部处理

图11-35　新建住宅檐廊的梁托处理

檐板，在蒙古民居中大多为装饰构件，其檐板的设置即可遮挡檐廊中的梁椽，又可美化立面。檐板上做的各种不同图案，美化了建筑的天际线（图11-36）。

图11-36　和布克赛尔县旧宅一檐板装饰

上述两种装饰构件用于不同的情况，梁托式适用于挑檐式，而封檐板则适用于封檐式的檐板处理。

2. 檐头、女儿墙

檐头在蒙古民居中也是重点装饰部分，由于在多数民居中，大多数排水为无组织排水，因而檐头大多用砖砌成带角的或平齐的两种形式。而过去的王爷府屋面大多为有组织排水，因而女儿墙的处理就显得尤为重要。用一层层的砖将檐头层叠挑出，每一层都组成不同类型的图案、花纹，而且横竖线条的处理也十分得体。

3. 门窗

新建民居的处理较为简洁，旧时的民居则较为鲜明、窗周边都有加重的边框，框上都有不同的装饰，有的在边框上用砂浆雕成各种不同的花纹图案，而有的则用其构造用的木框本身的修饰而形成一种装饰效果（图11-37）。也有用挑檐来进行装饰的（图11-38），近年来新建民居中用窗格栅来装饰的也不少。

图11-37　用木框本身变化装饰窗

图11-38　用挑檐板装饰窗

门就其本身的形式来说，与当地汉民族的形式差不多。旧时一些贵族阶层的住宅较注重院落入口大门的处理，一般都设有门楼，门框周围并加以装饰，以突出其位置。而现代民居中一般在门扇上装饰花纹（图11-39），另外在建筑的主入口挂一做工精细的毛毡，象征主人的审美倾向（图11-40）。

图11-39　在门扇上做装饰花纹

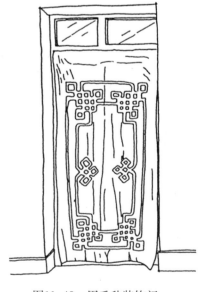

图11-40　用毛毡装饰门

4. 室内布置

蒙古族民居的室内布置十分讲究。蒙古包中一般铺地毯、挂壁毯，而新建民居中，虽然很多现代化家具进入了家庭，但壁毯和地毯仍是室内布置的主要内容。加上一些传统家具与编制物的陈设，较为鲜明地体现了民族风格。壁龛的运用，既增加了使用空间，又可美化室内环境（图11-41）。蒙古民居由于大多采用檩椽式结构，因而大都设吊顶，吊顶材料大多以彩色塑料纸为主，这种天棚做法简便，装饰性强，而且具有良好的耐久性。

图11-41　火墙上的壁龛

5. 色彩

蒙古族民居在色彩上较简洁，一般在墙外皮用草泥或石灰砂子抹面，后用石灰水粉饰，有的也不做粉刷。檐廊、门窗一般大都用木材和砖的本色，因而整个民居有一种土生土长的质朴美。

（七）民居实例

1. 和硕县包尔图牧场一分场一牧民蒙古包：此蒙古包坐落于一山沟中，为一六部架蒙古包，总平面如图11-42。蒙古包内与门对应正中放一佛桌，摆放佛像。左侧为老人床铺，右侧为儿女们的就寝处，地上铺地毯，同时也可作为晚上子女们的休息地。蒙古包正中有一铁皮炉，用于取暖或做饭。门口两侧是放柜箱和炊具的地方（图11-43～图11-45）。

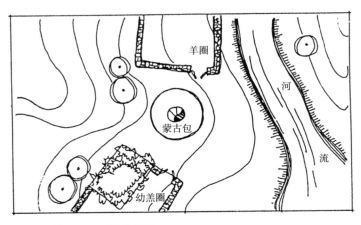

图11-42　总平面图

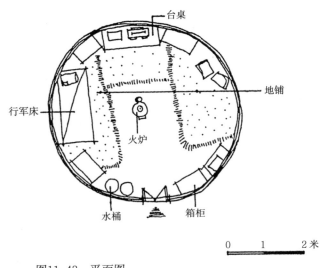

图11-43　平面图

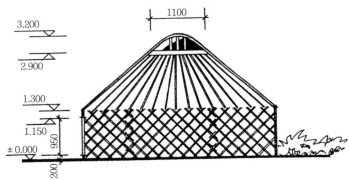

图11-45　剖面图

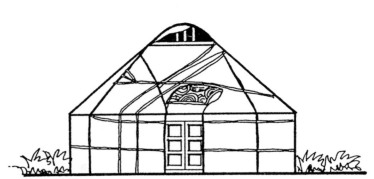

图11-44　立面图

2. 位于阿泰勒哈那斯湖林区的蒙古包式木式房
屋: 圆形的外表类似蒙古包的构图, 整个建筑用直径为
100～150 毫米的圆木上下砍平, 卯榫堆砌而成, 木头与
木头上下之间用泥塞填, 顶部用草泥和草皮覆盖, 屋顶设
一天窗, 便于采光和通风, 内部布置同蒙古包类似 (如图
11-46～图 11-50)。

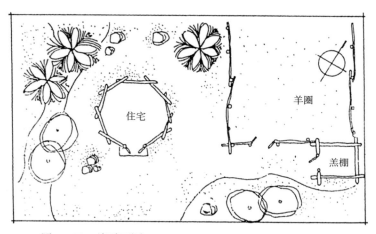

图11-46　总平面图

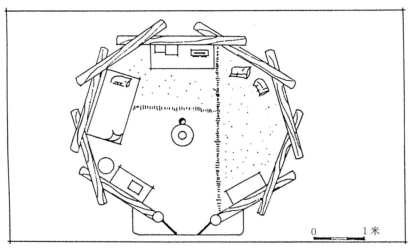

图11-47　平面图

图11-48 立面图

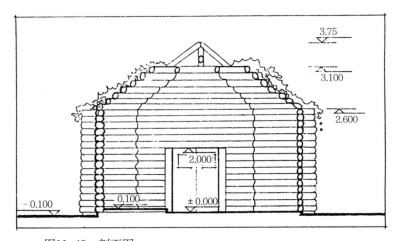

图11-49 剖面图

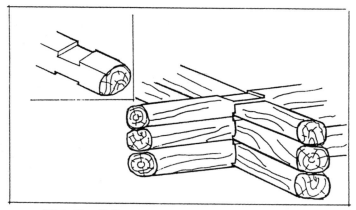

图11-50 节点

3.博乐市达勒格乡乌兰苏木村托龙白克住宅:该家庭以从事农业生产为主,因而院落中以菜地和粮食晒场占据大部分空间。住宅布置于北侧,牛羊圈与住宅脱开单另布置。这是一个父子同住的住宅,父亲住东侧,儿子住西侧。该建筑平面布局采用走道式,立面构图采用檐廊式。檐廊采用木挑檐,加上梁托的处理,很有传统特点。外墙装饰以白色为主。实墙与檐廊的虚实对比,檐廊扶手夏季摆上花草,使该住宅环境舒适而优雅(图11-51~图11-54)。

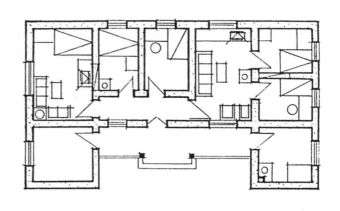

0 1 2 3 4 5米

图11-52 住宅平面图

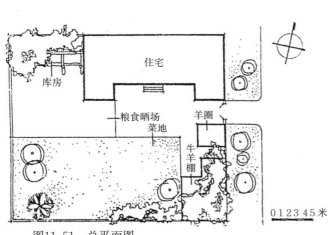

0 1 2 3 4 5米

图11-51 总平面图

图11-53 立面图

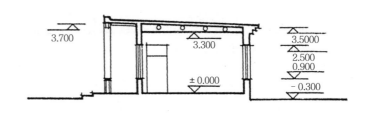

图11-54 剖面图

4. 和硕县包尔图牧场二分场—牧民住宅：平面布局主次分明，由客厅作为各个房间的过渡，平面布局紧凑。立面构图采用檐廊式（图11-55～图11-58）。

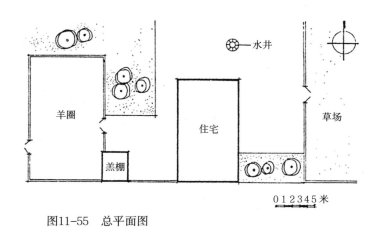

图11-55　总平面图

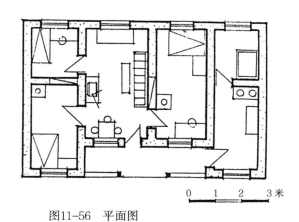

图11-56　平面图

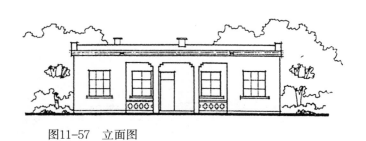

图11-57　立面图

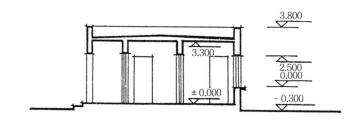

图11-58　剖面图

5. 和布克塞尔蒙古自治县某住宅：这是一典型的蒙古族风格形式，总平面布置灵活，主次分明。前院为生活院，后院为杂务院。住宅平面采用三开间，客厅居中、卧室位于其两侧（图11-59～图11-62）。

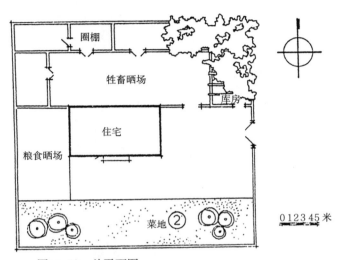

图11-59　总平面图

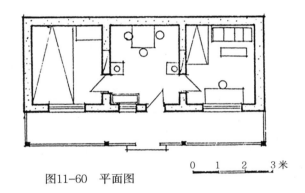

图11-60　平面图

图11-61　立面图

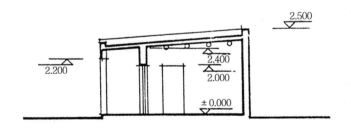

图11-62　剖面图

（八）结语

蒙古包作为蒙古族人民传统的居住形式，为蒙古族人民所喜爱,但她毕竟不会作为蒙古族民居的唯一居住形式,随着经济与文化的发展，蒙古族民居的建设也呈现出了新的景象。虽然这些民居绝大多数还未能展现出其独具特色的风貌，但通过上述内容我们可以看出，蒙古族是个具有灿烂文化和历史的民族，蒙古族民居也同其他各兄弟民族民居一样有很突出的特色，蒙古族人民在今后的社会实践中，一定会用自己的传统文化更多地将其表现在自己的居住生活中。

第十二章

塔吉克族民居

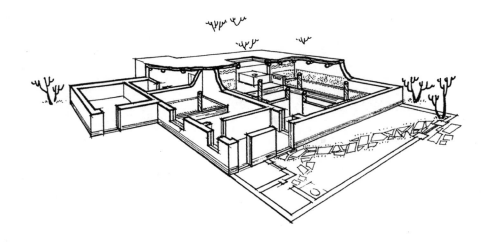

（一）塔吉克族发展沿革

塔吉克族是我国的古老民族之一，历史相当悠久。在长期的历史发展过程中，塔吉克族和各族兄弟民族共同创造了我国的历史和文化；新中国成立后，在伟大的中国共产党的领导下和兄弟民族一起进入了团结进步、友爱互助、共同发展的社会主义新时代。

"塔吉克"是本民族的自称。据民间传说，这一名词原来的意思是"王冠"。

塔吉克族的起源，可上溯到公元前若干世纪，分布在帕米尔高原东部的操伊朗语的各部落。西汉神爵二年（公元前60年），设西域都护府，统辖帕米尔及其天山南北各地区。公元二、三世纪、帕米尔及其周围各部落建立揭盘陀国"隶属安西都护府（揭盘陀国一词为东伊朗语、意思是山路），南北朝时仍常派遣使臣向中原王朝进贡。唐高宗显庆二年（公元65年）灭西突厥汗国，揭盘陀国"为唐朝所辖。唐玄宗开元年间（公元713～741年），设"葱岭守提所"。元朝属察哈台汗国辖地，后改称色勒库

尔。17世纪初色勒库尔成为隶属于明朝的叶尔羌汗国的一部分。这时，由于环境比较安宁，人口逐渐生聚。从17世纪到19世纪，又有许多帕米尔西部和南部的什克南、瓦罕等地的塔吉克人，迁徙到色勒库尔来。他们和当地的土著居民融合在一起，成为我国的塔吉克族。此外，这一时期也有少数居住在色勒库尔的维吾尔族人和柯尔克孜族人，融合于塔吉克族之中。清顺治十七年（公元1660年）为准噶尔汗国所辖，乾隆二十四年（公元1759年）设色勒库尔回庄实行伯克制；光绪二十年（公元1894年）改为蒲犁县。民国时期属喀什行政公署管辖；1954年9月17日成立塔吉克自治县，隶属喀什专署、南疆行署和喀什行政公署。

古代的许多旅行家、僧人、学者和商贾曾经为中外文化交流和贸易往来，不辞艰苦地经常跋涉在帕米尔高原。中国的大旅行家张骞、玄奘、印度名僧童受、意大利商人马可波罗父子等人都曾经在这里经危履险，越危途，走向各自的远大目标。帕米尔高原成为古代丝绸之路必须通过的地方。使得塔吉克族祖先和汉族等兄弟民族之间的经济

文化交流也越来越频繁,促进了塔吉克族古代社会的发展。

近代以来,帕米尔高原又使许多探险家着迷。中外的不少地理、气象学家、生物学家、历史学家以及登山运动员等都为探查它的奥秘而来过这里。

在改革开放的形势下,位于塔什库尔干县域的中巴边界红其拉甫口岸在 1983 年对巴基斯坦开放,1985 年对第三国开放。改造中巴公路国内段的工程已于 1988 年 10 月竣工。这条公路横贯县境,并在县城西部通过,沿公路 11 个乡镇、场便捷了交通。为了过往旅客进出境方便和促进边境贸易的发展,红其拉甫口岸搬迁到县城的西南部修建。在县城内已建成了宾馆旅舍,并筹建边境贸易市场,从而使位于帕米尔高原上的塔什库尔干县城成为南疆对外开放,发展贸易和旅游事业的口岸,必将进一步促进塔吉克族人民经济繁荣和社会发展。

(二)塔吉克族聚居区自然环境

塔吉克族的主要聚居区——塔什库尔干在帕米尔高原的东部(塔什库尔干是塔吉克语"石头城"之意)境内群山耸峙,南有世界第二高峰——喀喇昆仑山峰(海拔 8611 米),北有著名的冰山之父——慕士塔格山峰(海拔 7546 米),许多山峰的高度在海拔 5000 米以上;诸山之间的谷地,一般也高达海拔 3000 米左右。高峰终年积雪,冰川高悬、晶莹耀目,景色壮丽,冰雪融化,汇成河流泻于千山万壑之间。发源于喀喇昆仑山的叶尔羌河流经自治县的东部;由明铁盖河(卡拉起可尔河)和塔格敦巴什河汇合而成的塔什库尔干河,流经自治县的西部和北部。在山谷中的河流两岸,有许多的天然的牧场,草场和可耕地。这里水源充沛、灌溉方便、是宜牧宜农的好地方。塔吉克农牧民就分布在这些山谷里。塔吉克族人民长期以来以经营牧业为主兼营农业,过着半定居半游牧的生活。牲畜有绵羊、山羊、牦牛、牛、马、驴和骆驼等。帕米尔高原上的气候比较寒冷,属寒温带的极干寒气候区,分寒暖两季、其气候特点是气温低,降水量少、蒸发量大,空气干燥稀薄、缺氧、气压低。暖季在 0℃ 以上为 228 天,寒季在 0℃ 以下为 137 天。年平均温度为 3.6℃,年最高气温 32℃,年最低气温 -39.1℃。无霜期仅有 112 天。年平均降水量 68.3 毫米。年平均风速达 1.8~2.1 米/秒,长年主导风向西北。高原农作物以耐寒的青稞、春小麦和豌豆、土豆为主。在一些地势较低,气候比较温和的谷地上,也生产玉米、胡麻等作物,以及杏、桃、西瓜、甜瓜等瓜果。

(三)塔吉克族人口分布与文化艺术

据 1988 年底统计,塔什库尔干县总人口为 23747 人,城镇人口为 4300 人,农村人口 19447 人,其中塔吉克人为 19895 人,占 83.78%。喀什地区共有 27341 人,叶城县有 1594 人,喀什市有 149 人,疏勒县有 3 人,英吉沙有 1 人,牌楼农场有 27 人。

我国塔吉克族的语言,属于印欧语系、伊朗语族东部语支。大多数人说塔吉克语的色勒库尔话,少数人说塔吉克语的瓦罕话。由于长期和汉、维吾尔等民族密切交往,塔吉克语中吸收了许多维吾尔语和部分汉语的词,许多塔吉克人兼通维吾尔语和柯尔克孜语,普遍使用维吾尔语,并能说简单汉语。塔吉克族具有优秀的文化艺术传统,并且不断吸收兄弟民族文化的成就。民间诗歌感情豪放、爱憎分明;传说故事丰富多彩,曲折动人。喜爱舞蹈、以模拟雄鹰翱翔为特色、动作雄健有力,节奏明快。鹰笛是最有特色的民族乐器,有三孔由鹰骨做成。如果有机会同塔吉克族人同乐,感到好像处在十分协调和神韵之中。手鼓、鹰笛,舞蹈、雪山、草原浑然一体,令人心旷神怡。牧民自编自演的短剧,幽默而带有强烈的讽刺性。妇女的刺绣图案美观、色彩鲜艳。

世代居住在帕米尔高原上的塔吉克族人民衣、食、起居等都有适应生活环境的特色。服饰:男子穿无领对襟长外套、系腰带,寒冷时外加光面羊皮大氅,戴羔皮圆高筒帽,以黑绒为面,上绣数道花边,帽沿下翻时,掩住双耳和面颊,可御风雪。女子穿连衣裙、已婚妇女系后身围裙,所带圆顶绣花棉帽有后帘可保暖,外出时在帽上系方形白色头巾,新嫁娘则系红色头巾。男女都着毡袜,穿野羊皮软靴，用牦牛皮做靴底，轻柔结实，适于攀缘山路。

饮食：塔吉克族人民喜食酥油、酸奶、奶疙瘩，奶皮子等奶制品，饮奶茶，肉食为上好食品。

婚姻：塔吉克人的结婚日期一般在每年的八、九月份，因为这是帕米尔高原的兴旺季节。迎娶时遍邀亲友，举行隆重的仪式。进行叼羊、跳舞等娱乐活动。

丧葬：塔吉克族多信仰伊斯兰教，丧葬依宗教规定先"净身"，再裹以白布，盖上死者的衣服，但头部和脚部要露在外面，表示全部平安。守灵之夜和殡葬之日，亲友和同村的人都要前来吊唁，陪送，但女子不能接近墓地。客死异乡的塔吉克人，遗体必须运回故乡安葬。

节庆：塔吉克人民除过肉孜节（开斋节）和古尔邦节外。"祈脱齐地尔节"是本民族的重要节日，多在三月间举行，具体时间则由宗教人按照伊斯兰历确定。

宗教：塔吉克族群众信仰伊斯兰教马依里教派。同其他信仰伊斯兰教的民族比较起来，塔吉克族的宗教活动较少、清真寺很少，教徒不封斋、不朝拜，除部分老人每天在家作两次礼拜以外，一般群众仅在节日举行礼拜。

风尚爱好：塔吉克族人十分热情好客，凡有远道而来的客人和亲友拜访，尽力拿出最好的食品和用具待客。重礼貌，礼节也很特别。人们互相见面则行吻手礼。男子相见先握住手，然后互吻手背以示亲热。女子相见，长辈吻小辈的眼和前额，小辈吻长辈的手，平辈互吻面额；男女相见，长者吻幼者的手心；青年男女相见行握手礼。塔吉克族素以礼仪古朴、重感情、讲信用、重义气、不要不义之财而著称。

喜欢游牧、崇尚马术是塔吉克人的特点之一。男女老幼都喜欢骑马。以马代步，骑术高超者受人尊重。凡是喜庆之日，都要举行叼羊和赛马活动。

（四）塔吉克族民居特点

塔吉克人的家庭大都是家长制的大家庭，往往三、四代同堂，人口有十几口或几十口。他们尊重女性，对妇女并不歧视。塔吉克族牧民都有固定的住宅，一般为土木结构的方形平顶房屋。屋顶常作晒台，中间稍高四边稍底，以便雨雪水下流。由于高原寒冷多风雪，民居建筑多低矮，外墙没有窗子，有的仅开小的高窗，屋顶设天窗。户门多朝东、南方向开在近墙角处。由于牧民大多过着大家庭生活，一般房屋比较宽大。塔吉克民居中的"普依阁"为主要居室，平时全家人团聚的大居室，又是接待客人、举行婚丧嫁娶和节日喜庆娱乐场所。节日喜庆，载歌载舞和着悠扬和谐的鹰笛，充满欢乐。"普依阁"一般室内宽7米，长9米左右的大房间，在一角设门，三面为土炕，铺毛毡，白天把被褥叠放在墙边，一面中间设锅灶，灶台宽大可同设几个锅灶，上为天窗采光通风排烟，房屋中间留3米左右见方的地坪，为节日喜庆唱歌跳舞的地方，锅灶两边用墙与大房分隔，里边为操作间，设套间库房贮粮油、肉、干果等食品。全家居住在"普依阁"内，自入口左手为长辈依次排列通铺而眠。屋内陈设较为简单，有的挂壁画，冬季用火炉采暖。一般在"普依阁"一边设1~3间客房居室，室内有桌、椅、床、衣柜等家具。

在外出放牧季节使用毡房，或在夏季用石块或草泥块砌成圆形、方形低矮的房屋，顶部开天窗，室内中央砌炉灶。

（五）塔吉克族民居实例

（1）庭院较小，由前室（门斗）分别进入客房和"普依阁"。附属用房建在一侧。在外是羊圈。布局紧凑，封闭性强，仅开天窗和南向侧窗（图12-1～图12-5）。

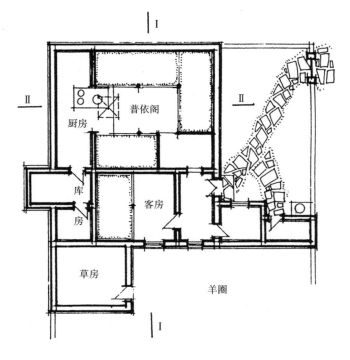

图12-1　庭院平面

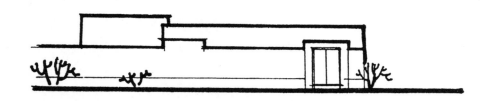

图12-2　外立面

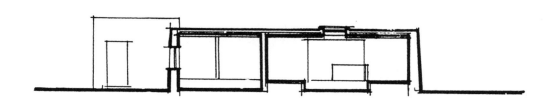

图12-3　Ⅰ—Ⅰ剖面

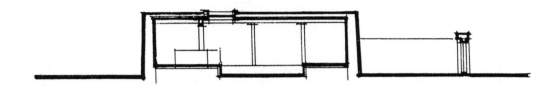

图12-4　Ⅱ—Ⅱ剖面

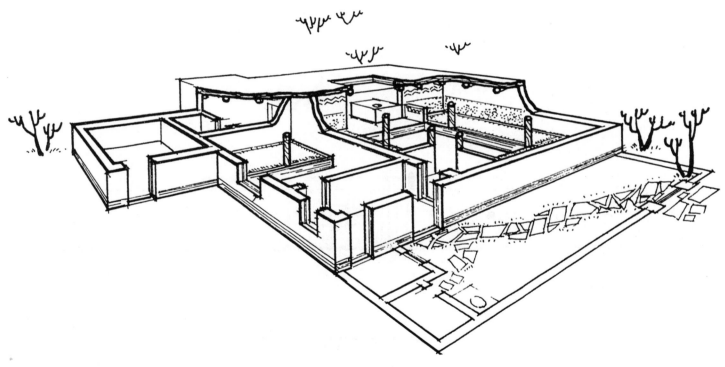

图12-5　庭院剖视图

（2）庭院宽敞，院中和房后种植树木。布局坐北朝南，在"普依阁"一侧为三间客房和羊圈。"普依阁"前面有一间夏季厨房。住房一字排开，留有大庭院。树木多可防风沙又美化环境。"普依阁"内挂大幅风景壁画。（图12-6～图12-8）

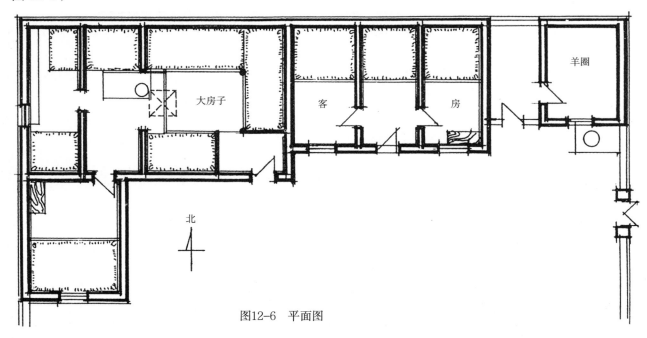

图12-6 平面图

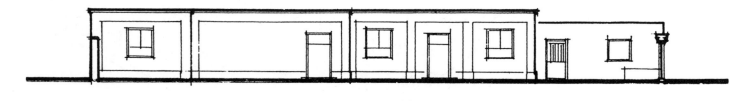

图12-7 立面图

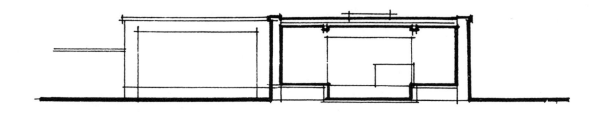

图12-8 剖面图

（3）这户民居坐落在雪山脚下，东前院较小南庭院较大，种植杨树、柳树。客房与"普依阁"由内走道相连，布局更为紧凑合理。封闭性强，客房南向设窗（图12-9～图12-13）。

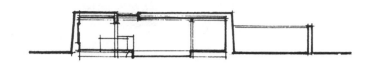

图12-11　Ⅰ—Ⅰ剖面图

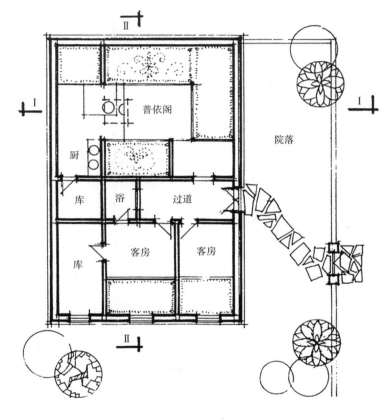

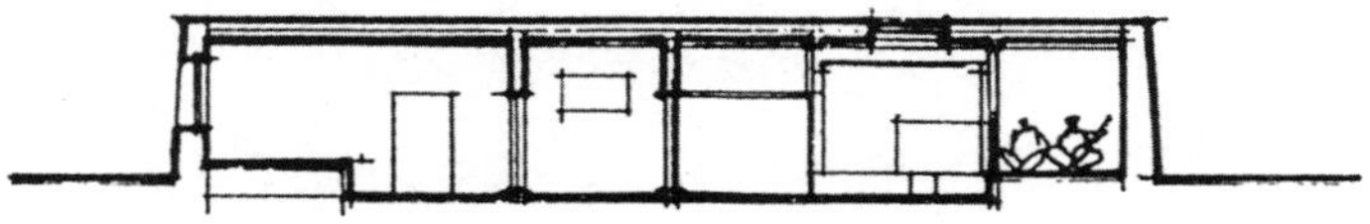

图12-9　平面图

图12-12　Ⅱ—Ⅱ剖面图

图12-13　"普依阁"内景

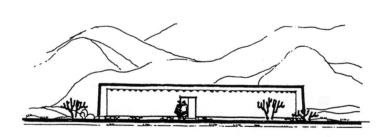

图12-10　立面图

（4）前庭院一侧设一间居室。经过两边有客房的内走道进入"普依阁"居室、客房向庭院开侧窗。布局紧凑、封闭性强（图12-14～图12-16）。

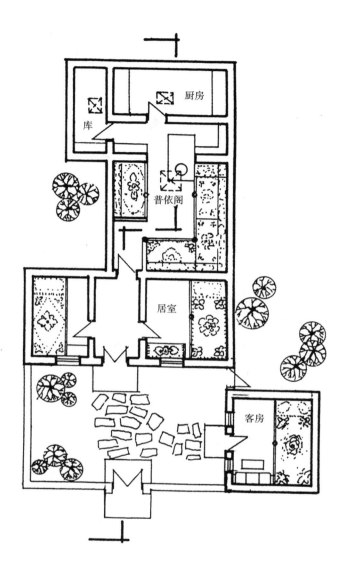

图12-14　平面图

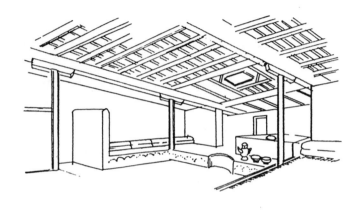

图12-16　"普依阁"内景

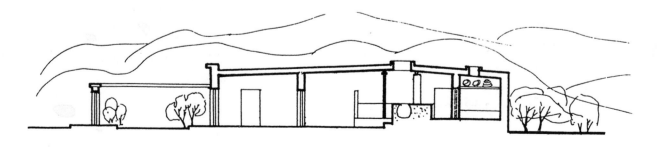

图12-15　剖面图

后 记

本书在编纂过程中曾得到新疆维吾尔自治区建设厅、各地、州市建设局（处）领导和有关勘察设计单位的支持、指导和热诚帮助。在有关篇章的编写中协助调研提供资料，帮助测绘的同志有：

喀什地区维吾尔族民居　有李立新、方宗深、万盛璇、贺育申、樊新和同志

哈萨克族民居　有瓦里别克（哈萨克族）、李若彬同志

吐鲁番民居　有邹文教同志、滕绍文同志拍摄部分照片

柯尔克孜族民居　有宋根宝同志

塔吉克族民居　有徐昌福同志

这里还需提出，牛树华同志（前届新疆土木建筑学会（秘书长），在最初立项编书时，在组织领导、布置协调中做了大量工作。在此一并敬向这些单位和同志们以及曾为本书出力和做出贡献的人们致以深切谢意。

编后语

  中国民居建筑历史传统悠久，在漫长的发展过程中，受地域、气候、环境、经济的发展和生活的变化等因素的影响，形成了各具风格的村镇布局和民居类型，并积累了丰富的修建经验和设计手法。

  中华人民共和国成立后，我国建筑专家将历史建筑研究的着眼点从"官式"建筑转向民居的调查研究，开始在各地开启民居调查工作，并对民居的优秀、典型的实例和处理手法做了细致的观察和记录。在20世纪80年代～90年代，我社将中国民居专家聚拢在一起，由我社杨谷生副总编负责策划组织工作，各地民居专家对比较具有代表性的十个地区民居进行详尽的考察、记录和整理，经过前期资料的积累和后期的增加、补充，出版了我国第一套民居系列图书。其内容详实、测绘精细，从村镇布局、建筑与地形的结合、平面与空间的处理、体型面貌、建筑构架、装饰及细部、民居实例等不同的层面进行详尽整理，从民居营建技术的角度系统而专业地呈现了中国民居的显著特点，成为我国首批出版的传统民居调研成果。丛书从组织策划到封面设计、书籍装帧、插画设计、封面题字等均为出版和建筑领域的专家，是大家智慧之集成。该套书一经出版便得到了建筑领域的高度认可，并在当时获得了全国优秀科技图书一等奖。

  此套民居图书的首次出版，可以说影响了一代人，其作者均来自各地建筑设计研究机构，他们不但是民居建筑研究专家，也是画家、艺术家。他们具备厚重的建筑专业知识和扎实的绘图功底，是新中国第一代民居专家，并在此后培养了无数新生力量，为中国民居的研究领域做出了重大的贡献。当时的作者较多已经成为当今民居领域的研究专家，如傅熹年、陆元鼎、孙大章、陆琦等都参与了该套书的调研和编写工作。

  我国改革开放以来，我国的城市化建设发生了重大的飞跃，尤其是进入21世纪，城市化的快速发展波及祖国各地。为了追随快速发展的现代化建设，同时也随着广大人民生活水平的提高，群众迫切地需要改善居住条件，较多的传统民居建筑已经在现代化的普及中逐渐消亡。取而代之的是四处林立的冰冷的混凝土建筑。祖国千百年来的民居营建技艺也随着建筑的消亡而逐渐失传。较多的专家都感悟到：由于保护的不善、人们的不重视和过度的追求现代化等原因，很多的传统民居实体已不存在，或者只留下了残破的墙体或者地基，同时对于传统民居类型的确定和梳理也产生了较大的困难。

适逢国家对中国历史遗存建筑的保护和重视，结合近几年国家下发的各种规划性政策文件，尤其是在"十九大"报告和国家颁布的各种政策中，均强调要实施乡村振兴战略，实施中华优秀传统文化发展工程。由此，我们清楚地认识到，中国传统建筑文化在当今的建筑可持续发展中具有十分重要的作用，它的传承和发展是一项长期且可持续的工程。作为出版传媒单位，我们有必要将中国优秀的建筑文化传承下去。尤其在当下，乡村复兴逐渐成为乡村振兴战略的一部分，如何避免千篇一律的城市化发展，如何建设符合当地生态系统，尊重自然、人文、社会环境的民居建筑，不但是建筑师需要考虑的问题，也是我们建筑文化传播者需要去挖掘、传播的首要事情。

因此，我社计划将这套已属绝版的图书进行重新整理出版，使整套民居建筑专家的第一手民居测绘资料，以一种新的面貌呈现在读者面前。某些省份由于在发展的过程中区位发生了变化，故再版图书中将其中的地区图做了部分调整和精减。本套书的重新整理出版，再现了第一代民居研究专家的精细测绘和分析图纸。面对早期民居资料遗存较少的问题，为中国民居研究领域贡献了更多的参考。重新开启封存已久的首批民居研究资料，相信其定会再度掀起专业建筑测绘热潮。

传播传统建筑文化，传承传统建筑建造技艺，将无形化为有形，传统将会持续而久远地流传。

中国建筑工业出版社

2017 年 12 月

图书在版编目（CIP）数据

新疆民居 / 新疆土木建筑学会编著；严大椿主编 . —北京：中国建
筑工业出版社，2017.10
（中国传统民居系列图册）
ISBN 978-7-112-21031-2

Ⅰ . ①新… Ⅱ . ①新… ②严… Ⅲ . ①民居—建筑艺术—新疆—图
集 Ⅳ . ① TU241.5-64

中国版本图书馆 CIP 数据核字（2017）第 173946 号

本书从历史沿革、民族、宗教、生活习俗、自然地理环境、经济条件、文化
艺术等因素来分析保留至今的新疆各民族民居的布局、形态及其空间构图和装饰
艺术，反映了新疆民居独特的建筑艺术风格，供建筑创作者借鉴和建筑历史研究
者参考。

责任编辑：唐　旭　张　华　孙　硕　李东禧
封面设计：张树杰
封面题字：韩卫国
版式设计：伍传鑫
责任校对：焦　乐　关　健

中国传统民居系列图册
新疆民居
新疆土木建筑学会　编著
严大椿　主编

*
中国建筑工业出版社出版、发行（北京海淀三里河路9号）
各地新华书店、建筑书店经销
北京京点图文设计有限公司制版
北京中科印刷有限公司印刷
*
开本：787×1092毫米　1/12　印张：26⅔　插页：1　字数：477千字
2018年1月第一版　2018年1月第一次印刷
定价：90.00元
ISBN 978-7-112-21031-2
　　（30659）